华为网络安全技术与实践系列

网络安全之道

主编 ○ 王雨晨　　副主编 ○ 矫翠翠　李学昭

The Art of Cybersecurity

人民邮电出版社

北　京

图书在版编目（CIP）数据

网络安全之道 / 王雨晨主编. -- 北京 : 人民邮电
出版社, 2023.6
（华为网络安全技术与实践系列）
ISBN 978-7-115-61300-4

Ⅰ. ①网… Ⅱ. ①王… Ⅲ. ①计算机网络－网络安全
Ⅳ. ①TP393.08

中国国家版本馆CIP数据核字(2023)第065972号

内 容 提 要

本书梳理了作者多年来在网络安全前沿技术研究和关键系统设计中总结的经验与形成的观点。本书首先通过大量实例，解释威胁为何经常防不住；再将网络安全与其他学科类比，证明网络安全是一门科学，安全对抗中有制胜的理论基础；随后，从问题的角度出发，揭示安全之道是业务确定性而非威胁驱动，安全之法是OODA（观察—判断—决策—行动）循环而非防御，安全之术是韧性架构而非威胁防御体系；最后通过安全之用，介绍韧性方案的安全效果。

本书适合行业主管领导、机构CTO/CIO/CSO、架构师、规划专家、咨询专家、解决方案专家、网络安全技术专家，以及其他网络安全相关专业的人员阅读，可帮助读者建立完整的网络安全知识体系，理解网络安全的发展规律，为与网络安全有关的趋势分析、战略制定、业务规划、架构设计、运营管理等工作提供实际的理论指导和技术参考。

◆ 主　　编　王雨晨
　　副 主 编　矫翠翠　李学昭
　　责任编辑　韦　毅
　　责任印制　李　东　焦志炜
◆ 人民邮电出版社出版发行　　北京市丰台区成寿寺路 11 号
　　邮编　100164　电子邮件　315@ptpress.com.cn
　　网址　https://www.ptpress.com.cn
　　北京建宏印刷有限公司印刷
◆ 开本：720×960　1/16
　　印张：24　　　　　　　　　　2023 年 6 月第 1 版
　　字数：418 千字　　　　　　　2024 年 10 月北京第 6 次印刷

定价：159.00 元

读者服务热线：(010)81055410　印装质量热线：(010)81055316
反盗版热线：(010)81055315
广告经营许可证：京东市监广登字 20170147 号

华为网络安全技术与实践系列

丛书编委会

推荐序一

当今世界正处于百年未有之大变局，科技发展的主导权、世界经济结构、国际地缘政治以及社会文明治理体系都在发生深刻的变化。而网络空间在这场大变局中，扮演着举足轻重的角色。进一步地，网络安全能力成为国家竞争实力的重要体现。从《中华人民共和国网络安全法》到《中华人民共和国密码法》，再到《中华人民共和国数据安全法》和《中华人民共和国个人信息保护法》，我国在近十年内颁布了一系列与网络安全相关的法律、法规和政策，推动了从政府部门到关键信息基础设施管理方乃至个人对网络安全的重视。

从技术角度来讲，网络安全事件存在于信息系统及其应用的不同层面，从物理层到代码层，从数据层到应用层，每个层面都可能出现网络安全事件，从而导致不良的后果。

在物理层，针对信息系统的物理载体，从能量对抗的角度出发，攻击者可通过电磁干扰、物理破坏、资源耗尽、环境（包括能源）破坏等诸多方式，使信息系统瘫痪，以达到中断信息系统服务的目的。

在代码层，针对信息系统及其应用，从代码对抗的角度出发，攻击者可利用安全漏洞、社会工程、拒绝服务攻击等手段，获取信息系统的控制权以及相应的数据，或者阻断系统的服务，从而损害业务连续性。在代码的供应链环节，开源软件的安全不可忽视，曾经发生过攻击者通过向开源社区提交"带毒"源代码，让开发者在不知情的情况下应用到系统软件中，从而实现潜伏攻击的事件。

在数据层，针对用户数据等敏感信息，从算法对抗的角度出发，攻击者不仅可以通过APT手段进行数据窃取，也可以通过数据截取的方式破解加密数据，还可以通过加密用户数据的方式进行"勒索"，甚至可以通过直接擦除数据的方式销毁数据。

在应用层，针对具体的系统应用服务，例如内容服务，从认知对抗的角度出发，攻击者不仅可以对应用进行破坏性攻击，还可以通过互联网应用散布虚假消息，影响网民的认知，从而左右舆论导向。

网络安全事件会从多个维度影响国计民生，网络安全技术需要不断演进，夯实基础能力，从而实现网络安全防御。常规的网络安全防御模式分为自卫模式与护卫模式两类，前者依靠强化自身安全以自卫，后者依靠外部协助防御来护卫。护卫模式的本质在于具备攻击感知能力、攻击研判能力以及攻击阻截能力。可以说，感知是基础，研判是核心，阻截是根本，自卫是底线。

华为作为全球领先的ICT基础设施供应商，基于对ICT的理解、对网络安全技术的认识，通过业界知名的网络安全红线能力要求，为其ICT产品构建了自卫能力。而对于网络空间安全能力的构建，则更聚焦于探索面向外置系统保护的护卫模式。"华为网络安全技术与实践系列"汇集了华为丰富的实践经验，内容适合企业高端管理者、安全工程技术人员和网络安全专业的学生阅读。未来希望政府、企业、高校和科研院所等多方能够共同协作，打造我国网络安全的保护盾。

方滨兴，中国工程院院士

2022年12月

推荐序二

网络空间已成为一个国家继陆、海、空、天四个疆域之后的第五疆域，保障网络空间安全就是保障国家主权。没有网络安全就没有国家安全，网络安全是国家安全战略的一部分。近年来，国家从战略高度有力地支持着网络安全产业的发展。

网络安全是建设数字世界、发展数字经济的重中之重，体现了国家信息化建设的水平和综合国力，是"两个强国"建设的重要支撑。如果网络安全没有保障，网络基础设施的根基就不稳固，网络就可能被操控。国家坚持网络安全与信息化发展并重，这要求我们既要推进网络基础设施建设，鼓励技术创新和应用，又要建设健全网络安全保障体系，提高网络安全防护能力。

在互联网发展的上半场，即以日常生活为应用场景的消费互联网时代，我国已经走在前列，建成了全球最大的消费互联网。在互联网不断深入社会各领域的同时，互联网发展的下半场，即将信息化、数字化技术广泛应用于实体经济的工业互联网时代，也悄然开局。

互联网如果能与实体经济紧密结合，将产生相较于消费领域更大的效能，从而极大提高经济社会发展水平。但是新的领域也意味着有新的需求，在互联网发展的下半场，我们还有很多挑战需要克服，譬如网络确定性的要求越来越高、差异化的需求越来越多。其中不可避免地也包括对网络安全的要求越来越高。与消费互联网相比，工业互联网一旦遭受攻击，很可能会对工业生产运行造成巨大影响，进而引发安全生产事故，这就给工业互联网的网络安全、设备安全、控制安全、数据安全等带来了挑战。

网络安全之道

2022年，我国工业互联网安全态势整体平稳，但恶意网络行为持续活跃，对工业控制系统及设备的攻击持续增多，受攻击的行业范围扩大，工业互联网安全形势严峻。这提醒我们要加快培育形成网络安全人才培养、技术创新、产业发展的良性生态链，提供网络安全防护服务的企业更要提高应对网络安全风险挑战的能力，以新的安全架构筑牢网络安全屏障。

华为在网络安全领域有着20多年的实践经验，"安全可信"这一理念已经融入华为的产品和解决方案，助力其为全球约1/3的人口提供服务。在这个过程中，华为积累了丰富的安全技术、解决方案和实践经验。现在，为助力网络安全产业发展、加强网络安全人才体系建设，华为推出了"华为网络安全技术与实践系列"。这套丛书内容涉及华为的网络安全理念、产品技术、解决方案和工程实践，分享了华为多年来积淀的经验，体现了华为对网络安全产业的重视，以及作为全球领先的ICT基础设施供应商的责任担当。

网络安全与信息化建设需要更多的人才，需要企业相互协同，开放合作。我相信，在大家的共同努力下，我们的国家一定可以抓住信息技术发展的机遇，实现技术突破，从信息大国成长为信息强国。我对中国信息技术的未来充满信心。

刘韵洁，中国工程院院士

2022年12月

丛书序

随着政企数字化转型的不断深入，业务上云、万物互联、万物智联成为网络发展的趋势。网络结构在这一趋势的推动下不断演化，在促进政企业务发展的同时，安全暴露面也呈指数级增长。同时，百年变局和世纪疫情交织叠加，世界进入动荡变革期，不稳定性不确定性显著上升。网络外部环境越来越恶劣，网络空间对抗趋势越来越突出，大规模针对性网络攻击行为不断增加，安全漏洞、数据泄露、网络诈骗等风险持续加剧。

如何在日益严峻复杂的网络安全环境下守住安全底线，为数字化转型战略的顺利实施提供可靠的安全保障，这是整个产业界需要研究和解决的严峻问题。

第一，网络安全是数字中国的基础，法律法规是安全建设的准则。 没有网络安全就没有国家安全。为了应对日益增长的网络安全风险，近年来，国家出台了《中华人民共和国网络安全法》《中华人民共和国数据安全法》《关键信息基础设施安全保护条例》等一系列法律法规，对网络安全建设提出了更高的要求，为网络安全产业的发展指明了方向。

第二，网络安全建设应该遵循"正向建、反向查"的思路，提供面向确定性业务的韧性保障。 "正向建"，首先是通过供应链可信、硬件可信和软件可信，构建ICT基础设施的"可信基座"；其次是采用SRv6、FlexE切片等"IPv6+"技术构建确定性网络，确保"网络可信"；最后是基于数字身份和信任评估框架，加强设备和人员的身份验证，确保"身份可信"。"反向查"，首先是通过全域监测，查漏洞、查病毒、查缺陷、查攻击；其次是通过智能防御、基于AI的威胁关联检测、云地联邦学习等技术，大幅提高威胁检出率；最后是以"云—网—端"协同防护构建一体化安全，提升网络韧性。"正向建"从可信的视角打造信任体系，提升系统内部的确定性；"反向查"从攻击者的视角针对性地构建威胁防御体系，消减外部威胁带来的不确定性。

第三，强化网络安全运营和人才培养，改变"重建设、轻运营"的传统观念。 部署安全产品只是网络安全建设的第一步，堆砌安全产品并不能提升网络安全实效。产品上线之后的专业运营才是达成网络安全实效的关键保障。部署的很多安全产品因为客户缺乏运营能力，都成了"僵尸"产品，难以发挥出真实的防护能力。我国网络安全专业人才缺口大，具备专业技能和丰富经验的网络安全人才一直供不应求。安全从业者的能力和意识都有待全面提升。

华为在网络安全领域有着20多年的实践，安全的基因已融入华为所有的产品和解决方案中，助力其为全球约1/3的人口提供服务。在长期的实践中，华为积累和沉淀了特有的安全技术、解决方案和实践经验。

为助力网络安全产业发展、网络安全人才体系建设，我们策划了"华为网络安全技术与实践系列"图书，内容来自华为网络安全专家多年的技术沉淀和经验总结，涉及技术、理论和工程实践，读者范围覆盖管理者、工程技术人员和相关专业师生。

- 面向管理者，回顾安全体系和理论的发展历程，提出韧性架构与技术体系，介绍华为的解决方案架构，并给出场景化方案。
- 面向工程技术人员，总结华为在网络安全产业长期积累的技术知识和实践经验，原理与实践结合，介绍相关安全产品、技术和解决方案。
- 面向相关专业师生，介绍网络安全领域的关键技术和典型应用。

我们力争以朴实、严谨的语言呈现网络安全领域具体的逻辑和思想。衷心希望本丛书对企业用户、网络安全工程师、相关专业师生和技术爱好者掌握网络安全技术有所帮助。欢迎读者朋友提出宝贵的意见和建议，与我们一起不断丰富、完善这些图书，为国家的网络安全建设添砖加瓦。

丛书编委会
2022年10月

前　言

　　网络安全能力在今天已经成为国家信息化建设水平和综合国力的体现，是建设"两个强国"的重要支撑，也是机构和企业在数字化浪潮下生存的必备技能。

　　然而当前，用户和网络安全从业者普遍感觉安全平时用不上，出事不管用。由于以往"未知攻，焉知防；要想防御威胁，先要看到威胁"等传统威胁防御观念根深蒂固，如今形成了"没有100%的安全，系统一定会被攻破，安全只能尽力而为"的必然结果。因此，业界对于能否在风险条件下有效保障关键基础设施的安全普遍缺乏信心，从心底认为安全是个无底洞，安全投资难以产生实效。可见，如果不从安全基本理论、方法论和架构上正本清源，就无法让安全建设走上正轨，也就无法扭转当前安全面临的严峻形势，更不可能满足国家"两个强国"建设的要求。

　　本书介绍华为的韧性架构，它不以尽力而为地对抗无穷的威胁为目标，而是致力于保证有限业务可预期、可验证的确定性状态。韧性架构以安全的第一性原理为基础，以OODA（Observe-Orient-Decide-Act，观察—判断—决策—行动）对抗方法论为指导，超越了线性的防御思路，从业务的内生可信、威胁的有效防御、全局的动态运营三个维度，构造系统化竞争力，建立可预期、可验证的、确定的网络安全环境。在系统"漏洞不可修补、威胁不可感知、防御已经失效"的情况下，保证系统核心业务始终处于可预期、可验证的确定性状态，从而在防不住威胁的情况下，确保系统的安全底线一定能守住。

　　自2019年以来，华为的韧性架构已经在多个关系国计民生的关键场景中获得实际应用，经受住了市场的考验，取得了显著的安全效果。如今，韧性安全理念、架构、解决方案被越来越多的用户所接受，必然可以极大地提高国内各行业的信息安全建设水平，让用户实现安全建设的价值回归，让安全目标更清晰、价值可衡量、效果可验证。

本书中，网络安全（Cybersecurity）指的是广义的网络空间的安全，为简洁起见，如无特指，后文一般表述为"安全"。

编写本书的初衷，主要有以下三点。

1．当前缺少一本系统地介绍安全的图书

现有的安全类图书，讲各种安全技术的很多，但能系统展现安全的动机、体系和全景的很少。安全的概念实在是太多了，读者一进入安全领域，很容易陷入具体技术当中，有"只见树木，不见森林"的感觉。在实际工作中，经常有人咨询我，是否有比较好的、能帮助了解整个安全体系的入门书。回想起来，很多安全类图书，更像是特定科目的应试指南，而不是系统性的教材，只能让读者知道要求是什么、应该做什么，却不能让他们知道为什么这么做、背后的知识体系是什么。

工作中，还曾有人向我抱怨，虽然讲安全的书非常多，但是有三个问题始终没人给出明确答案：到底什么是安全？如何判断当前是否安全？怎样做才能保证安全？

本书从安全的本质和安全的第一性原理出发，逐步阐述安全观念和体系研究的基本思路与方法。通过对国内外安全体系结构演进历史的回顾，以及对各种安全热点技术背后规律的分析，梳理网络安全演进的脉络，揭示安全界"从针对威胁的防御到面向业务的韧性保障"思路的转变趋势，以及韧性架构的发展现状。通过理论与实例，证明安全是一门有理论指导的科学而非单纯的经验积累，安全效果应该是确定的、可预期、可验证的，而不该是只能尽力而为、不可预测的。基于正确的安全方法论和架构，是可以做到以有限的成本来保证关键基础设施在极限打击下能守住安全底线的。

希望本书能帮助读者建立起系统化的安全视角，让读者可以从安全理论出发，自行解答各种安全问题。

2．对流行的安全观念与方法正本清源

当前一些安全观点被业界公认，不是因为观点本身正确，而是因为其流

行；一些核心技术概念被接受，不是因为重要，而是因为能吸引眼球。本书希望能对业界一些流行的安全观念进行澄清，并且帮助读者理解它们的来龙去脉。

（1）威胁对抗理论的局限性

威胁是无穷无尽、无法穷举的，针对威胁的防御，是以有限的安全资源对抗无穷的攻击威胁，从理论上讲注定会失败。成功的安全保障，并不以在攻防对抗中战胜对手为目标，而是应当避免陷入直接的攻防对抗，只要进入对抗，防御迟早会失败。网络安全不等于威胁防御，安全本身是个业务概念而不只是攻防概念。威胁是安全问题的表现而非原因，只针对威胁现象进行防御，必定无法保障安全。

（2）要正确理解"等保"要求

不理解"等保"网络安全（等级保护）而只去套用等保基线能力，就如同马谡照搬兵法。无论是ISO/IEC 15408、ISO/IEC 27001、CC（Common Criteria，通用准则），还是"等保"的安全测评要求，原本都是用来对已经建成的安全体系进行安全等级测评的，好比通过标准化试卷来评价学生对知识的掌握水平。如果把这些原本用于测评的基线检查项作为指导安全体系建设的依据，就好比学生不去上课而只通过考试试卷+标准答案来学习一样，是很难真正掌握知识的；同样，只依据等保基线逆向建设的安全系统，除了能顺利通过测评外，并不真正具备相应等级的安全强度。

（3）安全问题整改清单不能保证安全

现在的用户做过安全咨询后，都希望安全机构能输出一个尽量完备的风险与整改清单，让用户的安全建设有的放矢。实际上，用户按照清单完成整改后，虽然感觉已经对所有的风险做好了万全的准备，实则只能防范旧风险的再次发生，依然无法应对新出现的风险。因为凡是能够在清单中列出的，都是看得见的问题现象，而不是看不见的未知威胁以及造成风险的根源。但是，看不见的风险因素才是最可怕的。

（4）威胁检出率不是安全的关键

无论是99%还是99.99%的威胁检出率，都无法保证系统的安全。这是因为根据安全木桶原理，只要存在哪怕是最小的威胁，系统都是处于不安全的状态；又因为威胁总量是无穷的，最终能被检测到的永远只是极少的一部分。在实际情况中，造成最大损失的正是那些无法被检出的看不见的威胁。因此，与其不遗余力地提高威胁检测能力，不如设法建立应对看不见的威胁的健全机制。

（5）相同安全产品不同组合的安全效果差异巨大

现在很多用户和厂商不关心用户具体场景与安全解决方案的架构和流程，只关心最后的产品组合是什么。他们认为无论什么样的方案，最终能发挥防护作用的都是产品能力。其实完全不是这样，由相同安全产品所组成的不同解决方案，效果的差别也会如同石墨与金刚石的性能差别一样大。要理解系统与部件之间的关系，可以思考以下问题：一辆车完成了80%的装配，是否就获得了80%的功能？把宝马发动机、大众底盘、奔驰车架堆在一起，能否获得更好的质量？象棋冠军获胜时所用的棋子，与对手有多大差别？可见，我们只能系统地比较整体架构和解决方案，不能将其拆成部件进行对比。

3. 帮助读者建立正确的安全理念，梳理安全体系

归根结底，安全是一门科学而不是玄学，是一种技术而非艺术。安全是有方法论作指导的。安全作为系统的属性，应当具有确定性，是可预期、可验证的。当前安全所表现出的"效果尽力而为，能力不可验证，价值不可评估"的现状，并不是安全的固有属性，而是当前安全研究中存在的问题。如今安全所表现出的混沌状态，并不是安全的正常状态，而是需要通过安全理论与架构的创新加以解决的问题。

造成安全如此复杂的原因在于：人们一直试图使用已知的安全现象来解释未知的安全现象，试图用某些安全问题来解释其他安全问题。大道至简，在复杂安全现象的背后，一定存在着简单、明确的安全理论。我们解释安全问题，好比解释什么是"红色"，如果只从"红苹果、红衣服、红油漆……"的角度来解释，就会越来越复杂，而从红色对应的特定光谱的波长范围的理论角度，就能进行清晰定义。在复杂安全现象的背后，同样存在确定性的理论依据、制胜的方法论，以及能够解决目前所有安全问题的体系结构。

本书从现实中读者感到困惑的各类繁杂的安全问题入手，经过"发现问题看现象、分析问题看本质、解决问题靠方法、支撑方法靠架构、建设架构靠技术、评估效果靠验证"的过程，引入安全的第一性原理、OODA对抗方法论，以及韧性架构，并基于该架构给出实施方案，推导出确定性的安全保障结果。

本书对韧性架构的由来、设计原则、方法论、参考架构、体系分工、技术实现，以及其中的关键技术、安全保障流程、安全评价方法等，都进行了系统

的分析和描述。

本书最后结合典型场景，给出韧性架构在典型场景下的实施指南与具体案例。

希望读者通过阅读本书，可以理解下列观点。

第一，系统安全性应该是随同系统设计出来的，是确定性的，而不是"打过了"才知道的；安全保障能力是确定的、可预期、可验证的，而不是尽力而为、不可衡量、不可预测的；安全是一门确定性的科学，而不是玄学或者不可复制的专家经验。

第二，在极限打击下，业务安全底线是可以保住的。威胁防不住，不等于安全底线保不住。针对明确的业务功能，参照业务韧性保障理念进行系统设计，可以建立一个具备高度确定性的韧性架构，可以在外界的安全极限打击下，确保关键业务的安全底线。

第三，书中推导出的韧性技术体系，对安全技术而言，如同化学中的元素周期表。通过对技术体系的梳理，可以让读者正确认知零信任、可信计算、区块链、拟态、人工智能、大数据等各类热点安全技术在整个安全领域中的位置，也可以推导出未来所需的关键安全技术。

总之，万事万物背后都有其自然规律，安全也不例外。《道德经》一书通过揭示世间万物的演化规律，揭示了"道"的概念，被称作"万经之王"；《孙子兵法》揭示了战争之道，故能跨越时代而长盛不衰，被称为"兵学圣典"。本书试图揭示的正是日新月异的安全技术背后的安全之道，只有透过千变万化的安全现象，理解蕴藏其中的客观规律，才能超越纷杂的问题本身，真正掌握解决安全问题的"金钥匙"。

如今国内各行各业都急需安全领域的专家和领军人物，安全从业者应认识到，只会重复扣动扳机的士兵不可能成长为将军，只知人云亦云的将军也必定会打败仗。只有领会安全之道，具备透过现象认识安全本质的能力，才能在安全工作中立于不败之地。

安全之道，道阻且长，找到正确方向，就能走向胜利。希望《网络安全之道》这本书能够帮助读者澄清各种流行概念中的谬误，形成客观、系统的安全思路，透彻理解安全问题的根源和本质，从而更好地服务于信息系统的安全规划、设计、建设和保障工作，在国家"两个强国"的建设中切实发挥积极作用。

王雨晨

目　录

第1章　安全之象：安全的问题与现象

本章系统地介绍安全问题的背景、价值、现状，以及现有的安全观点、攻防过程、安全技术。这些都是当前的安全问题现象，即安全之象。

造成安全问题越来越复杂的一个重要原因是，长期以来，人们一直停留在通过安全现象来解释各种现象、基于安全问题来分析问题的层面，而始终没能从安全的本质与原理的角度，对安全问题进行明确的定义与解释。

安全作为一门科学，理应是原理明确、体系清晰、确定性、可证明的。归根结底，安全并不是由威胁驱动的，安全的目标也不只是对抗威胁，而是要确保系统在各种不确定条件下的行为具有确定性。围绕系统功能的对抗，才是安全问题的根源与驱动力。

本章的目标就是通过无穷无尽的安全问题现象，来识别安全问题的本质，理解造成当前复杂安全问题的根源。

| 1.1 背景与价值 |

网络安全，从宏观战略上讲，事关国家主权、国家安全和产业存亡，从微观战术上说，关系到企业的兴衰与个人利益的得失。安全问题之所以受到广泛关注，以至于在国家层面强调"没有网络安全就没有国家安全"，这是因为在当前，没有任何国家和机构能够忽视网络安全灾难所带来的严重后果。

1.1.1 至关重要的安全

在过去的30多年间，信息化的浪潮以不可逆转的趋势席卷了全球。发达国家跟上了这个浪潮，落后国家则被数字鸿沟阻挡。如今，我国各行各业亟待通过信息化和网络化实现产业升级，为此，国家提出了建设制造强国、网络强国的"两个强国"战略。

信息化发展水平决定了效率，网络安全技术水平已经成为衡量一个国家综合国力的重要标志。

信息化欠发达的国家和地区，很容易遭受来自那些拥有信息化优势的组织的降维打击，比如2010年"震网"事件中的伊朗，遭受重大打击后连敌人是谁都难以确认。而处于信息化前沿的国家和地区，因其社会发展已经对网络产生高度依赖，也越来越无法承受网络安全问题所带来的严重后果，例如美国在2021年5月9日宣布进入紧急状态，原因是同年5月7日美国油气管道供应商Colonial Pipeline遭受了勒索软件攻击。

"没有网络安全就没有国家安全"是现实的命题。近年来，我国颁布了《中华人民共和国网络安全法》《中华人民共和国数据安全法》《中华人民共和国个人信息保护法》《关键信息基础设施安全保护条例》等法律法规，其中《关键信息基础设施安全保护条例》明确要求能够有效"保障关键信息基础设施安全，维护网络安全"。

目前，国内用户普遍感觉安全"没事用不上、有事不管用"，无论多重视安全建设，在攻击中还是会被攻破。用户广泛地接受了下列观点：没有攻不破的系统，没有100%的安全；安全只能尽力而为，无法保证效果；安全只能做到尽量给攻击者制造障碍……

长期以来，大家已经习惯于在无法保证系统绝对安全的前提下，进行防不住的安全防护工作，甚至连国内安全产业界和专业厂商也都默认了这种现象的合理性。这种认识造成了国内普遍不相信安全问题可以被真正解决，因此只考虑用最低代价去满足合规要求的现象。

如果这种现象继续发展下去，造成的后果是可怕的，如果无法从科学理论出发，找到解决网络安全问题的正确路径，网络安全的命题就会演变成"因为不能保证网络安全，所以就没有国家安全"。

1.1.2 大国对抗的工具

信息化对产业与国家的重要性，以及国家之间的战略对抗趋势，让当前网络安全的形势越发严峻。

近些年，大家感觉网络安全的话题忽然热了起来，国家层面提及得越来越多，在网络安全领域也看到了越来越多的事件。

- 2013年，斯诺登披露，NSA（National Security Agency，美国国家安全局）有能力在全球主要的ICT（Information and Communications Technology，信息通信技术）厂商的产品中植入后门，以实施网络监听活动；NIST（National Institute of Standards and Technology，

美国国家标准与技术研究所）在其标准的双椭圆曲线算法中植入了安全后门，以便于对加密信息进行快速解密。

- 2015年4月，美国发表《国防部网络防御战略》（*The Department of Defense Cyber Strategy*）报告，该报告把美国在网络空间受到的威胁上升为"第一层级"的威胁。
- 2019年5月16日，时任美国总统特朗普签署了一份总统令，宣布美国进入"国家紧急状态"，以禁止美国通信企业与华为等公司进行商业交易。
- 2020年11月，有消息称美国政府将把89家中国企业认定为有军事背景的企业，限制其采购美国产品和技术。
- 2021年6月3日，美国总统拜登签署新行政命令，将59家中国企业列入清单进行制裁。

这种国家间的战略对抗态势，是由那些长期占有技术优势的老牌强国一贯的国家竞争战略所造成的，也是在世界格局正在发生重大变化的今天必然会发生的，网络安全上的对抗只是其中一个具体而微观的体现，而且必将愈演愈烈。

回顾历史可知，20世纪80年代，日本、欧洲在传统经济模式下赶超美国，美国发起了以网络化和数字化为代表的新经济革命，随后美国经济的发展再一次将对手抛在了身后。1996年12月30日，美国《商业周刊》撰文认为，信息技术是新经济的基石，没有信息化就没有新经济革命。

在信息化的示范效应下，全球出现了两极分化。发达国家越来越依赖于信息化，同时也越来越难以承受网络安全灾难带来的后果；而落后国家非但没能获得信息化带来的高效率，还容易遭受降维打击，甚至挨了打连敌人是谁都确定不了，是真正的落后就要挨打。

在此过程中，美国很早就认识到网络空间的重要性，以及其对全球控制战略的重要价值。美国2003年正式将网络安全提升到国家安全的战略高度，2005年把网络空间列为与陆、海、空、天同等重要的作战领域，此即"第五空间"理论。

2009年，美国发布《网络空间政策评估：保障可信和强健的信息和通信基础设施》（*Cyberspace Policy Review: Assuring a Trusted and Resilient Information and Communications Infrastructure*）报告。

2015年，根据《美国国家安全战略》（*National Security Strategy of*

the United States of America）报告的说法，网络空间被定义为"全球公域"，即"不为任何一个国家所支配，而是所有国家的安全与繁荣所依赖的领域或区域"。

2020年3月，美国网络空间"日光浴"委员会发布《网络空间未来警示报告》（The Cyberspace Solarium Commission Report: A Warning from Tomorrow），首次提出"分层网络威慑"的战略路径，其核心是向前防御理念，配合"全球公域"理论，为"美国把其网络防御体系置于对手的网络空间内"提供理论依据。

从成本上讲，通过网络安全手段达到控制的目的，要比通过法律、经济、军事等其他手段更低。一个实际的案例是，2010年"震网"事件对伊朗核电站所带来的破坏性影响，与1981年以色列战机轰炸伊拉克核反应堆带来的后果相近，但在"震网"事件中，攻击者所要承担的政治、军事风险和经济成本都低了很多。可以预测，今后发生在网络空间中的攻击和冲突要远比发生在现实世界中的更频繁，因为攻击者认识到，占有信息优势的一方，能够通过网络战对被攻击者实施碾压式的降维打击，且代价极低。因此，网络安全必将成为大国对抗的工具，网络空间也会成为热点战场。

1.1.3　国家主权的体现

网络安全是国家主权的体现，也是主权权益的重要保障手段。

世界各国都有和平发展的权利，我国的各行各业亟待通过信息化和网络化实现产业升级，从而保持国家经济的健康发展。为此，国家才会提出建设制造强国和网络强国的"两个强国"战略。我国的网络安全保障水平，对于"两个强国"战略能否顺利实现，无疑是至关重要的！

在网络安全领域，与美国全球控制下的"全球公域"主张不同，我国强调的是国家主权下的"网络主权"。2014年7月16日，习近平主席在巴西国会发表《弘扬传统友好 共谱合作新篇》的演讲时提出，"虽然互联网具有高度全球化的特征，但每一个国家在信息领域的主权权益都不应受到侵犯，互联网技术再发展也不能侵犯他国的信息主权"。

网络空间的出现使得国家主权相对弱化。正如未来学家约翰·奈斯比特所说的，"信息革命使国家淡化了，这是由于世界已没有界限。由什么来取代国家？它们正在被网络所取代"。因此，从维护国家主权的角度，网络空间的出现使得国家主权的外延，必须从领土、领海、领空，扩大到无处不在的"网络边疆"。

为了支撑国家的网络主权与网络安全战略，我国颁布了一系列的法律法规和行动计划，对网络安全能力建设提出了要求，具体如下。

- 自2017年6月1日起，实施《中华人民共和国网络安全法》。
- 2017年11月印发《推进互联网协议第六版（IPv6）规模部署行动计划》。
- 自2021年9月1日起，实施《中华人民共和国数据安全法》。
- 自2021年9月1日起，实施《关键信息基础设施安全保护条例》。
- 自2021年11月1日起，实施《中华人民共和国个人信息保护法》。

国家的"十四五"规划纲要里，14次提及"网络安全"，把它确定为未来中国发展建设的重点之一。这一切都表明，中国的网络安全是当前的国家战略要求。正如2014年2月习近平总书记在中央网络安全和信息化领导小组第一次会议上所强调的，要从国际国内大势出发，总体布局，统筹各方，创新发展，努力把我国建设成为网络强国。

1.1.4 事关个体的利益

网络安全，是企业利益、个人利益与国家战略利益高度统一的具体体现。

近年来，我国集中颁布了很多与安全相关的法律法规，这表明，有效保障信息系统的安全，已经不只是企业和机构的自主要求，更是国家的强制要求和公民的义务。因为我国企业和个人所拥有的信息资产，不仅是企业和个人的资产，还是信息时代国家主权的重要组成部分。

从另一个角度来看，即使企业和个人不关心自己资产的安全，也必须保证不会因为自己的安全疏漏，影响到别人的资产安全乃至国家主权权益。

在当前的安全形势下，网络安全建设的水平也直接关系到企业的命运，越是高价值的企业，遭受网络安全攻击时损失越大。

2001年，Gartner在一份报告中提到，"在经历过灾难的企业中，每5家中有2家在5年内会完全退出市场。仅当企业在灾难前或灾难后采取了必要的措施后，企业才可以改变这种状况"。

近些年企业受到安全影响的案例列举如下。

- 始于2013年的Carbanak跨国网络犯罪组织，持续攻击了全球100多家银行，获利超10亿美元。受害者包括全球40多个国家和地区（俄罗斯、日本、瑞士、美国、荷兰、中国台湾等）的100多家银行。

- 2016年2月4日，孟加拉银行的SWIFT系统遭到攻击，失窃的8100万美元至今无法追回。

- 2017年9月，美国征信巨头Equifax确认约1.43亿条用户信用记录被黑客入侵窃取，该事件使得Equifax的股价下跌了超过30%，市值缩水约53亿美元。实际上，自2009年后，有很多的知名公司，包括易安信（EMC）、谷歌、RSA、联想、京东等，都曾遭受安全问题的困扰。

- 据《2018年数据泄露成本报告》（*2018 Cost of a Data Breach Study*）评估，大型数据泄露代价高昂，百万条记录可致损失4000万美元，5000万条记录可致损失3.5亿美元。遭遇数据泄露事件的企业平均损失386万美元，同比2017年增加了6.4%。

- 2018年，欧洲的标准数据安全法规GDPR（General Data Protection Regulation，通用数据保护条例）实施，许多知名的跨国企业因违法违规收到了巨额罚单，如谷歌（6000万美元）、英国航空公司（2.3亿美元）和万豪酒店（1.23亿美元）。

- 2019年6月，勒索病毒GandCrab的运营者称在一年半的时间内获利20亿美元。

- 2020年，华为公司制造部的安全专家反映，自2019年下半年起，在全球范围内针对制造业务的高等级攻击比上半年增加了一个数量级；在2020年，多次监测到专用设备跳板、0Day漏洞利用、定向钓鱼、合法账号盗用、人工渗透等攻击活动；同年，有国内制造业、医疗行业上市公司在遭到勒索攻击交付赎金后，依然不敢公开信息，害怕影响股价，造成二次损失。

- 2020年4月，有媒体披露，东南亚某国的黑客组织，曾经成功执行过针对中国地方政府和要害部门的APT（Advanced Persistent Threat，高级持续性威胁）攻击。

当前，企业与机构发生网络安全灾难的概率要比火灾高得多。既然消防安全很受重视，那么企业为了预防网络安全灾难，也有必要做好网络安全建设工作。

上述事实都说明，加强系统网络安全建设是利国利民的好事，如果各行各业都能切实建立起合格、管用的安全系统，就能对国家"两个强国"建设提供实际的支撑，同时更好地保障行业企业自身的健康发展。

|1.2　目标与诉求|

正确的网络安全保障目标，要为信息化构筑安全底线，有效应对系统可能会面临的最坏情况，而不仅仅是尽力而为的防御以及安全合规能力的建设。正确的网络安全保障目标，是要建立底线思维，能够在系统面临极限打击时，确保业务系统的安全底线。安全不能成为没事用不上、有事不管用的摆设。

1.2.1　国外的安全保障目标

美国和欧盟对关键基础设施安全保障的目标，是确保其关键基础设施可以承受国家级高强度网络攻击。

2009年，时任美国总统奥巴马在发布《网络空间政策评估：确保拥有可靠的和有韧性的信息与通信基础设施》报告后发表演讲指出，美国21世纪的经济繁荣将依赖于网络空间安全，并宣布"从现在起，我们的数字基础设施将被视为国家战略资产。保护这一基础设施将成为国家安全的优先事项"。美国对网络安全建设的目标是明确的，就是在极端条件下保证关键基础设施的可信与韧性。

针对此目标的具体解释，可以参考NIST SP 800-160（卷1）《系统安全工程》（*Systems Security Engineering*）中的定义：网络安全，在本质上，应提供必要的可信性，能够承受和抵御对支持关键使命和业务运营的系统实施的资源充足、水平高超的网络攻击。

与之配套的是，2013年2月，奥巴马签发了第13636号行政指令《改进关键基础设施网络安全》（*Executive Order 13636: Improving Critical Infrastructure Cybersecurity*），其首要策略是改善关键基础设施的安全和韧性，并要求NIST制定网络安全框架。

同时，欧盟、日本等也颁布了一系列的法规、标准、技术架构来落实对应的要求。例如，欧盟网络安全局定义了网络韧性。2013年6月10日，日本发布了首个网络安全战略——第一版《网络安全战略》，目标是建设世界领先的、有韧性的、充满活力的网络空间。

由此可见，美国、欧盟、日本等国家和地区，在关键基础设施的安全保障要求上，目标明确、路径清晰，有理论和标准规范的支撑，即能在国家级网络攻击中，确保关键基础设施的可信与韧性。

虽然每一个机构的信息系统，因其重要性和价值不同，所面临的最坏情况以及需要承受的极限打击强度都是不同的，但所有的信息系统的安全建设目标都一样：当系统面临最坏情况时，系统必须有能力保证其关键业务的安全运行！也就是说，具有国家级重要价值的信息系统，必须具备在国家级网络攻击的威胁下守住其系统安全底线的能力。

1.2.2　威胁的风险强度等级

为什么美国等国家要把其安全目标定义为能承受国家级网络攻击？具体是指什么样的风险呢？欧盟为什么要强调系统需要在最坏情况下保持可接受的服务水平，而不是简单地按照ISO/IEC 15408、ISO/IEC 27001，或者NIST SP 800-53，NIST CSF（Cybersecurity Framework，网络安全框架）等成熟规范，制定一个统一的安全能力基线，并让所有部门都按照这个统一的标准去进行安全系统建设呢？这和安全的特点是分不开的，也是长期探索后的结果。

1.　系统需要应对的风险强度各不相同

一个机构或者系统可能面对的安全风险强度，只与这个系统的价值有关，而与它自身的安全保障能力无关，即系统价值越高，面临的风险强度越大。

国家级的关键基础设施一定会面临国家级强度的攻击风险，这是必然的。当前的攻击都是利益驱动的，攻击活动就是为了获得经济利益、政治利益。越是重要的系统，遭到攻击之后造成的影响越大，攻击者获得的利益就越大。好比一个高价值的银行系统，一定比一个普通人的账号面临更大的风险。因此，对于关键基础设施，永远不要指望攻击者会因为攻击难度的增加和攻击成本的增长而放弃攻击；同样，如果网络安全的目标是尽量给攻击者制造麻烦以及合规，那么有效保障关键基础设施安全的要求就注定无法实现。

　　一个机构的安全建设强度够不够，并不是看这个机构的安全性高低以及安全投入的绝对值大小，而是要看其安全建设的目标强度是否足以应对其所面临的最大风险。由于各机构面临的风险情况不同，如果按照统一的安全能力基线和强度标准来进行安全建设，必然会普遍出现安全强度不足或者安全资源过度投入的情况。因此，各机构安全目标的设置和能力建设，难以划定具体可操作的统一基线，需要从实际出发，因地制宜。

　　根据网络安全的特点，用户只有按照系统实际可能面对的最坏情况来制定安全目标，设计安全强度，建设对应的安全体系，才有可能在遭受极限打击时守住安全底线；在实际风险条件下，也只有具备持续保证系统服务处于可接受水平的能力，才能真正达到国家对安全保障的要求。

2. 网络安全威胁的强度与等级划分

　　网络安全威胁是检验网络安全保障强度的试金石。网络安全威胁事件，按攻击强度和防御难度可划分成不同的风险等级，而国家级威胁是其中的最高等级。

　　目前业界对网络安全威胁的强度有多种不同的分级分类方法。本书根据安全实践以及业界的理解，选取2012年IBM在RSA欧洲大会上所公布的安全风险分级描述原则，把所有的网络安全威胁按照强度、来源、资源、后果的不同，从弱到强，依次分成了五级，如图1-1所示。

威胁等级	
五级	危害国家安全
四级	间谍或政治活动
三级	利益驱动
二级	报复
一级	好奇

图 1-1　网络安全威胁等级

　　具有图1-1中最下层两级威胁的攻击通常来自个人，主要是出于好奇的恶作剧，或者因为某种原因实施报复。这类攻击的特点是单一、离散、偶发、数量巨大，时刻发生，覆盖信息系统的方方面面，包括弱口令、Wi-Fi私接、配置错误、已知漏洞利用等，防不胜防，如果处置不好，会造成很大麻烦。但这类攻击的强度不高，攻击者所掌握的资源也较少，攻击手段单一，且现有的安全技术能够有效应对。这类攻击对绝大多数组织良好、管理完善、有一定安全防护能力的企业来说，虽然可能会因为企业的疏忽或低级错误造成一定损失，但极少会造成行业性的灾难。

对机构来说，真正能造成重大损失的攻击，是从具有第三级"利益驱动"威胁的攻击开始的。这些攻击者往往是有组织的团队，具有较高的技术能力水平，可使用较为充足的攻击资源，其中近年较为常见的是勒索软件[①]。在这类攻击中，攻击者有明确的利益目标，比如电商雇佣黑客团队攻击竞争对手的网络，使对手无法正常开展服务，从而让自己获利。

具有第三级威胁的攻击不只使用单项攻击技术，而是会在不同的攻击阶段，组合使用多种攻击手段，形成策略化的攻击流程，因而无法用特定的单项安全技术来防御。这类攻击有能力对受到常规保护的组织或机构造成严重损害。比如，一次勒索软件攻击，可以通过"目标扫描、检测逃逸、边界渗透、内部扩散、系统驻留……"等一系列的流程化操作形成一条多维度的"攻击链"，如果只凭借补丁管理、特征检测、未知威胁检测等某一单项安全防护能力，难以有效阻止攻击链产生破坏性效果。

第四级威胁（间谍或政治活动）的危险性比勒索软件更严重。具有此类威胁的攻击针对确定的对象，有明确的经济或者政治利益诉求，攻击者往往对攻击对象之外的目标没有兴趣。相对具有第三级威胁的攻击者来说，这类攻击者拥有不亚于甚至超过被攻击对象的技术能力与资源，往往是受到不明经费来源以及技术支持的组织机构，或者是与被攻击对象技术能力相当的竞争对手。

迄今为止，被披露最多的具有第四级威胁的攻击就是各种APT攻击，具体的例子包括：2009年针对谷歌的极光行动；2010年伊朗遭受的"震网"攻击（攻击来源至今没有明确结论）；2011年RSA SecurID技术相关的数据遭窃取。

一般认为，APT攻击的概念由美国安全分析师于2006年正式提出，用来描述从20世纪90年代末到21世纪初，在美国军事和政府网络中发现的隐蔽且持续的网络攻击。最早曝光的APT攻击可追溯到1998年开始的"月光迷宫"（Moonlight Maze），该攻击针对五角大楼、美国国家航空航天局、美国能源部、国家实验室和私立大学的计算机，成功获得了成千上万的文件。NIST给出的APT定义是："精通复杂技术的攻击者利用多种攻击向量（如网络、物理和欺诈），借助丰富资源创建机会实现自己的目的。"

[①] 2012年时勒索软件还不常见，此级攻击指的是难以通过常规安全手段进行有效防护的攻击威胁，比如大规模的DDoS（Distributed Denial of Service，分布式拒绝服务）攻击等。

从概念上讲，APT是由其攻击的对象和攻击过程的特点，而非攻击活动中所使用的技术手段来定义的。APT并不是一种特定的攻击方法，而是具备"目标明确、隐蔽、长期"特点的攻击过程，它指的是一场长期的持续性的战役，而非指化学武器或者原子弹等武器种类。APT攻击中会用到包括已知病毒、未知病毒、勒索软件、已知漏洞、0Day漏洞、钓鱼邮件、社会工程学等在内的各种攻击手段，但这些攻击手段并不是APT本身。

具有第四级威胁的攻击，在当前可以打穿一个组织良好、防护严密的网络信息系统，至于它到底能造成多大的损失，要看攻击者的意愿。需要强调的是，目前国内绝大多数企业和机构，很少有能力回溯真正的具有第四级威胁的APT攻击过程，因为即使受害者遇到了APT，也很难发现，即使发现了蛛丝马迹，也很难取证与还原过程。现在被安全厂商广泛报道的所谓APT攻击，其实还是勒索软件、0Day漏洞、未知病毒、高伪装钓鱼邮件等在APT攻击过程中所使用的先进攻击手段。

具有第五级威胁（危害国家安全）的国家级网络攻击，是指体现国家意志、服务于国家战略的网络攻击活动。攻击者，往往是国家的网络战机构或者网络部队。攻击者拥有远超被攻击对象的技术能力和资源，攻击手段也不限于网络技术，还会配合供应链、政治、经济、法律、军事行动。目前已经公开的国家级网络攻击包括：2010年发生在伊朗的"震网"攻击；2015年乌克兰遭到BlackEnergy攻击造成半个国家停电；以及2020年《明镜》周刊和《纽约时报》报道的，由美国发动的"狙击巨人"等一系列的高等级网络攻击活动。

由于威胁具有不同等级，每个机构在设计安全系统的时候，首先要对自身可能面对的最坏情况进行评估，以确定自己的系统需要具备的安全强度。这就好比重要基础设施在开工建设前，要先根据地形地质条件，确定抗震设计强度、防洪设计等级一样。

不同机构由于自身价值的不同，需要对抗的威胁等级也是不同的。对于一般企业，通常只要对抗第三级、第四级威胁就够了；而对于国家基础设施，则必须考虑应对第五级威胁。这也是美国要求其关键基础设施能承受国家级网络攻击的原因。

在具有高等级威胁的攻击活动之间没有十分明显的技术差异。尤其在具有第四级、第五级威胁的攻击中，很多技术手段都是通用的，只是发动攻击的实体与目标不同。事实上，近年来，即使是具有第五级威胁的攻击（国家级网络攻击），距离我们也不遥远。

和平时期的国家级网络攻击是在当前技术条件下无法通过威胁防御等手段，以及常规的网络安全技术所对抗的攻击活动。一旦进入战时，国家级关键基础设施将会面临的安全风险强度可想而知。

3. 安全不适用二八原则，安全能力必须与风险强度相匹配

以特定威胁等级为防御目标构建的安全体系，在更高等级的威胁面前，完全起不到安全防御效果。

有一首"因为一个钉子灭亡了一个国家"的苏格兰民谣，讲的是1485年，英国约克王朝的国王理查三世与都铎家族的首领亨利争夺英国王位的故事。战前，铁匠在给查理三世钉马掌的时候发现缺一个钉子，眼看战斗在即，查理三世不等钉好这个马掌钉就匆匆上了战场。战斗中，查理三世击败了亨利，在乘胜追击的时候，那只马掌脱落，战马跌倒，查理三世也摔了下来。一见国王倒下，查理三世的军队一时发生了混乱，亨利趁机反击，杀死了查理三世。从此英国约克王朝覆灭，都铎王朝建立。这就是英国历史上著名的博斯沃思战役。后人因此编了一首民谣："少了一个铁钉，掉了一个马掌；掉了一个马掌，失了一匹战马；失了一匹战马，丢了一个国王；丢了一个国王，输了一场战争；输了一场战争，亡了一个国家。"总之，因为一个马掌钉，查理三世身死国灭，影响了英国历史，乃至之后的世界历史……

这个故事告诉大家，如果没有把看似简单的小事情做好，就有可能引发意想不到的灾难性后果。在安全界经常有人引用这个故事，告诫人们应当首先把简单的事情做好，再去考虑应对更重大的风险，这是正确的。

同时在安全领域还有一个现象：如果只把简单的事情做好，就只能防范基本的风险。一个系统，即使已经把所有该做的事情都做好了，而且没有犯低级错误，依然有可能会在风险中受损，因为一切都要看系统实际面对的风险等级。

安全有个特点：威胁所造成的损失和威胁的数量不成正比，只和威胁的风险强度成正比。风险强度越低，攻击数量越多，但它们能造成的损失却很小；风险强度越高，攻击数量越少，但却能造成很大的损失。安全威胁数量、等级与安全成本的关系如图1-2所示。近年来，总数不到1%的少数高水平攻击，造成了业界90%的安全损失。但要想防住那1%的高水平攻击，只靠基本的安全投入，只靠把基本的、简单的事情做好，肯定是远远不够的。要想获得达到安全

目标的安全能力，需要进行与目标相匹配的安全投入，安全目标要求越高，所需的安全投入也就越大。

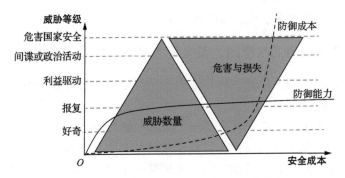

图 1-2　安全威胁数量、等级与安全成本的关系

由于安全的这个特点，在安全上想花小钱就能办大事的想法是不现实的，通常的二八原则不适用于安全投入与安全效果的关系。虽然20%的安全投入能够消除80%的攻击数量，但无法避免80%的攻击损失，也无法获得80%的安全防御效果。如果系统无法构建出与其面临的安全风险相匹配的安全保障能力，一旦发生风险，用户投资建设的安全系统完全起不到系统防护的效果，会让用户产生安全建设完全没有用处的感觉。

安全能力建设水平必须与系统可能面对的风险强度相匹配，否则一旦发生风险，就容易出现类似"明明得了肺炎，却大量喝止咳水"这样的情况。如果安全体系的建设目标与系统实际面临的风险强度不匹配，就会造成"无论增加多少安全投入，都只是浪费安全资源"的结果。

1.2.3　我国的网络安全目标

我国对网络安全的要求极为简洁：能有效保障系统的安全。具体来说，就是要建立底线思维，确保关键基础设施在各种风险条件下，能够守住安全底线。只为了合规而不能真正应对风险的安全建设，是没有价值的，也脱离了国家网络安全要求的初衷。

当前，国内有一种"感觉上正确，但是并不符合安全要求"的观念：安全保障只能尽力而为地对抗各种威胁，无法确定性地保证安全效果与安全强度；

由于威胁防不住是必然的，安全的价值就是尽量提高攻击者的攻击成本；只能尽可能地建设安全能力，但无法明确承诺能够达到的安全强度。

2021年9月1日，我国实施《关键信息基础设施安全保护条例》，明确要求"保障关键信息基础设施安全，维护网络安全"。显而易见，当前的安全观念是无法满足条例要求的。安全建设需要正确理解安全的指导思想，能够切实支撑国家的安全战略目标。

考虑到安全领域的技术特点，那种先把简单的事情做好，合规之后再考虑应对高强度风险的思路，并不符合安全的特点，也无法满足实际安全保障要求。合规并不等于安全。在安全系统建设中，如果一开始就不能按照系统实际面对的风险等级进行整体规划和设计，即使建成的系统合规，也无法实现预想的安全效果，安全投资也就没有了实际价值。

当前，我国各行各业所面临的安全建设形势依然严峻，需要各行各业建立起合格、管用的安全体系，为国家"两个强国"战略的成功实施提供实际的支撑。

对用户来说，安全建设的目标，就是建立对业务安全保障真正有用、发生安全事件时真正管用的安全系统；而对国家来说，如果各行各业的关键信息系统都可以在各自面临最坏情况时守住安全底线，保证自身业务的安全，国家对关键基础设施进行有效安全保障的目标就能真正实现。

1.2.4 极限打击与安全底线

1. 什么是极限打击

极限打击，从攻击者的角度来说，就是其具备的能对最有价值目标达到攻击利益最大化的最有效的攻击手段。从被攻击者的角度看，就是系统有可能遭受到的破坏性最强、等级最高、最难应对的安全威胁。极限打击，不只限于网络攻击技术手段，还包括法律限制、BCM（Business Continuity Management，业务连续性管理）攻击，甚至物理攻击等。一个系统，只有按照承受极限打击的要求制定安全目标，设计安全架构，建立安全体系，并且能够证明在极限打击下可保证系统功能处于可接受状态，能守住安全底线，才算成功实现了安全目标。

一个系统可能面对的极限打击，即这个系统可能面对的最坏安全情况，也就是系统将要面对的威胁等级最高的攻击。

2. 极限打击的种类

当前国内产业界实际经历过的极限打击，按照破坏性的严重程度，从弱到强依次可分成三类。

（1）国家级网络攻击

这类攻击属于水平高超、资源丰富、手段繁多的攻击，攻击者往往拥有压倒被攻击者的资源和技术优势，靠传统的防御是很难防住的。但这类攻击还是属于危险程度相对较低的攻击。因为即使是国家级网络攻击，依然只具备对业务系统的软杀伤能力。这类攻击的载体是外来的恶意设备、攻击代码和攻击流量，安全保障一方有可能利用各种安全技术手段对这种攻击活动进行检测和防御。

打个比方，这类攻击相当于高明的小偷试图通过住宅的漏洞或者利用主人的疏忽，进入住宅搞破坏、偷东西；主人可以通过加锁、修围墙、请保安等多种手段进行安全保障。

（2）核心部件0Day漏洞与供应链攻击

这类攻击并不直接针对被攻击对象，而是针对被攻击对象的上游产业链以及构建目标系统的核心软硬件基础部件，因此无法通过常规的网络安全防护技术进行检测和防御。这类攻击最典型的例子就是2013年德国《明镜》周刊披露的NSA通过编译器等开发工具链和专用的恶意硬件芯片，在各种ICT产品中植入恶意逻辑，包括预先设置在标准加密算法中的安全后门，以及利用CPU芯片、Windows操作系统、OpenSSL、Apache Log4j等基础软硬件中的安全缺陷与漏洞进行的各种攻击。应对这类攻击，常规的网络安全技术就无能为力了，必须通过可信计算、可信行为验证、可信开发流程等内生可信技术与流程加以应对。

这类攻击，好比是恶意的安保供应商或者房屋开发商，试图通过隐藏的钥匙或者后门、暗道进入主人的住宅，攻击者根本不需要突破各种安保系统，只要使用预留的钥匙或者隐蔽通道，随时来去自由。

（3）BCM攻击

BCM攻击包括"实体清单"、贸易管制法规、制裁等。这类攻击影响的是业务的连续性，必须依靠全产业链的自主可控才能对抗。典型的例子就是2019年开始，美国对中国的高端半导体产业实施的一系列"实体清单、禁运、制裁、管制"等行为。

BCM攻击具有最高风险等级，因为它的目标不只是侵入对手的业务系统，而是让对手无法建设业务系统，或者彻底摧毁已经建成的业务系统。BCM攻击，就好比是禁止用户自建住宅，让用户已经建成的住宅无法使用，甚至摧毁用户已建的住宅。攻击的目的已经不只是侵入目标的房子，而是让目标彻底没房子可住。

BCM攻击脱离了单纯安全技术的范畴，单靠一个厂商或者一项技术是无法抵御的，只有建立自主可控的完整产业生态体系才能应对。

一个系统可能遭受何种程度的极限打击是不确定的，目前来看，极限打击更可能是上述三类攻击手段的组合。比如2010年的"震网"事件，整个攻击行动先通过高超的网络攻击手段隐蔽地调高了离心机的转速，从而让离心机短时间内出现大量的物理损耗；然后通过联合国决议案构建制裁的法律基础；再通过禁运、"长臂管辖"等方式发动BCM攻击，阻止核电站补充损耗的关键设备，从而让核电站的业务被迫中断，以达到迟滞伊朗核计划的目标。

3.　什么是安全底线

系统的安全底线，就是系统排除各种攻击威胁的干扰，始终保证以可预期的方式运行，提供并保持可接受服务水平的能力，具体是指：在风险条件下，业务的核心功能必须得到保证，系统的行为始终与设计相符；系统的各项业务指标控制在可接受的范围内，允许系统功能出现一定的损失，但不许系统出现超出预期范围的意外行为；确保系统行为不突破安全底线，不发生信息灾难。对于系统安全底线的理解，可以参照"韧性"的概念，即保证基本业务的生存，保证系统能持续提供可接受的服务。

对安全来说，安全底线必须是一个确定性的概念，而不能是尽力而为的模糊概念。只有定义了确定性的安全目标，才能实现效果明确的安全保障。

安全底线用来描述系统的安全状态。从本质上说，安全底线是个业务概念而不只是攻防概念，这是因为，人们可以根据系统的服务状态是否突破安全底线来判断系统是否安全，但无法通过系统的威胁防御能力来界定系统的安全状态。图1-3给出了某段时间内系统未能守住安全底线的例子。比如，一个电力系统，可以容忍零星用户的供电故障，但绝不能接受大范围的停电。一旦系统内出现了超出常态的停电用户，就可判定电网一定处于不安全的状态；而同样是这个系统，在一个时段内成功防御了1万次攻击，另一个时段内一次攻击都没能检测到，到底系统在哪个时段更安全？这是无从判断的。

可见，安全底线是个业务概念而不只是攻防概念，它也是个业务状态，无法用攻防指标来描述。

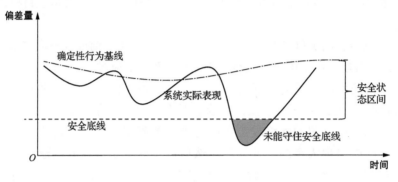

图1-3 某段时间内系统未能守住安全底线

|1.3 问题与现状|

当前国内的安全技术发展还处于混沌当中，主流的安全观念没有正确的理论指导，没能找到正确的发展道路。当前把安全目标聚焦在攻防威胁上的思路，从理论上就无法实现安全保障的目标。

在当前以威胁防御为主的安全理念中，因为威胁无穷无尽、无法穷举，防御技术无法保证对威胁100%的成功防御，因此系统被攻破是必然的，成功检测并且实现威胁防御反而是偶然的。从安全角度看，系统必定会因为防不住威胁，而导致一定保不住安全。国家对关键基础设施"在极限打击下，确保守住安全底线"的目标，也就变成了不可能完成的任务。这一后果是用户和国家发展战略都不可接受的，也是极为不合理的。

那么，是否存在系统即使防不住威胁，也能守住安全底线的可能性？要回答这个问题，必须从当前的安全现象出发，只有经过客观的讨论和分析，才能得出站得住脚的结论。

本节将对用户有感知的安全的现状、攻防过程，以及相关的众多问题进行客观的描述和原因分析,从而为揭示安全的本质与问题的根源做好准备。

1.3.1 威胁经常防不住

威胁防不住的现象,是经过各种主客观因素(如技术、管理、观念等)复杂作用而形成的客观结果。在众多因素当中起决定作用的,是现有安全观念的局限性:安全是由威胁所驱动的这一观念,造成了威胁经常防不住的必然结果。因为安全威胁是无穷无尽、无法被穷举的,谁也没有办法来描述或者感知一个威胁全集。当前,凡是能被看到的威胁和问题,都是曾经发生过的、可被了解的,而没能发现的威胁和问题,谁都不知道有多少。如今的各种安全技术都是在努力致力于检测、解决那些可被感知、可被识别的看得见的问题,而没有机制来有效应对无法预料、从没出现过的、看不见的风险。如果把安全保障从时空中无限延长,某一时刻看得见、能防住的威胁一定是有限的,而看不见、防不住的威胁则是无穷的。那么在特定时刻,使用有限的威胁防御手段,怎么可能防得住无穷的威胁呢?

用户实际的感觉也印证了这个道理。当前安全是没事用不上、出事不管用,因为只要是新发生的攻击,基本上都是防不住的。2003年"冲击波"来了没防住,2017年WannaCry来了也一样没防住。今后若是发生新的攻击事件,大概率还是防不住。

由此,很多用户认为,安全除了能应对检查,并不能有效解决实际的安全问题。别说根本无法保证应对最坏情况,就连能应对哪些风险都不知道;100%的安全肯定不存在,能否有50%的安全性也无从判断。这造成了目前很多单位和机构建设安全系统的真实目标就是满足合规要求、应付上级部门的检查,这源于当前用户对安全实际效果的极差体验,以及对安全价值的深度怀疑。

同时,一些决策者会把安全与业务放在对立面,认为和业务相比,安全只是辅助手段,是从属于业务的衍生品,没有业务系统就没有安全。应该优先发展业务,等有了钱再考虑安全;或者把安全损失视作一种成本,通过提高业务生产效率来弥补安全损失,或许比投资建设安全系统更为有效……而更多的用户对安全的体验是:安全更像皇帝的新衣;安全是个无底洞,投入多少都不够安全;搞了安全没感觉安全,不搞安全也未必不安全,反正WannaCry来了都一样……

安全的确是业务的属性，但安全保障和业务不是对立的，而是一体的，安全的作用是无法替代的。先建设业务再补充安全的想法虽然有道理，但实际上做不到。好比造房子的时候不能先造房子，后放钢筋，而且一栋房子能抗几级地震，需要在设计阶段就考虑好，而不是等地震之后，看房子有没有塌掉才知道。在"等保"等规范中，安全和业务系统建设有"三同步"的原则——同步规划，同步建设，同步运行，这就说明安全和业务是一体的。如果在业务建设中没有考虑安全，一旦出事，造成的绝不只是成本上的损失，整个业务都有可能被摧毁。安全之于业务，决定的不是成本而是生死。

那么安全到底有没有用？用户的观点反映了安全的客观现实，说明了两个问题。首先，以安全合规和应付检查为目标的安全系统，对用户来说是没用的，对业务来讲是浪费钱，只有在企业面临风险时，真正能够保障业务安全的系统，才是有投资价值的有用的系统。其次，当前建设了太多没用的安全系统。

上述事实说明：无论是从理论上还是从用户感知上讲，威胁防不住是当前普遍存在的客观现象，如何在威胁防不住的情况下，确保系统的安全底线能够守住，则是安全面临的首要问题，更是用户对安全的最基本诉求，并且直接影响到用户对安全技术的信心以及对安全投资的意愿。

1.3.2　安全效果不确定

安全效果不确定，是指用户对系统的安全目标、安全状态、安全等级、防护能力、投资有效性、对抗结果等，全都无从定义、无从了解、无从评价，认为安全问题谁都说不清楚，安全效果很难评价，安全投资是个无底洞，从内心不认可安全的价值。

用户希望能获得可靠的、确定性的、可被量化评估的安全能力和防御效果，但在目前，安全防御只能做到尽力而为，难以承诺安全防御效果，更难以量化评估安全能力。

安全效果不确定的原因，在于当前安全的目标就是防御威胁，而威胁检测与防御的成功率本身就是不确定的。因此，安全不确定的根源，在于安全当前还没找到确定性的理论基础。只有在安全保障如同加密算法一样找到了确定性的理论基础之后，才有可能从根本上解决安全的不确定性问题。

2000多年前的《孙子兵法》就强调，制胜的关键不在于战场，而在于"庙算"中的胜算，"多算胜，少算不胜，而况于无算乎""胜兵先胜而后求战，败兵先战而后求胜"，揭示了胜利并不是偶然的，而是有原因的，存在决定胜负的确定性因素。明朝抗倭名将戚继光说过，"夫大战之道有三：有算定战，有舍命战，有糊涂战"。戚继光自己只打必胜的"算定战"，除非情况危急，否则不打杀敌一千自损八百的"舍命战"，他一辈子都没打过胜负靠运气的"糊涂战"。而当前的安全保障，就是完全没有胜算的尽力而为，是实实在在的"糊涂战"。

当前，安全保障单纯依靠安全经验积累和临场发挥，缺乏明确的方法论指导和目标导向，缺乏全局性和系统性，正如盲人瞎马，能否成功全凭运气。因此失败是必然的，成功反而是偶然的。

由于缺乏明确的科学理论基础，业界对决定安全保障结果的原因并不了解。安全的保障效果不是取决于安全系统本身，而是取决于攻击方的水平。安全工作中，常常是一问三不知。安全到底是什么？现在是否安全？到底怎么做才能保证安全？全都不知道。那什么时候才能知道安全保障结果呢？唯一的答案是：只有"打过"了之后，看系统是否扛住了，才知道安全做得好不好，够不够。而且，即使这次成功实现了安全防御，成功要素也很难复制，下次还能不能防得住？对其他攻击能不能防得住？谁都不知道。

用户感觉安全更像是一种玄学而非一门确定性的科学，但其迫切需要的却是确定性的、有理论基础的、可证明的安全：如同其他的系统属性一样，安全性也应该是随同系统设计出来的；安全架构应该有明确的方法论指导；安全性应当可以验证；安全效果需要被量化评估。

要求确定性的安全，在一些安全专家听起来，是匪夷所思的过分要求，因为他们早就习惯于以对待玄学的态度来看待安全问题。但是对用户来说，得到确定性的安全效果，却是基本的要求。"在设计中确定安全等级"这种在土木工程中司空见惯的要求，到了安全技术领域，反而因为各种原因，变成了完全无法满足的"过分要求"，这只能说明安全技术的发展还没有走上正确的道路。

综上所述，当前安全效果不能确定的原因，在于安全还没有找到确定性的理论指导和技术基础；决定安全保障成败的原因还没被清晰认识。当前的安全保障工作，是在没有明确的理论基础、找不到正确的成功方法、不清楚成败原因的情况下，完全凭经验和知识进行的威胁防御活动，是彻底的"糊涂战"。综上所述，当前的安全保障活动无法获得确定性的结果。

1.3.3 安全产业靠不住

安全产业是典型的由生产者所决定的产业，用户更多的是被动选择专业安全厂商的产品和技术，而很少能站在消费者的角度提出明确的要求。现在有一个现象，用户往往不是因为安全产品很管用、对功能很满意才选择厂商和产品，而是在对整个产业普遍存在疑虑的情况下，在合规等外部压力下被动选择厂商和产品。由此可见，当前的安全产业存在很多问题。

1. 安全产业的发展不健康

可能有人会说，现在安全产业不是发展得挺好的吗？2017年以来，安全产业一直高速发展，2020年迎来了安全产业爆发拐点。其实产业发展得好不好，要看它实际能为用户和社会带来什么样的价值，能否满足用户的实际安全需求，能否支撑国家的安全战略目标，自身有没有能力完成积累和发展。如果一个产业只有表面上的高增长，只靠资本输血，不能做到持续商业成功，不能有效支撑国家的战略需求，就不能说是健康发展的产业。

现在的部分安全产业，有沦为"眼球经济"的倾向。有些厂商热衷于讲故事、炒概念、追热点、贩卖焦虑、吸引眼球、追逐资本，但是，始终没能建立起可靠的安全理论架构和技术体系，始终无法满足用户"在极限打击下，确保守住安全底线"的目标，更无法对国家的经济发展提供可靠的安全保障。

总结国内安全产业的问题，即大而散、小而全、低水平重复、同质化竞争、缺乏根技术，具体说明如下。

大而散。我国安全产业总空间看似很大，但是碎片化严重，市场散布在非常多的细小领域内，小厂商很容易找到能让自己生存下去的夹缝，大厂商反而很难找到一个值得大举投入的价值机会点，造成只通过市场化手段很难集中力量突破重要的或者关键的安全技术。

小而全。由于安全市场碎片化的特点，国内安全厂商规模通常都很小，但是需要支撑的产品类型和产品领域却非常多。因为安全是一个端到端的产业，客户希望厂商能提供整套解决方案，因此安全厂商被迫什么都做。显而易见，在资源有限的情况下，不可能什么都做得好。

低水平重复。安全厂商的大部分工作都是重复的。比如，根据计算机信息系统安全专用产品销售许可服务平台的统计，在2019年，国内有210家防火墙厂商、64家态势感知厂商、81家WAF（Web Application Firewall，Web应用防火墙）厂商，其中大部分厂商并没有几个技术人员，但要做多种产品。就好比大家都在重复发明轮子，无形间浪费了研发资源。

同质化竞争。 在开发中，基本上每个厂商都是"看到了才知道，看不到就想不到"，普遍性跟风热点技术，比如态势感知、大数据、威胁情报等。在每个厂商资源和技术水平都差不多的情况下，提供的产品必然是大同小异的。打个比方，市场流行"木桶"，所有厂商就都去做木桶，在每一家的材料都有限的情况下，大家都只能做小桶。用户如果哪天需要定做一个大木盆，结果却发现哪家厂商都做不出来。而如果国内厂商都发挥自己的专长，先把自己最长的那块木板做好，汇聚多家的长板之后，是可以做出小木桶以外的其他产品的。

缺乏根技术。 2020年下半年，工信部网络安全管理局下发过一份关于国内各产业对国外关键部件依存度的调查报告。从各行业反馈结果来看，有国内的专业安全厂商认为，因为安全产业的特殊性，国内安全产品对国外技术部件的依赖性很低，低于路由器、交换机等数据通信产品。我国的安全产业界能得出这样令人振奋的结论，反而更让人担忧，因为这恰恰说明了国内安全产业的不成熟和能力不足。当前，我国的安全产业非但不能解决核心部件对国外的依赖性问题，甚至都没能认识到问题的严重性。国内安全厂商体量普遍都很小，基本全都基于开源操作系统、开源代码、开源开发库、开源或者商用的开发工具链，以及国外通用的CPU、硬件部件、开放架构，构建各种安全应用。国内涉足安全领域的厂商中，绝大多数没有能力自主研发CPU、操作系统、协议栈和开发工具链。而CPU、操作系统、开源库等基础软硬件的安全风险，恰恰才是最严重的，不但存在BCM、知识产权问题，还有实实在在的供应链安全问题。

国内2019年以来的攻防演练表明，存在于安全产品内的漏洞，已经成为攻击方最常选择的快速攻破业务系统的捷径。安全厂商如果完全依赖开源、开放的软硬件基础平台，会给自己的产品和用户系统带来非常严重的安全风险。当前，SSL[Security Sockets Layer，安全套接层（协议）]中的"心脏滴血"漏洞、Apache Log4j开源组件上的漏洞，以及Intel x86 CPU上的"熔断"漏洞等，无论哪一种，都广泛存在于安全产品的基础部件当中，如果继续依赖这些不可信的基础部件构造安全产品，迟早会给厂商和用户带来巨大的安全灾难。这也是华为等公司要花大力气研发自己的专用芯片、自己的基础软件平台，以及建立可信开发流程，进行开源代码安全验证，甚至花大力气把编译器等开发工具链全都进行替换的原因之一。

国内安全厂商在掌握安全和基础平台的根技术方面，还有很长的路要走。

2. 安全被搞成了玄学，难以被用户信任

国内安全产业最大的问题是：这么多年来，有意无意地把安全搞成了玄学。虽然能快速跟踪炒作国际热点安全事件、安全概念、安全技术，但是对这些技术出现的背景、动机、趋势、底层技术和演进规律却很少深入分析，这使得安全技术变得不可理解、不可证明。

安全是严谨的科学问题，容不得投机取巧与炒作。对安全进行神秘化炒作，给广大安全用户留下安全最终要靠"神兵重器，江湖黑客"才能解决问题的印象，这对安全技术的健康发展有巨大的破坏性。

鲁迅先生讲过金扁担和柿饼的故事。有个农民每天挑水，一天，他突然想，皇帝是用什么挑水呢？自己回答，一定是用金扁担。一个农妇，吃过柿饼后觉得味道很好，她想，皇后娘娘是怎样享福的？自己回答，皇后娘娘一觉醒来，一定就叫："大姐，拿一个柿饼来吃吃。"其实我们的安全产业长期以来都在重复和故事里的人同样的问题，即一直以自己的认知水平来理解国外的安全技术趋势，因而只能看到具体技术上的差异，始终无法在理论体系、方法论、技术路线和系统维度上正确理解。安全的核心竞争力不像表面上看到的这么肤浅，并不是漏洞库、威胁情报、大数据和知识图谱这些可以一眼被看得到的技术。

其实1998年前后正是国际上安全技术蓬勃发展的时期。在国内黑客热衷于挖漏洞找"肉鸡"攻击网站，并且认为这就是网络战的时候，国内外安全专业研究机构正在抓紧进行基础安全技术的创新，那一时期的研究成果到今天很多已经变成热门技术，比如：操作系统安全、系统调用中容忍Buffer Overflow、全流程安全形式化证明、安全范式与安全模型、信息空间中的可信赖性研究、信息空间的安全仲裁、信息隐匿技术、small world模型在分布式安全中的应用、隐私和个人数据保密、通信信道的寄生与反寄生，通过构建安全环境来容忍漏洞、可信计算、B1级安全操作系统、入侵容忍、拜占庭模型的安全应用、MTD（Moving Target Defense，动态目标防御）、信息战中的"网络诱鸟NetDecoy"……无论哪一种，都是基于对基础技术的理解、对安全本质的认识，以及对安全理论的思考。

经过20多年的发展，我国当前的安全热点是否还停留在挖漏洞、发现威

胁、积累安全知识、总结运维经验的层面？这些并没有错，错误的是，把看到威胁当成网络战中的决胜条件，把漏洞看成安全战略资源，但不知漏洞是怎么来的，威胁是怎么产生的。在能发现的漏洞之外还存在多少漏洞？在检测到一个威胁的同时又漏过了多少？能找到漏洞、能对抗威胁固然重要，但要看在哪个层面，应对哪个等级的攻击者。威胁驱动的安全防御只能缓解安全问题，而不能扭转安全形势。

设想，今天我国真的能够凭借掌握的安全漏洞、积累的威胁情报，以及现在的产业能力成功应对国家级网络攻击吗？在他国已经明确要求在国家级网络攻击下保证业务安全的时候，我国产业界还有很多人在纠结：因为威胁是防不住的，要求提供确定性安全保障的目标是否现实，要求是否太高？

当前，我国在基础安全理论以及研究方法方面还存在很多问题，亟待通过理论创新来追赶国际水平。

3. 安全厂商的利益诉求与用户不一致

安全厂商的立场是销售安全产品，因此需要把安全问题映射到产品或者技术特性上，然后向用户强调其对于安全保障的价值，好比因为自己有个锤子就到处找钉子。安全厂商的立场与用户不同，往往很难从用户角度分析安全问题，而是从扩大自身产品销售的角度来形成解决方案和营销话术。长期如此，用户心中可能会对国内安全产业失去信任。

有一个有趣的现象，如果问全球范围内谁是最大的安全公司，答案是微软。微软的安全营收超过100亿美元，这个体量远远超过任何一家专业的安全公司。造成这种现象的原因有很多，其中一个主要原因就是用户更信任随同业务一起提供的安全保障能力。

投资家巴菲特曾说过，永远不要问理发师你是否需要理发。由于安全厂商的诉求和客户并不一致，同时缺乏厂商和用户都认可的安全方法论和架构，加之当前存在安全效果不确定以及安全价值难以衡量等问题，用户会感觉原本的安全困扰一点没少，反而还增加了新的困扰，他们认为依靠现有的安全产业不可能解决自己的安全问题，这影响了安全产业的健康发展。

1.3.4　攻防成本不对称

在系统环境下的"攻击"与"防御"难易程度的度量标志，是"攻防成本"，指攻防双方在达到各自目标时所需的时间、技术、资源、经费等总开销。攻防成本"不对称"也就是所谓的攻防失衡现象，更多的是在安全攻防技术层面，攻击成本低，安全防护成本高，通过安全技术的投入很难应对攻击威胁的发展。具体表现为：一个没有组织的、不精通安全技术、只掌握很少资源的攻击者，仅用极小的代价，就可以对组织良好、具有压倒性技术优势、控制大量资源的机构实施攻击，并对其造成巨大的损失。

经过分析可以发现，攻防成本不对称现象，正是由当前信息系统中主流的安全防御理念和对应的安全技术造成的。

1. 信息系统自身的脆弱性特点，使其易遭受攻击

要想攻击某系统，攻击者必须具备"攻击三要素"：系统中存在安全漏洞；系统中安全漏洞的分布情况被攻击者所了解；攻击者具备访问这些安全漏洞的物理途径。而在开放式系统平台和无处不在的网络环境中，这三要素很容易得到满足。下面结合当前的情况简要分析。

（1）当前信息系统环境中广泛存在各种安全漏洞

美国普渡大学的网络安全专家斯帕福德教授在2000年的研究结果是：对于商用软件，平均每500行代码中就存在一个隐藏的错误；最终用户能发现的并且抱怨的错误数量大概只占全部错误的5%，约有95%的错误会一直存在于系统中。微软公司的研究表明，每4000行代码就会出现一个高危漏洞。

安全漏洞问题在我国尤为严重。我国信息系统普遍建立在以UNIX、Windows为代表的商用操作系统和以TCP/IP（Transmission Control Protocol/Internet Protocol，传输控制协议/互联网协议）为代表的互联技术上，系统中大量采用国外的核心技术与软硬件设备。这些产品的安全性与可信任程度只能由制造商凭其商业信誉保证，其中不但存在各种技术方面的漏洞，甚至可能藏有厂商预留的安全后门。

（2）开放系统安全漏洞的分布情况为人所共知

当前信息系统的主流是开放系统，各种漏洞分布情况的相关资料是公开的。当前，漏洞被发现的速度越来越快，平均每年翻一番。由于我国信息系统多为采用商用部件构造的开放系统，其中的漏洞与后门的分布情况更是毫无秘密可言，更多的时候甚至是单向透明的。

（3）网络无处不在，网络协议缺乏安全设计，成为方便的攻击途径

当前TCP/IP开放、简洁、易用，其开放而无完善安全考虑的特点，为

攻击者提供了随时随地利用系统漏洞破坏系统安全的便利通道。而在当前的IPv4、TCP/IP网络协议中，难以通过技术手段有效追踪此类活动。

2. 攻击技术的迅猛发展造成信息系统面临日益严重的安全威胁

自动化攻击手段包括网络扫描器、网络蠕虫、特洛伊木马等。自动化攻击程序的发展造成了以下三方面的恶果。

（1）攻击者群体扩大，攻击活动泛滥，攻击成本进一步降低

1999年美国CERT/CC（Computer Emergency Response Team/Coordination Center，计算机紧急事件响应小组/协调中心）统计的关于攻击工具的精密程度和攻击者技术知识水平的变化，如图1-4所示。从中可以看到，在长期信息攻防较量中，未经专业训练的攻击者要比有专业知识与组织的安全防护团体更占优势。自动化、智能化的攻击工具使攻击活动不再需要专业的安全知识，造成攻击者群体急剧扩大，攻击所需的技术水平和经费大大降低，时间和精力大大减少。比如，给全球造成重大损失的冲击波变种蠕虫病毒的制造者，是一个没有特殊专业背景的18岁美国少年。

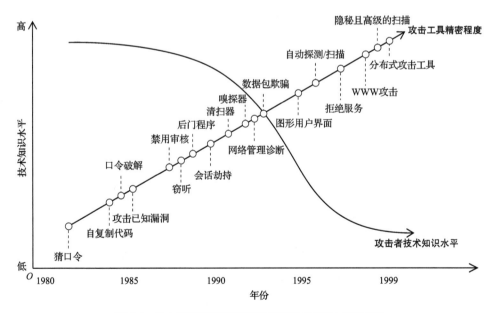

图1-4 攻击工具的精密程度和攻击者技术知识水平的变化
（来自 CERT/CC）

这种攻防成本之间的差距，在以往的20多年间，随着信息技术的发展，不但没有缩小，反而在逐步扩大。根据2017年的统计数据，攻防成本的比值，已经达到了1∶90 000。在这种严重的攻防成本不对称的趋势下，攻击活动的泛滥趋势很难被遏制。

（2）攻击种类数量高速增长，攻击手法更新迅速

目前，每年新增约2万种恶意程序，其中90%是网络蠕虫。黑客可以在超过3万个安全网站中找到制作工具，只需几分钟就可制造一个新病毒。在2004年我国的网络安全事件中，计算机病毒和蠕虫造成的安全事件占总数的79%。攻击种类的高速增长给传统的安全防护带来极大难度。

借助自动化工具可以更快捷地发现与利用漏洞。IBM X-Force部门经过调查认为：自动化的扫描工具是造成攻击增加和特洛伊木马后门程序增加的重要原因。近年来，随着自动化编程工具和AI技术的应用，攻击活动越来越呈现出自动化与智能化的特点，进一步加快了攻击的变化和演进的速度。

（3）攻击扩散速度极快，攻击活动呈现全球趋势

据统计，自2000年起，全球90%的网络蠕虫在其开始传播的头24小时内就可以传染网络中90%的易感系统。近几年出现的几次全球范围的安全事件都是网络蠕虫所为。

随着自动化攻击程序的出现，网络攻击活动也越来越呈现出全网范围的随意性、广泛性、大规模协同性、隐蔽性，以及破坏严重、更新迅速等特点。自动化攻击程序已经成为当前网络攻击的主要手段。

2017年5月12日爆发的WannaCry病毒，传播高峰期只有约48小时，但却实现了全球扩散，造成了巨大的损失。

攻击技术的迅猛发展，使得安全威胁呈现出快速演进、快速扩散、低成本、低技术门槛的趋势，进而极大降低了攻击成本，增加了防御的难度，提高了攻击成功的概率，使得针对威胁的成功防御在技术上变得越来越困难，成本越来越高，成功率越来越低。通过防御来保证安全，正在变得越来越不可行。

3. 现有的安全防御技术都是高成本的技术，容易形成安全悖论

当前的安全防御技术，对威胁具有很强的针对性与实效性，但也表现出防御效果滞后、技术复杂、防御成本高、效果有限等问题，具体说明如下。

第一，防御效果具有滞后的特点，无法抵抗未知安全威胁，无法对抗快速发展的自动化攻击技术。显而易见，防御就像先有病而后有药，如果病情发

展足够迅速，在药物研究出来之前，病人可能已经死了。现在安全是追着威胁跑，为了能产生安全效果，安全必须要跑得足够快，否则防御难度和成本就会极大提高。

第二，威胁对抗技术遵循逐一对抗所有威胁的防御思想，安全防御成本必定大大高于攻击成本。按照有矛就有盾的思路，有一万种威胁，就要有一万种安全手段。系统内有多少漏洞，就必须打多少补丁，由于威胁是无穷无尽的，那么需要的安全防御成本就一定也是无穷高的。

第三，被动防御技术过分依赖复杂的数据分析与甄别过程，使得防御的技术难度要远远高于攻击的技术难度。当前系统条件下，系统攻击如同将一把沙子混在一袋大米中一样简单，而系统防御如同将这些沙子从大米里逐个挑出来一样困难。从技术手段上讲，基于威胁检测的防御技术一定有天然的成本劣势。

第四，现有安全技术系统的复杂性会随攻击种类的增加而增长，从而进一步激化攻防之间的成本不对称矛盾。安全威胁种类越来越多，每一种都有可能对系统造成危害，系统无法预测攻击者到底会用什么手段进行攻击，因此只要是可能存在的威胁，都要做好防御准备。依此思路，势必形成防火墙越砌越高，威胁情报库越做越大，检测功能越来越复杂、性能越来越低，用户负担越来越重，防护效果反而不见提升的局面。

当今攻防之间的成本不对称现象已经极为严重。2017年，德勤公司和卡巴斯基实验室进行过一次调查，全球500强企业平均每年安全开销为900万美元，达到的防御强度可以有效对抗每次花销在100美元以下的攻击。攻击成本与安全系统价值的比例已经达到1：90 000！

在此条件下，再想通过安全技术的投入来遏制攻击的泛滥，从理论上讲是不可能的。在攻防成本不对称的情况之下，单靠加大安全防御技术的投入，永远不可能解决安全问题。

1.3.5　安全危机不可避免

通过对典型攻击过程中各主要攻防要素的分析可知，根据现在安全系统建设的现状，如果继续沿着当前的安全保障思路发展，不但无法实现安全目标，反而会导致越来越严重的安全危机，即正是威胁驱动安全的观念，导致了安全危机的必然结果。

1. 什么是安全危机

所谓安全危机，是指在安全工作中，系统安全保障结果的极端不确定性和攻防成本的严重不对称性，也即安全没有明确的目标导向，安全性本身不可量化，价值不可衡量，结果不可预期，效果不可验证。

用户对安全的直观感受就是存在易攻难防的现象：无论花多少成本防御，总能被攻击者轻易攻破。一个只掌握很少资源、技术能力有限的个体，可以花费极少代价，通过网络安全手段，对一个资源充足、体量巨大、组织严密的机构造成极大损害。具体案例列举如下。

- 1999年，美国一名16岁的少年，因为入侵美国国家航空航天局用来维持国际空间站运行的计算机而被判刑。这名少年还承认他曾经非法侵入五角大楼的计算机系统，截取了3300份电子邮件并窃取了密码。
- 2000年4月，英国威尔士的少年黑客格雷在窃取信用卡资料时，还顺便看了看微软总裁盖茨的资料。
- 2018年，全球知名黑客凯文·米特尼克创建的安全公司曾宣称可以达到100%的系统渗透成功率，即没有攻不破的系统！

在现有的条件下，防御一方做安全保障时，没有可靠的方法论指导和体系保障，全凭经验。对防护结果没有把握，攻防对抗时能否获胜全凭临场发挥和运气。现在的网络攻防对抗中，防御一方从指导思想上就没有获胜的理由，更没有获胜的把握。因此，在这种情况下，安全防御总是失败也就不足为奇了，这就是安全危机的现状。

2. 安全危机的表现

（1）安全事件数量呈急剧增加趋势

自20世纪90年代起，随着网络技术的发展，网络安全保障课题面临一系列新的挑战。根据美国CERT/CC的统计数据，自1998年CERT/CC成立以来，安全事件数量一直以年均近100%的速度增长，累积至今，已经是一个惊人的数字，全球性严重计算机安全事件频发。CERT/CC的互联网安全分析师查德·多尔蒂声称，安全事件数量的增长是一个趋势，随着时间的推移，安全事件的数量会越来越多。

（2）社会对网络安全的重视程度和投入在持续增长

用户越来越认识到信息系统面临的严峻的安全形势，在过去多年中，社会已经向网络安全技术领域投入了巨大的经济及技术力量，试图改善严峻的安全局面。

据IDC（International Data Corporation，国际数据公司）统计，早在2000年，美国主要安全产品供货商的营业额就达到了33亿美元。同年，ITU-T（International Telecommunication Union-Telecommunication Standardization Sector，国际电信联盟电信标准化部门）调查表明，61%的网络用户关注安全问题；56%的企业认为网络安全是非常重要的。

经过20多年的努力，我国在安全建设中，用于网络安全的经费预算也在大幅度增加，但用户始终感觉安全投入的增加并没有带来期望的效果。

（3）安全形势非但没有缓解，反而迅速恶化

用户安全支出的高速增长并未让安全攻击所造成的损失成比例降低。2005年在戛纳举行的Etre技术会议上，行业专家认为，尽管众多的IT安全产品与服务充斥着市场，但企业却正遭遇比以往任何时候更强的安全威胁。"企业面临的安全威胁比以前更为严重。从某种意义上说，黑客已经胜过了我们。"类似的观点在2012年APT攻击肆虐、2018年勒索软件泛滥的情况下，又多次被专家提及，说明近20年的安全形势一直在持续恶化。

据CSI（Computer Security Institute，计算机安全机构）2001年的统计数据，94%的国际企业遭受过各种形式的攻击。我国公安部2004年全国信息网络安全状况调查发现：国内单位发生网络安全事件的比例为58%，其中损失"严重与非常严重"的比例为10%；计算机病毒感染率为87.9%。国内因遭受网络攻击导致的损失明显上升。2003年1月25日，仅在SQL Slammer蠕虫病毒出现的当天，我国就有80%的网络服务供应商遭受攻击，许多网络暂时瘫痪。类似事件到2003年7月已经出现了15次。2017年，WannCry又几乎以完全相同的方式席卷全球，说明当时的网络安全形势与2003年相比并没有明显改善。

当前的网络安全问题如此严重，以至于芬兰赫尔辛基理工大学的教授汉努·卡里在2004年做出悲观的预言："由于病毒和垃圾邮件以爆炸式的速度增长，网络所提供信息的可信程度越来越差；黑客对网络的恶意袭击等因素，最终可能导致因特网在两年内崩溃。"类似的预言在2012年的RSA大会以及2018年也被屡次提及。甚至在2021年，美国政府前首席信息安全官雷戈里·陶希尔也担心，由物联网等信息技术的爆炸式增长，带来的潜在网络安全风险"或将引发真正的世界末日"。

"狼来了"的次数多了，很多人就开始对类似的观点毫无理由地嗤之以鼻。但是，火山没有爆发并不代表着永远不会爆发，关键是如果真的爆发了有没有预案，到时候是能找到应对问题的办法，还是听天由命？

网络安全问题由来已久。但当前系统所表现出的严重的安全问题却是在用户越来越重视安全、广大企业进行了大量安全投入、用户普遍部署了安全防护技术之后发生的。为什么在网络安全技术发展多年、网络安全产业取得长足进展后，当前网络环境下的安全形势不但未能好转，反而逐年恶化呢？在当前这种网络安全危机现象当中，是否隐藏着根源性的问题？在当前主流安全思路和安全的研究中是否存在某些方面的不足？是否能够找到有效缓解当前网络安全危机的途径？这些都需要经过分析寻找答案。

3. 安全危机与系统漏洞的关系

当前信息系统所面临的安全危机，是指信息系统易于遭受攻击并遭受损失，而难以有效进行安全防御以消除攻击威胁或者避免损失的局面。本节从漏洞与威胁的角度，分析为什么在攻防对抗过程中，安全危机趋势无法逆转。

（1）攻击过程与安全漏洞之间的关系

通过对照CERT/CC对安全事件与安全漏洞数量的统计，如图1-5和图1-6所示，可发现安全事件与安全漏洞被发现的速度始终是同步增长的，两者之间有内在的必然联系。

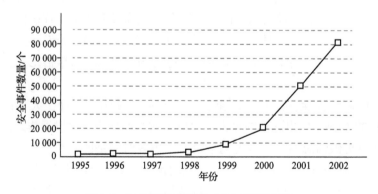

图 1-5　安全事件数量统计（来自 CERT/CC）

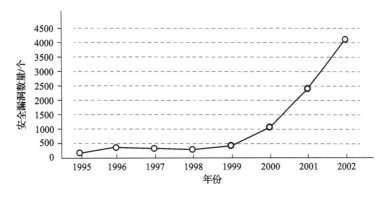

图 1-6 安全漏洞数量统计（来自 CERT/CC）

（2）什么是安全攻击

安全攻击是指破坏系统的安全机制，非法使用或破坏信息系统中的资源，以及非授权使系统丧失部分或全部服务功能的行为。

（3）什么是安全漏洞

安全漏洞是系统本身具有的缺陷，攻击者用它来威胁系统安全。安全漏洞包括实现、配置、使用中存在的错误，以及系统设计中所缺乏的安全性考虑。

（4）安全漏洞在系统攻击中所扮演的角色

在当前信息系统中，安全攻击过程就是攻击者利用系统漏洞破坏系统安全机制的过程。要对一个系统进行攻击，如果不能发现和使用系统中存在的安全漏洞，是不可能成功的，这在具备一定安全机制的信息系统中尤为关键。

安全漏洞从一开始就存在于系统中，会经过一个从被发现、被利用到被纠正的过程。在纠正一个错误时往往会引入一个新错误，因此系统安全漏洞必然会层出不穷。

（5）一般网络攻击过程

如今的网络攻击过程就是攻击者发现并利用系统中安全漏洞的过程。一般分为如下几个阶段。

信息收集阶段。在此阶段，攻击者将尽可能多地收集与要攻击的系统相关的信息，如系统平台种类、版本、所运行的服务、当前网络访问控制列表等。在此阶段，网络扫描器是最常使用的工具。

脆弱性确定阶段。在此阶段，攻击者将根据在信息收集阶段了解到的目标系统情况，发现并定位其中存在的已知安全漏洞。比如，目标系统为 Windows 2000 SP4，那么系统中很可能存在老旧的 DCOM 缓冲区溢出漏洞；如果是

Windows 10的32位或者64位系统，则很可能存在WannaCry可以利用的"永恒之蓝"漏洞。

实施攻击阶段。 在此阶段，攻击者利用所发现的安全漏洞实施攻击。

当前日益泛滥的网络蠕虫、勒索软件等自动化攻击程序，其实就是将一般的攻击过程自动化，可针对某个或者几个特定系统漏洞进行攻击的攻击程序。只是蠕虫程序可以通过网络自我复制和传播，并且可以像特洛伊木马一样盗取合法权限执行非法操作。网络病毒问题同样是与网络条件下信息系统实现和使用机制中存在的安全漏洞紧密联系的。

（6）网络攻击成功的三要素

现有条件下，要想成功侵入某系统，攻击者必须同时具备以下三个要素。

- 该系统中存在安全漏洞。
- 了解该系统中安全漏洞的分布情况。
- 具备访问这些安全漏洞的物理途径。

网络蠕虫、WannaCry等自动化攻击程序的攻击过程是自动实现的，但也必须具备三要素才能实施攻击。

（7）网络安全攻防过程与安全漏洞的关系

在以威胁为中心的网络安全攻防体系中，安全漏洞就是产生攻击的原因，也是进行攻击的基本条件。包括网络蠕虫、勒索软件在内的攻击手段之所以能够成功，根本原因是系统中有安全漏洞。安全漏洞是人们在对系统安全理论的设计与实现中发生的错误，可以使攻击者绕过系统安全机制发动攻击。因为系统中不可能没有错误，所以从理论上说，没有安全系统可以不受攻击破坏；漏洞的数量只与系统的规模、复杂性有关，随着信息系统规模越大、逻辑越复杂，漏洞的数量只会增多，而不会减少；在一个复杂的信息系统中，最终能被披露的漏洞只有很少一部分，系统内存在的未知漏洞的数量是惊人的，永远也难以"挖完"，利用漏洞来攻击威胁的数量更是无穷无尽。

4. 依靠威胁对抗技术，无法保障系统安全

说完了攻击威胁，再看看安全保障一方的现状。目前国内主流的安全观念认为：安全问题的根源就在于有攻击威胁，安全的目标就是对抗威胁，安全体系就是威胁对抗体系。安全是以威胁防御为核心的，威胁防御的基础是威胁检测和态势感知。

"要想防御威胁，先要看到威胁""未知攻，焉知防"等观念，在安全界已经深入人心。纵深防御体系就是以此为依据建设的。纵深防御的目标是通过人、技术、操作，逐层提高威胁及其产生的破坏性后果的检测与防护概率，从而尽量消除威胁风险。

纵深防御的思路肯定没错，但是凭借它是否就能完美地解决安全问题呢？答案是"不能"。如果只靠纵深防御就能解决安全问题，我们今天就不会受到安全问题的困扰了。

当前凡是由威胁驱动的安全技术，都是针对特定威胁进行针对性防护的特异性安全技术。在认识到安全漏洞以及攻击手段的危害之后，现有安全技术主要从两方面应对攻击威胁。一是对各种系统漏洞进行弥补，健全系统自身安全性。此类安全技术包括安全补丁、安全风险管理工具、PKI（Public Key Infrastructure，公钥基础设施）体系等。二是对抗特定的攻击，比如清除病毒、入侵检测、过滤攻击流量、阻止攻击活动等。这两类技术针对特定的安全缺陷以及特定的攻击手段采取相应对策，因此被称为特异性安全技术，也就是当前我们最熟悉的针对威胁的防御技术。

目前的安全技术研究和成果主要集中在特异性安全技术方面，包括系统脆弱性评估、防火墙及入侵检测技术、清除计算机病毒、使用系统安全补丁等。

特异性安全技术需要针对信息系统当中的已知特定缺陷，或针对特定的攻击种类，进行有针对性的安全防护。这类网络安全技术的防护模式有"发现、分析、响应"三个步骤，具有很强的针对性与实效性，但也表现出逐一对抗成本高、防护效果滞后于攻击出现等局限性，这使其在当前复杂网络系统环境下，无法有效应对海量、快速扩散的自动化攻击程序的威胁，越来越不适应攻击技术的发展趋势。

下面分析目前各种主流安全技术在功能上所存在的问题。

（1）安全漏洞修补措施的局限性及其后果

Forrester调研公司的主管迈克尔认为：漏洞被发现的速度越快，与之相关的网络蠕虫的诞生速度也越快。修补漏洞的一方与攻击者一直在进行时间上的竞赛，看谁先发现漏洞、谁更快利用或者修补漏洞。

攻击程序利用系统漏洞的动作愈来愈快，对网络安全的挑战也愈来愈大。2003年，SQL Slammer利用的是半年前发现的漏洞，而其后的Worm. Blaster在漏洞公布一个月内就迅速爆发，而2017年WannaCry则是利用了0Day漏洞，漏洞被攻击者事先发现、利用，0Day漏洞是当前最难防御的攻击类型。

在网络条件下，即使某个用户系统及时安装了所有补丁程序，也难以避免遭受攻击。因为当前通过网络互联的计算机之间不是孤立的。2003年，SQL Slammer发作时仅仅需要感染一台主机就可以使整个内网的所有服务器处于瘫痪状态。要想给同处于网络中的所有计算机逐一打补丁不是一件容易的事，只要遗漏了任何一台计算机，网络攻击就有可能再度蔓延开来，补丁的下载速度甚至还赶不上网络攻击扩散的速度。

对系统漏洞的修复工作几乎完全取决于开发商的商业信誉与技术能力，例如，如果微软没有及时发布某个安全补丁，使用微软操作系统的用户在相关攻击面前就会束手无策。

（2）防病毒技术的局限性

防病毒机构对新病毒的反应时间通常在48小时内，但绝大多数的网络病毒在24小时内就可以发挥其90%的破坏作用。以SQL Slammer为例，它在发作的头10分钟里就感染了90%的易感服务器，只用8.5秒就使感染的服务器数量增加了一倍。Worm.Blaster爆发24小时内就有140万个IP地址被扫描。WannaCry继承了"蠕虫前辈"的快速传播方式，基于445端口，24小时内就可扩散至全球。

可见，即使病毒库的更新速度保持在几十小时之内，依然会有上百万用户在使用防病毒软件的条件下遭受网络病毒的危害。现有防病毒技术对自动化攻击程序的防御作用是有限的。

（3）防火墙技术的不足

防火墙系统通过阻塞某些IP地址或者禁止外界访问某些本地服务的方式对系统进行保护。而对于向公众开放的服务，因为无法预知攻击者的IP地址，所以无法对其拦截。对于明知存在安全漏洞的网络服务，有时为了保持系统的正常运行，也不能轻易在防火墙中封闭。因此，对需要为大众提供网络服务的系统来说，即使有防火墙保护，也无法保证系统安全。

同时，被防火墙封闭的服务种类越多，其开放服务的真实情况就越容易被提供给攻击者。例如，防火墙仅对外提供ＷＷＷ服务，这可能会使攻击者集中所有精力对此服务进行渗透或拒绝服务攻击。

（4）网络入侵检测技术的局限性

网络入侵检测技术的工作机制导致入侵检测系统越来越复杂。无论何种入侵检测系统，要想发现攻击行为，必须对网络中的所有活动或者网络状态随时进行监听与分析。即使系统中没有攻击行为发生，入侵检测技术依然要对系统中所有的正常活动进行跟踪与识别，以免漏掉隐藏于其中的攻击信息。在信息系统规模越来越庞大、通信速度越来越快、网络活动越来越复杂的当下，如果想使入侵检测系统对攻击事件的检测质量与处理能力达到要求，必定需要复杂的检测模式，消耗大量的计算资源。这会使入侵检测系统不可避免地越来越复杂，容易形成安全悖论，同时加剧了安全功能与系统资源之间的矛盾。

此外，无论哪种入侵检测技术，都存在滞后于攻击的问题，当其能识别出攻击事件时，攻击所造成的损失已经发生了。

综上可见，通过各种特异性安全技术对威胁进行有效防御存在很多原理上的困难，安全技术本身不能解决安全危机。

1.3.6　安全目标难以达成

当前安全界的各种安全观念、技术、建设方案共同作用的结果是用户的安全目标难以达成。

国内当前主流的安全观念认为，安全保障只能尽力而为地对抗各种威胁，但是无法保证成功对抗攻击，也无法衡量安全防护的能力。以威胁防御思路来引导安全工作，带来的必定是无法确保关键基础设施安全的结果。在一个系统中，漏洞和威胁是无穷无尽的。安全的木桶原理说明，基于威胁防御思路，系统只有在成功消除所有威胁后，才能保证绝对安全。而以有限的安全资源对抗无穷的安全威胁是不可能成功的，因此，100%的威胁防御无法实现，不存在100%的安全。由此系统是注定会被攻破的，安全只能尽力而为，听天由命。安全保障成为败中求胜的事情，威胁防不住也就是必然的。

前面说过，安全的目标就是能够应对系统可能面对的最坏情况，也就是说，系统要有能力应对其将要面对的威胁等级最高的攻击。攻击是体现系统安全强度的"试金石"。系统安全保障能力的强弱可以由系统所能承受的风险强度来直接体现，系统的安全性等级也可以由其所能对抗的风险等级来衡量。简单地说，对一个国家级的重要系统的安全要求，就是它要有能力应对国家级的安全风险。

在现有的威胁防御思路下，基于等保二级、三级建设的安全系统的威胁防御强度，通常只能到达"利益驱动"威胁的下沿，对更高级的安全攻击几乎没有防护效果，如图1-7所示。这才会导致无论有没有建设安全方案，如果WannaCry一来，全都防不住，只要找到一个0Day漏洞就能全打穿。因为当前威胁防御体系的防护能力不足以抵御这些攻击。在此情况下，安全系统无法起到任何防护效果。通过威胁防御保证安全，就好像通过鸡蛋壳保护鸡蛋一样，如果撞击力量没有超过蛋壳强度，则完全有保障，但是撞击力哪怕只比蛋壳强一点点，整个鸡蛋就碎了。

综上所述，由于国内安全产业界对安全理论和安全体系认知的局限，目前主流的安全观念依然是基于威胁防御来保证安全，结果将是"因为威胁经常防不住，安全就必定保不住"。由此，现有的安全产业难以支撑起国家"两个强国"战略的要求，也难以担负起在极限打击下保障关键基础设施安全底线万无一失的使命。

既然大家都认为100%的安全是不可能实现的，我们又要靠什么办法实现"极限打击下，守住安全底线"的目标呢？

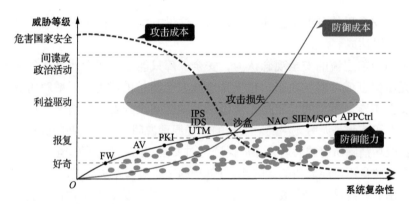

注：FW 为 FireWall，防火墙；

　　AV 为 Antivirus，防病毒；

　　IPS 为 Intrusion Prevention System，入侵防御系统；

　　IDS 为 Intrusion Detection System，入侵检测系统；

　　UTM 为 Unified Threat Management，统一威胁管理；

　　NAC 为 Network Access Control，网络访问控制；

　　SIEM 为 Security Information and Event Management，安全信息与事件管理；

　　SOC 为 Security Operations Center，安全运营中心；

　　APPCtrl 即应用控制。

图 1-7 威胁防护效果

|1.4 原因与症结|

下面针对上一节所列举的安全问题与现状，分析造成各种安全问题背后的原因。安全问题的现象虽然很多，但根本原因在于当前没有树立正确的安全观念，没有找到正确的发展道路。

一方面，因为"未知攻，焉知防"等以威胁为中心的安全防御思路存在局限性，安全体系无法适应安全威胁的发展趋势；另一方面，把网络安全等同于威胁防御，认为安全的目标就是防御威胁，安全就是由威胁驱动的观念，在安全界已经深入人心，很少引起质疑与思考。

威胁防御本身并没有错，当用来对抗具体威胁时，它的确是非常有效的手段。问题在于，这种观念无法从根本上解决安全问题，也不再适应新的安全发展趋势。如果依然沿着"威胁驱动的安全，针对威胁的防御"思路发展，不可能解决安全问题。

1.4.1 快速发展的威胁趋势

攻击技术经过多年的发展，整体呈现出数量增加、等级提升、目标性更强、更加难以检测及防御的特点。攻击威胁的发展趋势与影响总结如下。

1. 利益驱动，能力提升

如果说2003年以前的黑客更多是以恶作剧及破坏系统为主，之后的攻击则更多瞄向了现实利益，包括经济利益、政治影响等。

以实施商业犯罪为例，针对数据资产的攻击日益增多，间谍软件、流氓软件借助安全漏洞进行大范围的传播，地下挂马产业链等逐步形成。安全攻击带来的危害已经不仅仅是破坏系统，更多的是带来敏感信息的泄露以及现实资产的损失。

一方面，利益驱动的威胁服务于特定组织的目标，攻击者能在攻击中获利，因此能够形成黑色产业链，反过来会使得更多的资源被用于攻击威胁，带来的影响是深远的。

另一方面，利益驱动的攻击活动，必然要针对能够带来利益的高价值的目标，这就使得信息系统所面临的风险强度只由该系统自身的价值决定，而与系统是否具备良好的防护无关。这带来的变化是，过去系统往往是因为没有做好安全工作而遭到攻击受损，而现在，越重要、越有价值、越受到严密保护的系统，越有可能在攻击中受损。

因此，不能再简单地根据系统是否发生安全事件来评价系统安全保障工作的优劣，系统安全记录良好，一方面有可能是因为保障工作做得好，另一方面更有可能是因为这个系统本身的价值低。

2. 目标导向，破坏严重

利益驱动的威胁必然要以达到攻击目标为目的，所有的攻击资源也都会明确地针对这个目标，直到攻击效果达成。目标可能是多种多样的，包括破坏原先正常的功能、执行系统设计内的非法功能，以及窃取关键数据。

在以目标导向的攻击中，攻击者会对特定目标进行有针对性的攻击而不会殃及其他，因此除了被攻击目标之外，其他人不会有感知，因此攻击活动更加隐蔽，更加难以被检测。

例如，相传在2008年开始的"震网"事件中，攻击者先在伊朗核设施的计算机系统中埋下名为"灯塔"的木马程序，窃取设备的内部运作蓝图，随后编制一种复杂的蠕虫病毒"震网"，并利用钓鱼U盘把"震网"送入与互联网物理隔离的伊朗核设施内网中，开始攻击活动。攻击其实在2008年已经奏效了，但攻击者不清楚攻击效果到底如何，因此扩大了"震网"病毒的传播范围，试图通过互联网的广泛传播而让攻击有更高的概率渗透到被攻击目标，结果专业安全厂商捕获了2010年"震网"病毒的样本，才逐步揭露了整个事件。

可以设想，如果在"震网"事件中没有执行第二阶段的操作，没有把攻击代码扩散到互联网上，而是依然保持对目标的精准打击而不扩散，那很可能至今也不会有人发现此次攻击活动。同时也存在一个细思极恐的问题：类似针对特定目标量身定制的攻击，以前有没有发生过？发生过多少次？都有谁遭到过攻击？过去莫名其妙发生的各种灾难是否和此类攻击有关？这些根本无法评估。

3. 无法穷举

随着信息系统越来越复杂，应用范围越来越广泛，威胁与攻击手段也是无穷无尽的。以病毒为例，从1983年出现第一个计算机病毒起，多年以来，病毒的数量一直呈现几何级数增长。根据2019年的数据，可检测到的网络病毒数目已经达到1.03亿个；从漏洞角度看，平均每1000行计算机程序代码中就有15～20处错误，这些都是潜在的安全漏洞。据微软统计，在当前的软件开发模式下，平均每4000行代码中就会存在一个高危漏洞（IE和Adobe就是如此）。以当前软件系统动辄上千万行的规模，其中会有多少漏洞存在？过去又发现或修补过多少漏洞？可见，能够被发现的漏洞只是冰山一角，通过漏洞的方式来保证系统安全显然是靠不住的。

当前网络空间已经发展得无比巨大，其中存在的漏洞和攻击威胁是无穷无尽的，永远不可能被病毒库或者漏洞库所穷举。

4. 难以遏制

目前，每年新增2万种恶意程序，其中90%是网络蠕虫等自动化攻击程序，攻击工具的出现和传播速度已经远超传统的杀毒软件、攻击特征库的响应速度。在这种攻击速度下，要是还想通过以威胁的"检测、响应"为主要手段的安全防御技术来遏制攻击的扩散，难度非常大。想要继续基于现在的威胁防御思路遏制威胁的泛滥、控制威胁的扩散，已经是不可能的了。

5. 无法检测

现在的安全防御技术主要以威胁的检测、响应为主要防护手段，而检测是防御的基础。当前，不是所有的威胁都能被成功检测。一方面是由于威胁数量太多、技术复杂而难以被准确检测，例如APT攻击是难以被检测的，因为它是协同、多事件、多手段的攻击，对APT的准确检测相当于在做拼图游戏或者DNA测序。另一方面，受到当前检测机制的限制，某些类型的威胁在防护过程中是根本无法被检测的，如很多供应链攻击。

对于供应链攻击，威胁或者攻击过程根本就不发生在目标实体上，也不发生在目标实体的使用流程当中，而是发生在目标实体的部件或者上游流程内，如果安全系统只在系统运行中对访问目标实体进行威胁特征检测、行为检测、意图检测，则无法发现任何异常。

比如，2016年，密歇根大学的研究人员演示了在芯片制造过程中植入硬件木马的可行性；近些年Intel CPU ME模块的安全漏洞、苹果编程开发软件XcodeGhost的二次打包攻击、SolarWinds等，这些都与供应链攻击相关。在上述攻击中，如果不引入原生的合法签名，或者厂商没有主动披露，仅凭现在的入侵检测、行为分析等安全技术，从原理上说，是无法检测出来的。

6. 无法防御

在威胁的"检测、防御"思路下，如果威胁无法被检测，也就无法被有效防御。当前，有越来越多的攻击类型无法进行有针对性的防御，因为系统连要对抗什么、保护什么都不知道，也就无从进行防御。在此类攻击过程中，根本就不存在看得见的攻击活动。对应的攻击包括基于公开信息的大数据攻击、针对软件和数据的离线破解、对加密数据的解密等。上述攻击没有利用非法途径获得数据，也没有表现出可被检测的异常行为，也就无法有针对性地对其进行防御。

此类攻击的危害是巨大的，随着大数据、人工智能等技术的广泛应用，攻击者完全有可能通过大量的低密级信息，推算出原本应当受到严格防护的高密级数据。因为各种看似不相关的信息，背后其实都是有关联的，随着技术的发展，只要获得足够多的公开信息，谁都无法预测攻击者能否找到这些数据背后的对应关系，能够发掘出什么样的秘密。数据的数量和全面性本身就足以体现数据的重要性。

对此类活动是很难有针对性地进行防御的，因为数据共享原本就是现代信息系统的价值所在，不可能把所有数据都视同保密数据一样管理。

当前已经出现了越来越多的攻击类型，通过常规的威胁防御思路不再能够进行防护。

1.4.2 威胁防御的固有缺陷

目前主流的安全观点还是以威胁为中心的防御思路，正是这种思路推导出"威胁防不住、没有攻不破的系统、安全是相对的、安全难以量化……"等一系列的结论。

不能简单地说威胁防御是错的，因为从安全技术的表现以及用户的诉求来看，安全的价值体现首先就是能够防住攻击。问题在于：以威胁为中心的防御思路，已经不再能够有效应对当前攻击威胁的发展趋势，已经不能取得预期的安全效果；如果只基于威胁防御思路来指导安全建设，就会导致威胁经常防不住、安全效果不确定、攻防成本不对称的必然结果。

1. 威胁经常防不住的原因

在威胁驱动的安全理念下，由于安全威胁是无穷无尽、无法穷举的，因此从理论上就无法以有限的安全成本成功对抗无限的攻击威胁，因此只靠威胁防御，不能可靠保障安全。

威胁驱动的安全需要基于对威胁的认识来建设安全体系，思路很像应试教育，遇到什么题就学什么题，不考的题目先不学，通过做题来积累经验，这对短期内提高成绩是有效的。这种做法对应到威胁防御上，就是实际遇到过哪些威胁，就有针对性去对抗这些威胁并积累经验，没有发现的威胁先不管。这种防御方式简单、粗暴、有效，用户能直接感受到效果。凡是看得到的威胁基本都被防住了，防不住的反正也看不到。这样会带来如下后果：防御能力滞后于攻击，要发现攻击才能进行防御；只能对看得到的威胁进行防御，凡是看不见的都没法防御；因为威胁是无法穷举的，因此对新遇到的攻击，系统大概率没有防护能力。这就好比应试教育中，题库的规模无穷大，通过刷题，永远也保证不了一定会遇到做过的题一样。

业界越来越深刻地认识到，遵循"威胁驱动的安全"的防御理论，无法解决安全问题。2021年RSA安全大会的主题是"韧性之旅"。在会上，VMware和NetFlix的网络安全主管总结了当前以风险为中心的安全保障体系存在的问题，这代表了业界对现有安全防御体系局限性的反思，具体说明如下。

现在没能，以后也绝对不可能实现有效的风险管理。当前的防御是以能了解风险为前提的，但实际上，随着系统复杂性的提高，系统中的未知风险越来越高，攻击者只要找到任何一个风险就能成功实施攻击，而防御者必须修补所有风险才能确保安全。人人都知道有效的资产识别、风险定位是保证安全的前提，但实际上这个前提永远不会存在。用户面临的就是大量难以识别的不确定风险。

传统安全做法正在拖安全的后腿。安全防御技术无法提供确定性的防护结果，只能尽力而为，而且反过头来增加了系统的复杂性与不确定风险，增加了安全成本，形成安全悖论。

安全不应只是技术组合，当前缺乏安全体系结构设计。用户已经习惯于使用技术和产品的组合来建设安全方案，但用户必定无法以有限成本对抗无穷的威胁，这造成系统必定会被高强度攻击攻破。

2. 安全效果不确定的原因

当前的安全没有数学、物理学这样确定性的、可证明的学科理论基础。

国内主流的安全体系是由威胁驱动的防御体系。威胁防御是建立在威胁检测这种成功率不确定的基础技术之上的，因此，当前的安全体系天然具有不确定的缺陷。

在威胁防御思路之下，安全的关键技术包括威胁情报、漏洞挖掘、大数据分析、安全态势感知、零信任实时风险评估等以成功地"检测、看到"威胁为目标的威胁检测技术。检测无法保证100%的准确率，因此就不会有100%的威胁成功防御率，也就没有100%的安全。当前只能做到尽力而为的威胁检测，因此只有尽力而为的威胁防御，不可能有确定性的安全。这就是国内认为"没有100%的安全，系统最终会被攻破"的根本原因。

在这种主流的安全思路下，系统面临的风险被成功消除了多少？当前安全性是多少？在部署了更强的安全能力，可防御更多风险后，安全性又提高了多少？全是未知数。这使得用户感觉安全是个无底洞，投资的有效性无法评价，安全防护效果无法评价，安全问题只能"尽人事，听天命"。

依照"威胁驱动的安全"的理念，用户大多不确定安全问题能够真正得到解决，只是尽量去合规。如果再坚持现在这种安全思路，国内的网络安全产业就难以与我国信息化发展相匹配的、达到国家安全目标要求的安全能力与技术体系。

3. 攻防成本不对称的原因

造成攻防成本不对称的原因有很多。从宏观上看，由于安全威胁是无穷无尽、无法穷举的，攻防之间是"任意一个"与"所有"之间的对比关系。即攻击者只要找到任意一个机会就能攻击成功，而防御者必须成功对抗每一次威胁才能保证安全。从技术上看，当前的安全防御技术都依赖于"数据分析、威胁检测"这种高成本的复杂技术，攻击方只需要发送攻击数据，而防御方必须要分析所有数据才可能成功识别出威胁，两者的技术难度完全不同。显然，攻防之间的成本不对称性是天然存在的，以有限的安全成本无法成功对抗所有的攻击威胁。威胁驱动的安全防御理论同时存在原理性和技术性的缺陷，是注定无法成功的。

1.3.4节提到，对攻击者来说，攻击活动就好像是把一把沙子混在一袋大米中一样简单，而对防御一方来说，防御活动则如同要把这些沙子从大米里拣出来一样困难。从可行性上讲，如果是从一碗米内把所有的沙子都拣出来，虽然麻烦，但还是做得到的；但如果把一整座粮仓中的所有沙子拣出来，那一定是相当困难的。

如今，凡是有能力对国家级基础设施发动极限打击的攻击者，都拥有高超的技术水平与极丰富的资源，此时若想只凭借威胁防御是不可能防住攻击的。

1.4.3 需要纠正的错误观念

1. 安全的目标就是对抗各种攻击和威胁

可能有人会疑惑，安全的目标如果不是对抗攻击，那要安全有什么用？那我们换一个问题，医生给病人看病的目的是什么？是为了消灭损害病人健康的病菌、病毒，还是为了能够保证病人健康地活着？一种结果是成功地把病人身上的病毒消灭了，但是人死了；另一种结果是虽然病人体内的病毒、病菌没有消灭干净，但是把人救活了。哪种才算成功？

显而易见，医生的目标并不是治病，而是治疗病人。治病只是手段，保证病人健康才是目标，如果能够达到保健康的目标，完全可以放弃治病这种手段，正所谓最高明的医生应该是"治未病"。

因此，安全的目标就是成功对抗威胁这一观点是错误的。安全的目标应该是保证业务的健康状态，而对抗威胁只是一种达到目标的手段。

造成安全热衷于对抗威胁的另一个原因是安全的效果很难客观衡量，因此安全系统往往需要通过检测、识别尽量多的威胁来证明它的有效性和价值。用户通常认为威胁检测能力越强，安全系统的功能就越强，这其实是一个误区。因为网络安全不等于威胁防御，威胁的检测能力与系统的安全性是两个不同的概念。

《孙子兵法》提出，"故善战者之胜也，无智名，无勇功""故善战者，立于不败之地"。这是说善战者的胜利，看上去平淡无奇，没用智谋也没费力气，因为他在战前就算好了会胜，获胜是顺理成章的。这和中医里的"上医治未病"是一个道理。

对安全来说，最有利的结果不是在所有的攻防对抗中获胜，而是通过建立胜局，避免陷入与攻击者的对抗；安全的目标也不是消灭所有的攻击者，而是能让系统不受任何攻击的影响，始终保证正常的服务功能。基于先前的分析，由于攻防成本不对称等特点，安全保障一旦进入直接的攻防对抗，实际上就已经输了，在威胁防御中，防不住是必然的，防得住是偶然的，在对抗中，系统被攻破只是时间问题。

2. 只关注威胁检出率

当前无论是安全用户还是安全厂商，都非常关注安全解决方案的威胁识别率，都在纠结于是96%还是99.6%，这是因为大家都认为安全的目标就是对抗威胁，而只有看到威胁，才能防御威胁，威胁的检出率是防御成功率的前提，因此是至关重要的。

目前最高水平的威胁检测技术，在实验室条件下对综合威胁样本的整体识别率在96%左右，也有国内厂商宣称能够达到99.6%，但是无论如何，识别率都不可能达到100%。假设在识别率99.6%的理想情况下，根据木桶原理，只要还有看不到的威胁存在，系统的理论安全性就是0。在极限打击下，高水平的看不见的威胁才是安全保障的关键，它的存在才会给系统造成最大的损失。因此，由于威胁检测技术不可能保证100%的威胁检出率，系统注定会被"看不到"的威胁所攻破，也就不存在100%的安全。

另外，能够被成功检测的威胁，在无穷大的威胁空间中只占极少的一部分。依靠威胁检测技术来保障安全，就好比我们通过"只有发现一只蟑螂，才能消灭一只"的办法，是无法把家中的蟑螂都消灭干净一样。

实际上，安全从根本上讲是一个业务概念而不只是攻防概念。高水平的医生能够脱离治病而"治未病"，有效的安全保障不能局限在威胁防御这样一个维度，而应该能够在看不到威胁的前提下，有效保障系统安全。

3. 只知照搬合规基线

无论是等保还是ISO/IEC 27001这些安全检查规范，都是有效保障系统安全的重要手段和工具，但是现在业界一直存在错误使用的情况，只会按图索骥而未能正确理解，灵活使用。

无论是等保测评还是ISO/IEC 27001中的检查项，初衷是对已经建成的安全系统进行测评，就好比通过标准化的试卷来评价学生的知识掌握水平。很多单位并不能真正理解自己的安全目标与安全需求，而是直接把这些测评的检查项当作建设安全系统的指导依据。这就好像学生用试卷+标准答案来代替课程学习一样，不能真正掌握能力，无法系统地构建安全体系，除了能通过测评之外，并没有什么实际价值。

上述现象广泛存在，无论是用户的安全部门还是专业安全公司，在进行安全规划的时候，早已习惯于基于ISO/IEC 15408、ISO/IEC 27001、CC或者等保的安全要求，列出一个完备的安全功能清单，输出对应的检查表，从而把系统的安全性建设转变成基于检查表合规功能项的完备性检查。比如，对照某安全规范中的安全基线要求，对于识别出的300个要求的安全功能项，能满足其中200个要求的系统，安全性要比只能满足其中100个要求的系统更高，这似乎有道理。其实，只能说前者考虑的安全风险种类比后者齐全，但是安全性或者防御强度是否更高，并不能确定。如果满足这300个要求，是否就能保证系统不出安全问题？或者如果只能满足其中200个要求，当前安全强度又能达到什么级别？这些问题都是无法回答的。因此，简单地把安全性等同于合规性，是不正确的。

再打个比方，等保等规范中要求的合规安全能力相当于药店中的常备药，而系统的安全保障则相当于保证一个人的健康。如果一个人去医院体检或者看病，医生说"你去把药店里所有的300种药都买来吃，我就能保证你是健康的"，这可能吗？这种听起来很低级的错误，在实际进行安全建设的时候却随处可见。如同医保目录中的药品对应的是老百姓的常见病一样。等保中规定的安全能力，对应的也是最常见、最有代表性的安全问题。用户根据等保合规基线来建设安全系统，就好比看别人得了什么病自己就吃什么药一样，效果必然不好。

等保测评规范只对静态安全能力进行要求，并不具备建立流程化攻防对抗体系的能力。而现代的攻防对抗，实际上都是围绕业务的流程化对抗，如勒索软件，实际上就是同时具备未知威胁、扫描探测、秘密渗透、横向扩散、加密勒索等一系列特性的自动化攻击程序。虽然等保三级中已经要求具有检测未知威胁的能力，勒索软件也属于未知威胁，但因为用户按照测评能力项建设的安全方案缺乏流程化的联动能力，在面对勒索软件这种攻击程序时，必定没有防护能力。这就好像在博弈中，虽然棋子都是齐备的，但却无法根据对手走的每一步棋来调整棋局一样。

4. 把整改清单当成安全建设的关键

现在的安全厂商在给用户做咨询规划类的安全项目的时候，基本上都会从梳理用户的安全风险、识别用户面临的安全威胁入手，通常会给用户输出一个长长的安全问题与缺陷清单，然后指导用户针对清单上的几百项问题去逐项整改。用户通常会接受这种做法，希望能基于清单进行整改，让安全工作有的放矢。

这种基于安全问题清单整改的安全方法，本质上还是对安全风险知识的积累。看似已经通过问题整改对系统中存在的所有风险做好充分的准备，实际上在新出现的风险面前还是很难起到防护作用的。这种方法对解决用户现网中已经识别到的安全问题非常有效。但通过这种方法只能缓解用户当下面临的安全风险，无法彻底解决安全问题，也难以达到用户在极限打击下确保业务系统安全底线的目标。究其原因，在于这种针对安全问题建立检查表的安全设计方法，依然是由看得见的安全问题所驱动的，很难触及产生安全问题的根源。安全问题是无穷无尽的，凡是能够在清单中列出来的安全问题，都代表着已经发生的或者看得见的问题，没有发生的或看不见的问题，都不会被列在清单中，在方案设计中也就不会有相应的防护手段和应对措施。

综上所述，对一个机构来说，从业务安全目标出发构建尽量完善的安全保障机制，要比单纯解决清单上的具体问题更重要。在实际情况下，准确了解攻击者会用什么手段，会从哪个方向，针对哪些资源发动攻击，并提前做好准备，是完全不可能的。合理的做法是，针对用户系统中的核心资产与关键业务指标，建立好完备的保障工事以及各种安全预案。这样才能在不确定的风险出现时做到有条不紊，避免攻击活动对系统核心功能产生破坏性影响。

因此，在安全规划中需要考虑的，不应该只是"安全问题清单"中的问题本身，而必须触及在用户业务场景下造成这些问题的根源。在安全性设计中所针对的也不应该只是清单中的问题，而是产生这些问题的根因。

美国能源部在1992年发布的《根本原因分析指南》（*Root Cause Analysis Guidance Document*）中，把根本原因定义为：一种原因，当这种原因被纠正以后，将会防止此类事故或者类似事故再次发生。可见，只有消除了问题根因，才能彻底解决某一类问题。问题的根因往往不是问题表现的那样，而是蕴藏在具体的业务场景当中。

正确的系统安全设计方法，不是简单地针对看得见的问题本身去提供整改措施，而是要基于用户的业务目标，分析出看不见的问题根因，再针对根因进行完善的安全设计，构建对应的安全保障机制。

5. 热衷于安全黑科技，而忽略了安全体系

无论厂商还是用户，大家都在寻找解决安全问题的有效途径。基于一贯的思路，大家总是认为，凡是安全专家、先进的安全单位或者国家，一定掌握着某种不为人知的安全"黑科技"或者是"独门秘诀"。

虽然大家都明白解决安全问题没有"银弹"，但是现在无论是厂商还是

用户，依然还是在潜意识里把解决安全问题的希望寄托在"黑科技"和"特效药"上。然而，根据安全的木桶原理，单一技术的出现不会彻底解决安全问题，因此安全问题没有"银弹"，也就不存在依靠黑科技来解决安全问题的可能性。解决安全问题还是需要依托架构和体系的力量。

安全过程就好像博弈过程。在象棋比赛中，你无法去问棋手，他到底是靠哪一颗棋子获胜的，或者是输在哪一颗棋子上。单项技术固然很重要，但是也必须在系统架构中才能发挥作用。在安全技术已经发展了几十年的当下，很难指望在某个单项技术上获得极大的突破。

国内网络安全研究机构对看得见的单项技术和热点技术研究得很多，但对技术背后的驱动力分析、发展趋势分析及体系化的研究不足。打个比方，国内安全研究机构，对像棋子这样的具体技术、具体产品分析得较为透彻，但是对棋局、棋手固定的招数这类系统性、架构性问题的研究，很少有站得住脚的研究成果。即使有部分成果，也很难通过产品落地，因为用户有兴趣采购的还是像棋子这样的安全产品。

我国的安全研究缺乏系统性思路，而对安全问题的驱动力与发展规律缺乏自主的理解与思考，也没有能力与动力独立开展关于安全方法论和体系结构的研究，最稳妥的方法是追随国外热点技术和概念。

6. 把系统性的安全问题变成安全产品的组合

当前在做安全系统规划建设的时候，根据规范和业界惯例，用户和厂商都习惯于把安全解决方案分成终端安全、网络安全、系统安全、数据安全、应用安全、安全管理等不同的维度，或者按照系统结构分成传输网络、区域边界、可信计算环境、安全管理中心等。无论哪种划分，安全人员都习惯于把规范中有明确要求的、业务部门提到的、业界厂商推荐的各种安全能力和产品，放到对应的位置上。这样做的好处是用户可以明确识别出安全能力，便于对相关产品做横向测评比较，就像是把复杂的一盘棋分解成各个棋子，可以保证棋子不缺；坏处也同样明显，把棋局变成棋子组合，丢失了重要的流程信息，无法再进行系统化的安全性比较，只能比较单项能力的齐备度。

现在的攻击活动是一条"攻击链"，在攻击中不会只针对终端、网络、系统数据、应用等某个环节，可能会涉及和破坏所有的部分，因此在安全系统实施中，如果按照分类来独立建设，无法有效对抗威胁和消除损失，也无法在分阶段建设中体现已建成部分的价值。因为安全保障是一个闭环过程，不仅仅是能力的组合。好比一辆车，装配完成了80%后，并不能获得80%的功能，少了任何一个部分都无法正常工作。另外，虽然车是由标准化的零部件组成的，但并不是获得了相应的零部件，就一定能制造出对应功能和质量的车。

在安全系统的建设中，不能简单地根据终端安全、网络安全、数据安全等维度堆叠安全能力和产品，要根据安全目标与对应的风险，进行系统化的考虑，针对不同阶段的安全目标采用不同的安全方案，在完成不同阶段的系统建设后，能够发挥对应阶段的不同功能。

7. 希望低等级的安全方案叠加，可以缓解高强度的风险

安全防御的特点是，低水平的防御对高等级的攻击是完全无效的。基于安全防御来保护一个业务系统，就如同通过一个玻璃鱼缸来保护鱼一样，如果一个鱼缸的防冲击力是100牛，那么它对低于100牛的冲击具有100%的防御效果，可以完全避免损失，但是在面对101牛的攻击时，并不能发挥大部分的防御效果从而只承受少许的损失，而是防御效果为0，与完全没有采取防护措施一样。

这也是在进行安全系统建设的时候，为什么强调要针对系统可能面对的最坏情况去建设，而不能只考虑避免数量最多的攻击。因为准备再多的低水平防御手段，对高强度攻击来说也是无效的，这就好像病人喝再多的止咳水也治不好肺炎一样。如果按照合规标准建设安全方案的目标是消除WannaCry等高级安全威胁对系统的破坏，那么这样的方案还不如不采用，因为即使采用了，对实现安全目标也没有帮助，白白浪费资源。

通过建设基本的合规安全方案来缓解高强度风险带来的损失并不现实，系统必须针对它所要面对的实际风险强度来建设对应等级的安全方案，才有可能达到设定的安全目标。

8. 安全研究中把热点当成方向

在国内安全研究中有一个普遍现象，国外新出现了一个安全概念后，国内厂商就会马上引入这个概念，国外新出现一个热点技术，它在国内就会比在国外更热。这其实不是好现象，表明我国的安全研究是没有理论基础的，没有自己的方向，不了解安全问题的本质、驱动力与方法论，在研究安全热点技术时"知其然，而不知其所以然"，只会盲目跟风。

国外的高水平安全研究项目是体系化的，有方法论指导，有演进目标，有理论支撑，形成了长期一贯的演进路径，而不是随机蹦出几个热点。成熟的安全研究路径好比是种植一棵"科技树"，先有树根、再有树干、有树叶、有花、有果；而只看到了最后的花和果，就感觉这些花和果是随机出现的，总是觉得安全技术很神秘，其实这归因于没有看到树干和树根。

由于缺乏正确安全观念和安全理论体系，国内安全研究一直处于"看到了，才知道"的状态。虽然对国外的热点技术学习吸收很快，但是一直没有自己的方向，没有自己原创的安全技术，更是没能培养出我国自己的"安全科技树"的树根与树干。

9.　不加条件地认为没有绝对的安全

当前，因为谁都不敢说有能力确保一个系统的安全，因此，大家也就都认为100%的安全是不可能保证的，绝对的安全也是不存在的。但是，要想得出是否存在绝对安全的结论，并不应该只凭感觉和经验，而是应该通过可靠的证明，否则就是人云亦云。

从威胁防御的角度来说，基于安全木桶原理的特性，绝对成功的防御是一定不存在的，但这并不是说绝对可靠的安全保障也同样不存在。参照韧性安全观念，美国及其盟友在关键基础设施的安全保障上制定了明确的目标，它们从不认为可靠的网络安全保障是不可能完成的任务。反而是我国的部分厂商在强调"没有攻不破的系统，没有绝对的安全"，并视之为理所当然。这其实是把网络安全等同于威胁防御，实际上这是两个完全不同的概念，"没有绝对成功的威胁防御"并不等于"没有绝对的安全"。

"没有绝对的安全"这种不加任何约束条件的论断，已经影响到了安全相关政策和要求的制定，实际上并不客观，也不利于国内安全行业的发展。

对比国内外对安全保障问题的不同认识，需要承认，与信息化发达的国家相比，当前国内在安全保障和安全理论研究方面还有差距，而且这种差距并不只是单向技术上的落后，更体现为安全的系统性缺失以及观念上的偏差。当下，需要建立可靠的安全理论基础，树立正确的安全观念。

1.4.4　理论缺失是症结所在

在当前的安全研究中，缺乏站得住脚的可靠安全理论基础，是造成各种安全困扰的关键症结。

目前主流的安全理论，是"未知攻，焉知防"；主流的安全思路，是以威胁为中心的防御思路。认为安全问题的根源就在于威胁的存在，安全的本质就是对抗威胁，安全体系就是以威胁检测为基础的威胁对抗体系，安全的目标就是提高成功对抗威胁的概率。这套理论听起来没有任何问题，但是遵循这样的安全研究指导思想，在当今安全威胁的发展趋势下，会导致"威胁必定防不住"的结果，对用户达到安全目标没有实质性帮助。

如果基本的安全指导思想不改变，无论投入多少安全资源都改变不了失败的结果，原因就是指导思想错了，路线错了，方向错了。

目前国内安全界的现状是，安全研究多年来还是停留在经验总结阶段，没有坚实的理论基础。虽然国内安全界一直热衷于向用户推广国外的安全热点技术和新概念，但是缺乏对安全问题的根源、驱动力、方法论，以及国外安全新技术涌现的背后原因的深入分析，没能了解国际安全技术发展的脉络，一直是知其然不知其所以然，在这种条件下在安全上赶超国外先进水平，显然是不现实的。

安全领域最大的变革机会，并不在单项技术的发明而在于理论上的创新，我国恰恰在安全研究中长期缺乏可靠的理论基础与方法论指导。由此，打破当前国内网络安全困境的关键，正在于安全观念的修正和基础安全理论的创新，也就是重新认识网络安全之道！

| 1.5　对策与出路 |

1.5.1　安全复杂性的根源

随着技术的发展以及信息系统的日益复杂化，我们能够明显感觉到安全也正变得越来越复杂。安全的概念、技术、问题都变得越来越多，而且与业务的耦合也越来越紧密，安全也就显得越发复杂和没有头绪。

造成安全越来越复杂的原因在于：人们一直没能透彻地了解安全现象和问题背后的本质与原理，总是在无穷无尽的安全现象和问题当中反复类比，这就导致越解释越复杂，并且不可能有标准答案。

如果我们想正确地解释和分析一个问题，必须要基于这个问题的本质和理论，而不是使用另一个问题。由于在安全研究中，我们始终没能认清安全问题的本质，没有建立起安全的基础理论，从而无法从基本的安全原理上分析安全问题，只能基于无穷的安全现象去描述问题。这样下去，随着安全的使用场景越来越广，用户遇到的安全事件越来越多，安全问题就会变得越来越复杂，而且是越解释越复杂。其实安全概念本身从来没有发生变化，安全在本质和定义上依然是简单而明确的。

总之，要想让安全变得清晰、简单、易于理解，必须要能正确理解安全的本质，建立可靠的安全理论体系。

1.5.2　探索安全之道

要准确理解安全问题，不能停留在认识各种安全现象的阶段，必须要能认识到这些现象背后的根本原理。所谓的"道"，指的就是千变万化的安全现象背后的底层原理。

比如，对物理世界来说，物理世界的"道"，就是能量守恒定律，物理世界的"法"，就是以能量守恒为基础的一系列物理学定律，包括热力学第一定律、机械能/势能转化定律、质能方程等。基于物理学的"道与法"这个理论体系，可以解释天体运行、发电站、原子弹等众多的物理现象和应用，还可以从原理上明确地了解永动机是一定不存在的，而类似《流浪地球》中幻想出的行星发动机，反而是有可能实现的。

对化学来说，"道"就是元素周期表，"法"就是各种化学反应方程式。通过化学的理论体系，可以知道世界上所有的物质都是由各种元素构成的，目前已知的元素有118种，几乎所有的元素都由"质子、中子、电子"组合而成，可以预测可能存在的第119种元素应该是什么。

大道至简，《周易》中提到"一阴一阳之谓道"，《老子》中提到"道生一、一生二、二生三、三生万物"。这些都说明，虽然"象"是无穷无尽的，但是在背后一定存在一个极为简单的"道"。

安全也一样，只有通过理解安全之道，才能正确解释安全之象，从而从根本上解决各种安全问题。而安全之道，就是包括安全的本质、根源、方法论、体系结构在内的安全科学的基础理论体系。如果认识了安全之道，并建立起安全的基础理论，就能够解释复杂的安全现象，从理论上验证系统的安全性，并且提供彻底解决安全问题的可能性与方法。

本书描述的安全之道，是指从安全问题和现象出发，认识安全问题的根源和发展规律，揭示安全技术的发展趋势与演化原理，找到彻底解决安全问题的正确方法，并用其有效解决具体安全问题的有理有据的完整科学过程。整个过程包含了"象、道、法、术、器、用"几个阶段，本身是一个从各种安全的问题与现象出发，最终彻底解决所有安全问题的闭环。

安全之象：就是人们所能看到、感知到的各种安全问题、需求和概念，是与具体场景和需求相关，千变万化、无穷无尽的问题现象。比如，根据保护对象，可以分成主机安全、网络安全、系统安全、应用安全、数据安全；从威胁的角度，可以分为防病毒、反入侵、防勒索、防泄露、防0Day、防篡改、防越权、防APT等；根据业务场景组合属性，可以分成办公网安全、电信安全、云安全、基础设施安全、云基础设施安全……如果试图针对上述问题和威胁逐一寻找应对方案，必然会永无止境，成本不可接受。如果只通过消除安全现象来解决安全问题，在投入大量安全资源后，也只能缓解安全问题，而永远不可能彻底解决问题。因此，唯有揭示了安全问题的共同本质，才能彻底解决安全问题。

安全之道与法：对应安全问题的共同根源与本质，以及针对本质而解决所有安全问题的理论与方法。安全之道对应安全问题发展的客观规律；安全之法对应解决问题的原则与方法。正确的道与法针对的一定是问题的本质而非现象，这个阶段是一个化繁为简的过程，关键是要真正找到安全问题的根源与本质。例如，威胁防御并不属于安全之道与法的范畴，因为威胁并不是产生安全问题的原因，安全的本质也不是防御威胁，如果以消除威胁作为安全的最终目标，试图通过威胁对抗来解决安全问题，是永远不会成功的。安全的目标在于保证系统行为的可预期与确定性，威胁不是产生安全问题的根源，而是让系统出现不可预期的、不确定性行为的触发条件。因此，安全之道，也就是安全的第一性原理，是行为的确定性原理；安全的本质就是攻防双方破坏或保障业务行为确定性的对抗，威胁防御只是对抗的手段而非目标；要想找到彻底解决安全问题的安全之法，就要认识到决定胜利的原则，找到指引安全保障走向成功的正确方法，即不能逐一地对抗威胁，而要在对抗方法论的指导下，建立安全保障体系，对业务行为的确定性进行系统性的保障。只有在正确方法论的指导下，通过系统化架构构建系统性安全竞争力，才有可能彻底解决安全问题。

安全之术与器：对应基于安全方法论所构造的系统化安全体系结构，以及体系结构内的安全技术与安全产品。安全之道与法指明了解决安全问题的正确方向与方法，术与器提供了对应的体系结构设计与产品能力支撑。如果道与法一开始就搞错了，术与器再强大也只会南辕北辙，不可能达到预期的安全目标。安全之术在本书中对应的是韧性概念下的韧性架构；安全之器则对应了韧性技术体系之下包括"内生可信、威胁防御、运营管理"等多个维度的所有技术产品和能力。因此，威胁防御能力属于术与器的范畴。安全的术与器可分为正向与逆向两个方面，包括正向的韧性架构的逐层建立，以及逆向的系统化架构安全能力验证，两者共同保证架构能够达到预期的安全目标。

安全之用：对安全之道与法的具体运用，使用安全理论与体系结构，采用对应的解决方案去解决具体的安全问题，以实现"从问题中来，到问题中去"的闭环。这是一个衍化至繁的阶段。针对不同的问题场景，基于韧性架构可以形成不同的解决方案，但所有的解决方案都遵从相同的架构与方法论指导，保证都能遵循正确的方法，针对问题的根源彻底解决问题，而非仅针对现象来缓解问题。

探索安全之道，有望解决当前国内安全研究中存在的问题，比如：安全缺乏正确理论指导，导致效果不确定，成败表现出偶然性，决定安全保障结果的因素不能被清楚认知，无法获得正确方法论的指导，能力难以复制，研究过程缺乏科学性等。

1.5.3　加密算法的启示

安全之道，就是安全科学所对应的理论与体系，是客观存在的规律。安全是一门科学，存在对应的理论基础，就好像物理和化学一样。

当前很多人并不相信安全存在科学的理论基础，也不认为有可靠的方法论能够指导安全建设，因为安全问题太复杂了，毕竟这么多年了，还从来没能建立起可靠的安全理论，安全保障工作也一直依靠专家的经验和知识的积累，很难进行理论证明与科学验证。但是，我们可以通过加密算法这一同属安全领域的学科的发展历史，来佐证安全理论的存在。

加密算法的发展历史就是安全科学发展历程的一个缩影。加密同样经历了一个从效果的高度不确定性到功能的确定性，从安全性无法被证明到可以得到精确理论证明的演进。

1. 第二次世界大战前：密码学是一门玄学

西方有记录的最早的密码故事是凯撒密码。而我国宋朝时就已经记载了很成熟的军用密码体系。古代中国广泛使用的密码是明朝戚继光的反切码，这套密码系统利用体量巨大的汉字和复杂的读音，通过巨大的复杂性空间使其难以被破解。这个时期密码的安全性，是基于密码系统规则的复杂性构建的，只要密码体系的解读规则保密，不知道诀窍的人看到密文后根本就无从下手来破解。

一直到第一次世界大战时期，能破解密码的都是思维敏捷的各种聪明人。比如英国在破解德国密码的时候，就大量招募了数学家、诗人、语言学家、音乐家、字谜专家、宗教专家、心理学家等各个领域的专家，密码破解就是试图通过人性中的各种因素，找到密码系统设计者所设置的诀窍，从而破解系统。

在这个时期，对密码的设计和破解都没有明确的理论和方法论指导，密码系统的强度也是非常不确定的。密码学的设计和破解变成了天才之间的斗法，比如，某个密码专家设计的多年都没被破解的密码系统，不知哪天就被另一个天才破解了。

在此期间，密码学是依靠经验、专家以及偶然性在发展，没有理论指导、效果不确定，表现出偶然性、能力无法复制。

2. 1949 年到 20 世纪 70 年代前期：密码学是一门具有"艺术性"的学科

1949年，美国数学家、信息论的创始人克劳德·香农发表了论文《保密系统的通信理论》（"Communication Theory of Secrecy Systems"），为对称密钥密码系统的建立奠定了理论基础，从此密码学成为一门学科。

20世纪70年代，IBM发表了有关密码学的几篇技术报告，让更多的人了解到密码学的存在。

在此期间，人们试图寻找加密背后的理论基础与方法论。但是密码系统的安全性仍是建立在包括数学算法、算法逻辑保密、别出心裁的思路、让人意想不到的方法等带有很多不确定性和艺术性的思维之上的，依然缺乏站得住脚的理论指导。

在此阶段，同样没有有效的方法对密码系统自身的安全性进行评价。密码系统是否安全，除了通过"广发英雄帖"式的破解来验证，是无法进行理论证明的。更关键的是，密码系统是否安全，并不取决于加密算法的理论或者加密系统本身，而更多取决于这个算法有没有被高人破解，依然会出现一个公认经过考验的加密系统忽然哪天碰巧就被破解了的情况。

至此，加密技术依然是效果不确定的安全技术，即谁也不知道什么条件下加密一定是安全的，或者在什么条件下就不安全了。

3. 20 世纪 70 年代后期至今：密码学成为一门确定性的"科学"

1976年，迪菲和赫尔曼提出DH算法，首次证明了在发送端和接收端无密钥传输的保密通信是可能的，由此开创了现代密码学的新纪元。1977年，美国公布了对计算机系统和网络进行加密的DES（Data Encryption Standard，数据加密标准）算法，这是密码学历史上一个具有里程碑意义的事件。

现代的加密技术能从其他安全技术中脱颖而出，在于加密技术与其他安全技术在理论基础上存在着本质的差别，加密技术有明确的数学理论基础，其安全性是可以被证明的，而威胁防御等安全技术依然缺少理论基础，是否安全至今仍然无法被证明。

现代的各种加密算法，都是基于公认的、计算复杂度极高的数学难题进行设计的，其中公钥算法的数学问题基础通常来自数论。主要的公钥密码系统包括DH交换协议、RSA公钥密码系统、Cramer-Shoup、ElGamal及椭圆曲线公钥密码系统等（国内公钥算法主要基于椭圆曲线密码系统）。

进入20世纪70年代之后，加密算法终于形成了完整的数学理论基础。加密算法来源于数学难题，由于解答数学难题的难度是确定的，因此加密算法的理论安全性是有保障的；由于加密算法的安全性是由数学难题来保证的，因此无论多高明的攻击者，破解加密算法都等同于解答数学难题，只要数学难题没有被破解，加密算法就一定是安全的。

自此，加密算法的安全强度只由数学难题的选择和工程实现决定，与密码破解者的攻击能力无关。具体来说，就是现代密码的强度只与其采用的密钥长度有关，与攻击者的聪明程度无关，再聪明的人也只有"密钥穷举"一条路来破解算法。至此，加密算法在哪个时段中一定是安全的，经过多久才可能被破解，就从模糊的问题变成了有确定性答案的明确问题。

今天我们也可以看到，无论是加密算法的设计者还是破解者，大多都是数学家，很少再出现诗人、艺术家了。一个加密算法是否可靠，取决于其在设计中对数学难题的应用有没有疏漏，一旦对应的疏漏被找到，这个算法就被证明是不安全的，就必须被废弃。正如同我国数学家王小云发现了

MD5（Message Digest Algorithm 5，消息摘要算法第五版）和SHA-1（Secure Hash Algorithm 1，安全哈希算法-1）的漏洞一样，立刻就可证明这些算法不再安全。

总而言之，通过加密算法的发展历史，我们可以认识到，网络安全存在科学的理论基础，网络安全性必然是确定的，可预期、可验证的。

1.5.4　如何解决安全问题

正如学生只有在真正掌握知识体系和理论公式后，才能解决学习中遇到的所有问题，而只靠刷题来获得的解题能力是不可靠的，总会遇到无法解决的新问题，解决安全问题也一样。

要想彻底解决安全问题，必须建立正确的安全理论体系，从"道"的角度，把握安全的本质，找到造成安全问题的根本原因，从而解决所有的安全问题，而不能永远停留在"象"的层面。因为安全的现象与问题是无穷无尽的，从"象"的角度，只能找到缓解具体安全问题和消除安全现象的方法，永远都是治标不治本，永远无法找到彻底解决安全问题、扭转安全形势的出路。

所谓彻底解决安全问题，是指成功揭示安全问题背后的发展规律，提供从根本上、原理上解决所有安全问题的思路和方法，而不仅仅是获得缓解具体安全问题的技术手段。安全之道所针对的，应该是所有安全问题的本源，而非某些安全问题本身。

一个业务系统当前安全与否，应该是能够通过理论来证明的，而不应该只是一种感觉。用户当前需要的是可预期、可验证的确定的安全。

要想从根本上解决安全问题，达到用户对安全性的各项要求，首先就要有正确的安全观念，为了建立正确的安全观念，必须为安全找到站得住脚的理论基础，建立能够解决安全问题的体系结构，这些从原理上解决安全问题的思路，就是安全之道。

只有正确理解了安全之道，建立了包括安全本质、本源、方法论、体系结构在内的安全理论基础，才有可能找到彻底解决安全问题的正确方法。换而言之，要想从根本上解决安全问题而非日复一日地缓解安全问题现象，就必须以建立正确的安全理论体系为前提。

第2章 安全之道：安全的理论与体系

上一章讲的是安全之象，本章则通过对现象的分析，揭示安全之道。

本章尝试从安全原理的角度，讨论安全的本源、本质与第一性原理。应当认识到，安全问题的根源与驱动力并非威胁，而是业务自身的确定性挑战。基于安全的确定性原理，本章重新解释了各种安全问题与现象，建立了安全的基本理论体系。

大道至简，在无穷无尽的安全现象背后，都有一个简单的确定性原理。通过这个原理，可以解释各种安全现象，也能推导出用以解决安全问题的韧性保障思想和对应的体系结构，从而扭转当前的安全危机局面。本章试图化繁为简，阐述这个原理。

|2.1 掌握安全的"金钥匙"|

是什么造成了金刚石和石墨之间的巨大区别？不是元素本身，而是结构。同理，即使基于完全相同的安全技术与产品，如果采用不同的体系结构，所获得的安全效果也会有天壤之别。

要想找到有效解决各种复杂安全问题的出路，不能再指望单项安全技术的突破，而要依靠正确有效的安全体系结构设计。只有掌握了正确建立安全体系结构的方法，才能拿到解决安全问题的"金钥匙"。

2.1.1 安全体系结构的概念

1964年，美国知名的计算机设计师阿姆达尔首次从技术角度提出"体系结构"这个概念，他对体系结构的定义是"一组部件及部件间的联系"。IEEE（Institute of Electrical and Electronics Engineers，电气电子工程师学会）对体系结构的解释则是："以构件、构件之间的关系、构件与环境之间的关系为内容的某一系统的基本组织结构，以及指导系统设计与演化的原理。"

近四十年来，体系结构学科实现了长足发展。当前，针对不同的功能和使用场景，出现了各种各样的体系结构的定义。体系结构这个概念，无论从内涵和外延方面都得到了极大的丰富，但其本质依然没有变化。

安全体系结构是一个以提供问题解决办法为目标的解决方案，而解决方案就是解决特定问题的方法。因此，安全体系结构，就是以解决所有安全问题为目标的解决方案，是功能部件及其组织关系与相关组织方法的集合整体。

根据上面的定义，体系结构并不等于部件及其功能的组合，更重要的是部件之间、部件与场景的相互联系，包括部件功能的组织结构、使用策略、调用序列、反馈、交互、整体协同与相互影响等。一个具体的体系结构是由部件组成的，体系内自然会包含单部件的功能，但是体系结构绝不是部件功能的自然堆叠。体系结构的灵魂始终是部件之间的组织关系。这也很容易理解，正如一堆机器零件是不会自动装配成机器的，即使获得了全部的机器零件，也不等于可以实现100%的机器功能。

相同的部件可以形成完全不同的体系结构；相同部件构成的不同体系结构，可以对外呈现完全不同的功能和特性。就好比金刚石和石墨，虽然同由碳元素组成，但它们的价值和特性完全不同。造成这种差别的根本原因就在于，不同的架构下部件之间的组织关系不同。

对用户来说，安全体系结构终究还是一个用来解决安全问题的解决方案。只是，安全体系结构所针对的，不是某个具体的安全问题，而是产生这些安全问题的根本原因；安全体系结构所提供的，也不是针对特定场景下某个具体安全问题的解决办法，而是能从根本上彻底解决所有安全问题的方案框架。

业界定义并建立安全体系结构的初衷，是基于一套可靠的安全理论体系，建立一个通用的安全技术框架；通过一组正确的方法，让用户能基于这个框架的指导，解决用户在不同场景下已经遇到的和可能遇到的所有种类的安全问题。

2.1.2　安全技术的固有缺陷

安全体系结构固然包含单项安全技术，但是只依靠单项安全技术的演进和发展，无法真正解决安全问题，也无法扭转当前的安全危机。

当前的安全危机就是，无论投入多少安全资源，都不能百分之百保证系统安全；安全只能尽力而为，安全效果无法衡量；安全技术无法遏制日益恶化的总体安全形势。

　　单项安全技术的发展可以提供更多的安全功能以及更强的安全特性，但是单项安全技术始终还是在现有的信息系统业务框架与现有安全理论体系内发展的，无法打破业务系统和安全理论体系的约束，也无法消除安全防御技术自身发展中的固有缺陷。

　　按照威胁防御的思路，所有的安全"黑科技"都难以解决以下三类问题。

1. 安全技术的发展必定滞后于攻击技术的发展

　　以威胁防御思想为指导，安全技术的发展是由攻击技术驱动的。在安全攻防对抗中，先有矛才有盾，安全技术的定位就是被动响应攻击威胁的发展。换言之，如果哪天攻击技术不再发展了，攻击威胁消失了，安全技术也就没有发展的必要了。这种思路听起来好像也合理，但带来的结果就是威胁总是防不住。

　　在威胁防御思路之下，安全对抗过程的"发令枪"是由攻击方控制的，安全技术只能被动地追着攻击跑。这就导致，在攻击技术和防御技术之间，一定存在一个完全失去防护功能的空窗期。在这个空窗期内，无论安全资源和人力成本投入多大，面对威胁，系统没有任何防御能力。就好像先生病再有药一样，一旦某种病面临无药可治，那么这种病必然会造成严重的后果。

2. 安全防御只能尽力而为，效果不确定

　　这是由安全防御缺乏确定性的理论基础、检测技术本身的限制，以及安全防御中的木桶原理所决定的。在威胁防御体系下，成功的防御需要以成功的威胁检测为前提，即要想防御威胁，先要看到威胁。只要是检测技术，就无法做到绝对准确和可靠，必定会有一定比例的漏报和误报，因此安全防御也就难以提供确定性的安全效果。

　　同时，由于无法通过威胁检测技术识别系统内部客观存在的"威胁全集"，根据木桶原理，只要剩余一个威胁，系统就处于不安全的状态。而"威胁全集"是不可感知的未知数，因此，安全防御的有效性也就始终难以量化评价。

3. 安全防御成本必定远高于攻击成本

　　受制于当前的业务系统现状，安全攻防对抗中必定存在安全防御成本高于

攻击成本的"不对称"现象。当前，复杂的系统中广泛存在着各种漏洞和安全缺陷，而且威胁的种类和数量都是无法穷举的，攻击者只要有效利用任意一个就可成功攻击；而防御者必须要发现并清除所有风险隐患才能保证安全。这种不对称性是天然的。同时，防御者始终处于使用有限的安全成本对抗无穷的攻击威胁的状态，从理论上讲，安全防御必定要失败。

由于这种不对称性的存在，防御方往往要使用超过攻击方几百甚至几万倍的防御成本才有可能实现攻击防御。这就导致安全技术的投入对威胁的遏制效果极为有限。

上述三点都是通过安全技术自身发展无法解决的问题。在这种困境下，用户无论增加多少安全技术的投入，都无法遏制攻击泛滥的势头，安全防御也就成了不可能完成的任务。这种由安全技术的固有缺陷所带来的安全危机，只通过安全技术自身的发展是无法改变的。

信息系统的攻防不平衡，就好像图2-1中的不等臂天平。在当前的威胁防御体系下，单项安全技术就好比是右边盘子中的砝码，虽然能够发挥作用，但是不可能扭转整体趋势，也不可能突破现有威胁防御体系所带来的限制。

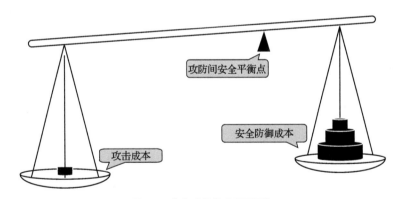

图 2-1　信息系统的攻防不平衡

安全攻防技术已发展了40余年，我们可以得出一个结论：再想通过单项技术的增强和创新来彻底解决安全问题，在理论和成本上都是不可能的。要想大幅提升系统的安全防御效果，已经无法再寄希望于单项安全技术能力的突破，哪怕有安全"黑科技"的存在。

要想从根本上解决安全问题，彻底扭转攻防成本不对称的趋势，必须要在安全技术之外,从安全体系结构与安全理论创新的角度,寻求解决问题的办法。安全领域最大的创新机会,在于安全方法论和体系结构领域的创新,而不是某项安全"黑科技"。

2.1.3 安全体系结构的目标

安全体系结构的目标,就是基于正确的安全理论,优化体系结构的设计,揭示系统设计与演化的原理,构建一个"能以更低的安全成本,获得更高的安全强度"的体系结构,从而获得更强的系统性的整体安全竞争力。即在不依赖增强部件自身的能力以及添加新的功能部件的情况下,通过部件之间架构的调整,弥补单部件、单项技术无法改变的固有缺陷,让系统的整体能力超过系统内所有部件能力的简单叠加。

1. 什么是系统化竞争力

系统化(或称系统性)竞争力,是指通过部件之间的不同"组织关系"所产生的整体的功能和竞争力。可以引用两千多年前孙子对军阵的评价来直观地讲解什么是系统化竞争力:楚、吴单兵对决,一个楚兵可以胜三个吴兵;但是如果双方都结成军阵,还是同样的士兵,吴兵反而可以战胜其三倍数量的楚兵。这形象地解释了部件竞争力和系统化竞争力的区别。从部件竞争力比较,楚兵的单兵竞争力远远超过吴兵;但是从两国军阵的系统化竞争力比较,吴国则是楚国的三倍。

中国人是系统科学的鼻祖,在军事、医学、水利、建筑等方面都充满了系统化思维,而且在多个领域都形成了成熟的理论体系。比如明朝时,戚继光通过设计"鸳鸯阵",在明军的数量远远少于倭寇,并且单兵素质不如倭寇的情况下,取得了14场抗倭战役的胜利,平均杀敌100人自身损伤1人,堪称冷兵器时代在军事上构造系统化竞争力的巅峰。

在西方,拿破仑也描述过类似的现象,他说过:"两个马穆鲁克绝对能打赢三个法国兵;一百个法国兵与一百个马穆鲁克势均力敌;三百个法国兵大多数情况下能战胜三百个马穆鲁克;而一千个法国兵总能战胜一千五百个马穆鲁克。"这段描述不但给出了系统化竞争力的具体表现,而且把构建系统化竞争力的目标也描述了出来,即一个成功的体系结构所呈现出的系统化竞争力,应该能随着系统规模的扩大而越来越强。

现代系统科学的基本思想是"整体大于各部分之和"，即"1+1>2"，整体呈现出其组成部分所不具有的性质。科学家称这种性质为"涌现"，即产生了不能由系统各组成部分的性质与规律推演出来的全新的性质。

不同的体系结构对竞争力的影响并不总是正面的，系统化竞争力与部件竞争力相比，既可以表现为"1+1>2"，也可以表现为"1+1=2"，甚至表现为"1+1<2"。系统化竞争力并不是简单地等于部件竞争力的线性叠加，而是要能够彻底改变系统内单部件所呈现出来的竞争力趋势，获得优于部件功能线性叠加所呈现的竞争力。

为了便于理解安全体系结构的建设目标，以及佐证构建系统化竞争力的可能性，我们拿建筑师设计桥梁结构来举例。在建筑设计中，即使基于完全相同的建筑材料，由于采用不同的建筑结构，对外呈现的功能也是各不相同的。决定这种差别的不是所使用的材料，而是所采用的设计结构。如果建筑师打算用砖石建造一座桥梁，他不会去研发更坚固的砖头，而是会基于"拱形""三角结构"等建筑理论，在体系结构内充分发挥现有材料的力学特性，从而让石桥获得远远超过其中任意部件长度的跨度，以及符合设计所要求的承重能力。归根结底，桥梁的跨度和承重能力都是由架构设计和对应的力学理论而不只是材料部件决定的。

安全也是一样，让系统获得更好的安全性的关键，并不是靠提升单项安全技术，而是靠设计更优化、安全性更好的安全体系结构。

2. 系统化竞争力的建设目标

安全体系结构的建设目标，就是基于现有的部件特性，构造"1+1>2"的系统化竞争力，即设法通过特定的体系结构而非提升系统内单部件的能力，让系统具备突破单部件能力极限的整体安全能力，从而弥补单项安全技术自身的固有缺陷。

在当前的安全系统建设中，并非没有体系结构，只是当前基于威胁防御观念所建立的防御体系，大多是将安全能力简单堆叠从而构建解决方案。由此呈现的系统化防御能力，总是随着系统复杂性和安全部件的增加，不升反降，安全能力呈现出"1+1<2"的结果。这种现象，亟待一个全新的安全体系结构来解决。

一个成功的安全体系结构需要构建的系统化竞争力目标如图2-2所示。

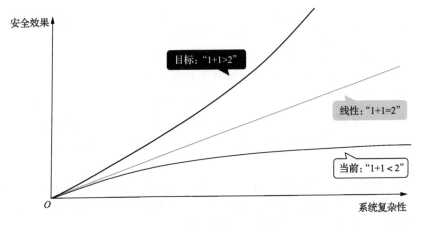

图 2-2　系统化竞争力目标

简言之，安全体系结构的目标，就是通过三流部件，构造一流产品。

3. 构建系统化竞争力的可行性

基于架构设计，让系统获得超越单部件能力极限的整体能力是完全可能的，根据系统科学中的涌现规律，系统完全能够获得超越部件现有性质与规律的能力。这在系统科学的历史上早有先例，最典型的就是桥梁结构。

在桥梁史上，我国从宋朝起就开始建设的虹桥，就是一种非常有名的自承重结构的桥梁，如图2-3所示。这种结构可以充分利用原木材料抗压不抗剪的特性，通过木材间的互锁，构建跨度远远超过材料长度的拱桥，而且不用一颗钉子就能实现结构性牢固。只要两岸的地基牢固、桥面不受横向剪切力，桥面就能具有较强的承重能力。

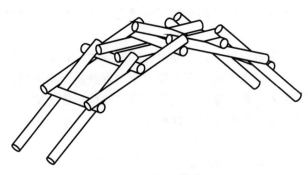

图 2-3　自承重结构

安全也是一样，提升安全能力不能指望安全"黑科技"的出现，而是要致力于通过安全理论和系统化的架构设计来提升整体竞争力。

2.1.4 安全体系结构的价值

体系结构是系统性竞争力的源头。安全体系结构的价值不在于积累了多少安全知识或者解决了哪些具体问题，而在于能否认识安全问题的根源和发展规律，揭示安全系统设计与演化的原理，获得构建系统化竞争力的方法，从而找到彻底解决安全问题的正确道路。

在安全研究与保障工作中，通过建立正确的安全体系结构，可以体现两方面的价值。一是找到不依赖单项技术而解决安全问题的可靠理论与参考架构，通过体系结构来扭转攻防成本不对称的趋势，弥补安全技术的固有缺陷，为从理论上"彻底"解决安全问题提供可能性。二是从根源上揭示安全的秘密，找到安全技术发展的脉络，从而建立安全技术的完整视图。据此准确识别其中的基础性、高价值的安全技术，预测安全技术的发展趋势，提前进行技术布局，实现安全的原始创新。此时，安全体系结构在安全研究中的作用如同化学中的元素周期表。

总之，安全体系结构可以提供的价值，仅通过单项安全技术的发展无法获得。

1. 建立安全理论基础，构建系统化竞争力

从安全体系的视角，决定安全体系结构竞争力的，不是部件，而是体系结构对应的安全理论基础与相应的组织架构、流程方法。

历史已经证明，依靠单项技术的创新来解决安全问题的可能性并不存在，必须通过体系结构才可能获得超越部件能力叠加所呈现的竞争力。

系统化竞争力的表现在于流程性和整体性。我们拿下棋举例。博弈过程是一个典型的系统化过程，决定胜负的原因非常复杂。系统的竞争力（下棋输赢）并不是由部件能力（棋子）所决定的。

决定输赢的不在于棋子的类型和数量，而在于下棋的策略和招数。一个好的棋手往往可以基于很少的棋子获得胜利，这就是系统化竞争力的流程性特点。但是，如果棋局形势陷入必输的"死局"，再高明的棋手也绝无取胜的可能。在博弈中，棋局、棋子、棋手、棋谱招数与胜负之间有着非常复杂的联

系，这种相互关系所呈现的就是流程性和整体性的特点。

在这个过程当中，到底是哪些因素决定了输赢的结果？如何积累获胜的能力？竞争力应当如何构建？这些都是远比知识和经验的积累更加复杂、无法通过对状态的穷举来解答的问题。

如果没有对应方法论的指导，没能了解博弈过程的本质，棋手在博弈中就只能凭经验，对胜负的结果完全没有预测评估的依据，"棋力"也就变成了棋手的经验积累与感悟，无法复制与传递，也很难描述，更无法量化评估。这就是在AlphaGo出现之前，即使是运算能力和知识积累水平都远远胜过人类的计算机，也始终无法在围棋运动中战胜人类的原因。因为决定围棋胜负的不只是经验的积累；围棋的计算空间巨大，不可能通过穷举了解所有可能的状态；围棋的系统性特点非常强，所有的流程步骤之间都是有关联的，而这种关联性又没有明确的规律可循。简单地说，决定围棋胜负的本质和规律一直没能被分析透彻。人类棋手通过经验和"感悟"所获得的秘密，谁也说不清楚到底是什么。

在设计AlphaGo的时候，科学家转变了思路，他们不再单纯针对知识积累，而是试图针对思维的本质来揭示"智慧的秘密"，从中寻找决定棋局胜负的根源。他们建立了一个被称为"价值网络"的模型来分析棋局胜负的过程，并且形成了对应的理论、方法和体系结构。此后，AlphaGo基于这套成熟的价值网络模型和体系结构，就可以在博弈中对依然处于经验积累和感悟阶段的人类围棋大师进行降维打击了。从此，围棋也从一项高度不确定的艺术活动，变成了结果与答案都确定的科学问题。这正是安全体系结构的建设目标，也是体系结构中理论体系所能带来的独特价值。

2. 揭示安全发展的脉络和规律，识别其中的关键技术

充分了解产生安全问题的根源和安全的本质，就有可能揭开安全的秘密，从而找到从根本上解决安全问题的方法。找到了可靠的安全理论和对应的安全体系结构，就可以正确认识安全技术发展的客观规律，从而解释各种各样的安全现象，并在安全问题不可能穷举的情况下，提供解决所有安全问题的办法。

目前，国内在安全研究中并不缺乏对各种安全单项技术的理解与掌握，但是对这些安全技术相互之间的关系、原始动机、发展的脉络一直缺乏清晰的了解和明确的观点。就好像手里有了一套散乱的拼图，不知道应该依据何种线索

把它们拼接起来，也不知道当前是否还缺少拼图以及缺了哪些。

在安全研究中，比单项技术更重要的是对安全问题的本质、根源、驱动力与规律的认识。如果只从单项安全技术或者孤立安全现象入手，是无法依靠技术穷举和经验积累，反推出可靠的安全技术全景的。只有通过正确的安全理论与体系结构，找到安全技术发展的规律和脉络，才能建立安全技术全景图，有依据来评价各种安全技术的价值和重要性，乃至预测安全技术的发展趋势，并提前进行技术布局。基于正确的安全理论与体系结构，才能对"下一跳"安全技术进行有依据的识别，才能像基于元素周期表来预测新元素一样准确。

只有在建立了可靠的安全方法论和体系结构之后，才有可能让当前的安全研究工作摆脱捕风捉影的现状；脱离当前只能缓解安全问题，却无法彻底解决问题的困境；避免当前只是不断看到并追踪热点安全技术，却无法了解安全技术产生的根本原因和背后规律，无从判断这些技术是否真有前途，更不知道今后还会有哪些新技术出现的困扰。

总之，通过安全体系结构和对应的基础理论，可以让安全变得简单有条理。安全技术的发展好比一棵"安全科技树"的成长，容易被看到的是不断出现的枝叶和果实，但找到"安全科技树"的树根和树干才是最重要的——安全方法论和体系结构，就是树根和树干。

2.1.5　建立安全体系结构的前提

安全体系结构是基于安全理论建立的，没有正确的安全理论体系，就不会有正确的安全体系结构。不是随随便便设计一个安全体系结构就能达到预期的竞争力目标的，正确有效的安全体系结构必须建立在正确的安全理论基础之上。决定安全体系能否形成系统化竞争力的关键，在于体系结构的理论基础。

不同安全体系结构对竞争力的构建有很大的影响，直接表现为某个安全体系能否达到安全目标，以及所消耗的成本。前者由安全体系结构的理论决定，后者则由具体的安全体系结构设计决定。合格的安全体系结构，一定要建立在正确的安全理论基础之上才能弥补安全技术自身的缺陷，才能实现降低防御成本、提升攻击难度、扭转当前安全攻防成本不对称的趋势的目标。

安全理论是从安全问题的根源和本质中总结出来的。有了正确安全理论的指导，才可能建立有竞争力的安全体系结构。把正确的安全体系结构与具体的问题场景相结合，才可能形成能够解决具体场景下特定安全问题的具体解决方案。

1. 安全体系结构与安全理论之间的关系

安全体系结构虽然是从问题中来的，但是它又不能直接来自问题本身，而是基于特定的安全理论建立的。比如，当前常见的信息安全保障体系就是源于纵深防御理论。

安全理论是从问题中提炼的，但是它又不是对看得到的问题现象的经验总结，而是来源于对安全问题本质的分析。安全体系结构是用来解决问题的，但是它并不能解决具体的问题，而是提供了解决问题的通用框架。解决方案是安全体系结构的场景化应用，可用来解决具体的安全问题。

各种主要的安全概念的关系可以用图2-4表示。从问题现象出发，认识问题本质、发现规律，形成正确的安全理论；在安全理论的指导下建立安全体系结构，结合具体的场景构建安全解决方案，最终解决安全问题，形成一个完整闭环。

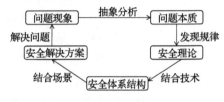

图 2-4 主要的安全概念的关系

2. 先有正确的安全理论，才有具备竞争力的安全体系结构

体系结构是系统化竞争力的源泉，而安全理论是体系结构建设的基础。没有安全理论指导的体系结构设计必定是盲目的，必然是"无本之木、无源之水"，安全效果也是不确定的。只有基于确定性的理论，才能建立确定性的安全解决方案；也只有基于正确的安全理论，才能设计出有竞争力的安全体系结构。体系结构设计中所选择的安全理论是否正确，直接决定了安全体系结构能否有效带来竞争力。

安全体系结构只能从原理上正向建立，不能基于对部件或者问题现象本身的分析来逆向构造。只有在形成正确的安全理论后，才可能构建出有竞争力的安全体系结构，而不能因果倒置。

| 2.2 理论是安全的灵魂 |

安全的理论，是从生产实践中发现的各种安全问题现象中形成的，能为解决更多的安全问题提供指导的概念和方法。理论是分析问题、解决问题过程中的关键一环（如图2-5所示）。

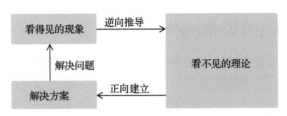

图 2-5　理论是分析问题、 解决问题的关键一环

有没有可能不经过理论环节，直接从实践中获得技术，再用技术解决问题呢？在安全界，很多人会认为，安全就是攻防实践，是经验科学，不存在也不需要安全理论的指导。这种观点是错误的。理论虽然要从实践中来、回到实践中去，但是理论并不等于对现象的简单归纳总结，从看得见的现象中所提炼的经验也不等同于理论。技术理论针对的是看不见的客观规律。例如，如果没有质能方程的指导，人们无法发明原子弹与核电站。技术背后的理论都源于自然现象，但是无法被直接看到。

安全理论是形成安全体系结构的前提条件，也是安全实现"从实践中来，回到实践中去"的价值闭环中不可缺少的一环。缺乏安全理论，或者基于错误的安全理论，最终都不可能建立正确的安全体系结构，更不可能彻底解决安全问题。

2.2.1　没有理论指导的后果

缺少正确的安全理论指导，仅仅通过积累攻防经验来引导安全研究，是无法找到解决安全问题的出路的。

还是拿发明永动机做例子，如果没有正确的物理学理论指导，想要通过实践经验来验证永动机是否存在，是不可能的。永动机的设计是无法穷举的，一个灵感就会出现一种设计，要想靠经验来验证永动机的有效性，必然会陷入无穷无尽的验证工作当中。而一旦掌握了基本的物理学理论，知道了能量守恒定律，不用看永动机的设计图纸，就能马上知道它不会成功，因为永动机的概念违背了基本的物理学原理。

安全研究也是一样的道理。单纯的安全经验积累，并不能彻底解决安全问题，也不能作为安全体系结构的设计指导。能够用以指导建设安全体系的可靠依据，必须是科学的安全理论。

1. 安全研究中攻防经验的价值与缺陷

当前，人们对安全的认识大多还局限在"有矛才有盾"的线性思维中。人们普遍认为，推动安全技术发展的就是攻击威胁，通过攻防过程积累安全经验是构造安全能力的必经之路。很多安全专家的观点是"安全是靠打出来的，没有捷径"。虽然国内各种安全观点差异很大，但认为安全经验最重要的观点占主流。因为用户对安全最直接的诉求，就是要能有效地防御威胁，而获得对应的安全威胁知识无疑是最为直接有效的手段。

一直以来被普遍认可的安全核心技术，就是发现和识别威胁的技术。无论是30年前的计算机病毒库，还是最新的基于大数据的各类AI自动学习算法；无论是被动的攻击特征学习，还是基于启发式诱捕的主动恶意行为诱导；无论是威胁情报，还是知识图谱……无一不是为了能更快、更全面地通过安全经验获取安全知识，并设法降低从经验到知识的转化成本，提高转化效率。大多数用户的直觉反应是，凭借更及时、更广泛、更有效的安全知识，就可以更快速、更全面、更准确地发现和对抗威胁。

上述观点看似正确，实则浅陋。无论是用户还是安全从业者，都局限在了"看到了才知道，看不见就想不到"的经验思维当中。殊不知，凡是看得到的都是问题的现象，背后的本质和原理是无法被直接看到的。如果只关注于看得到的安全现象，顺着这样的安全道路走下去，是不可能形成正确的安全理论和安全方法论的。

当前，一切都靠安全经验的思维方式，导致安全界长期以来一直停留在"以现象来解释现象，以问题来分析问题"的阶段，始终无法通过科学的安全理论来解释安全问题。这也是造成安全始终停留在经验科学阶段、总在无休止地消除各种安全问题、始终无法彻底解决安全问题、始终无法证明安全体系的有效性、无从建立安全理论体系的根源。

2. 没有正确的理论指导，安全可能变成"玄学"

很多安全专家虽然并不否认安全是科学，但是心里一直认为安全本身就没什么理论基础，或者认为安全不是纯科学，而是一门艺术。他们认为，安全技能更像是一门手艺，安全的诀窍全要靠悟。安全的竞争力构建基于专家们对安全事件的分析和对实践的感悟，而通过感悟获得的安全能力，是很难传承与复制的。结果就是，用户越来越感觉到安全无法理解、无法量化评估、无法保证结果、无法信赖，在安全产业中也就逐步形成了以更丰富的安全运维经验、更大规模的攻击样本库、更多的威胁情报积累能力、更多的高段位安全专家等来评价安全能力强弱的观念。

照此思路，未来的安全工作反而简单了，无非就是提高从安全事件中获取经验和积累知识的能力。随着AI等新技术的发展，从经验中挖掘知识，机器做得远远比人类好，安全经验积累会日益自动化与便捷化，安全知识的积累成本也会越来越低。因此，在安全经验积累上的关键问题可能会随着AI技术的进步迎刃而解，一直困扰用户的安全问题也自然会得到解决。这也是业界有专家认为AI是解决安全问题关键的逻辑所在。

这样的观念是否正确，目前无从证明。从目前的安全趋势来看，AI的出现显然没能扭转当前的安全危机局面。而且，就算AI解决了安全经验积累的难题，安全也不能从无法证明的经验科学，自然演进到有确定性理论支撑的确定性科学。安全性还是无法被证明，安全问题同样无法被解决。试图通过知识的自动化积累来解决系统化问题的思路，已经被在AlphaGo之前出现的"围棋AI"证明是失败的。

"攻防经验决定一切"的观点对安全产业非常不利。这种观点导致我国的网络安全工作长期停留在经验积累阶段，安全研究工作事实上陷入了无穷无尽的攻防对抗和安全知识积累当中。由此，安全资源的投入变成了无底洞，而国内网络安全的研究水平还长期停留在经验科学阶段。

2.2.2　安全理论与安全科学

只有找到了可靠的安全理论基础，安全才能早日摆脱经验科学的限制，成为像密码学一样的确定性的科学，从而找到彻底解决安全问题的正确道路。安全的理论是不会基于经验自动演进的，如果安全长期依靠经验而不进行基础理论的探索，安全科学永远也不会进步。

如同元素周期表与分子式的关系一样，网络安全一定也有对应的基本理论、方法论、体系结构，这些是彻底解决网络安全问题的关键。如果没有正确的安全理论指导，就难以彻底解决安全问题，安全就只能停留在消除无穷无尽的安全问题的过程当中。

科学发展的历史可以证明，只凭经验积累而没有正确科学理论的指导，是无法正确理解现象背后的本质，也无法从经验中识别真理的。安全知识的积累并不是解决安全问题的"金钥匙"。安全问题，最终还是要靠科学的研究方法，以正确的理论为指导，通过建立对应的安全体系来解决的。

经验科学阶段是科学的早期阶段，偏重对事实的描述和明确具体的实用性经验记录，缺乏抽象的理论概括。在研究方法上，经验科学以归纳法为主，带有较多主观性的观测和试验，缺乏清晰的理论指导。历史经验已经证明，经验科学有时是极为不可靠的，而且只基于实践中获得的经验，无法自然推演出正确的理论。

早期化学面临的问题和今天的网络安全很像。在元素周期表和分子式基本规律被发现之前，化学的早期阶段就属于经验科学阶段。各种化学反应的现象不可预测，看似无规律可循。化学家们在现实中无法对各种看似随机、没有规律的化学现象进行科学解释与预测，只能凭经验通过秘方和操作流程来生产化学产品，效率低、成本高、结果不可预期。化学史上配制普鲁士蓝的例子，足以证明没有理论指导的经验科学是没有出路的。

1704年，人们意外发现了普鲁士蓝的制作工艺，此后的200年间，在染坊师傅中一直流传着一个秘诀，就是"搅拌原料的时候，如果发出的敲击声越响，普鲁士蓝的质量就会越好"。德国化学家李比希不相信声音的大小会影响染料的质量，他经过反复的试验与思考，终于弄清楚，关键并不在声响，而是铁屑。敲击铁质染缸的力量越大，声响自然大，但能产生更多的铁屑才是关键，因为普鲁士蓝的化学成分是"亚铁氰化铁"。至此，普鲁士蓝制造工艺的秘密才真正被揭开。

通过上例可知，具备最丰富实践经验的无疑是染坊工人，他们直接观察到的是声响和蓝色两种现象，并发现了其中的关联性。基于从实践中得到的经验，提高普鲁士蓝质量的方法就是发出更大的声响，这一理论在200年的实践中被证明是有效的，但却是不正确的！因为声响并不是关键。在化学家正确理论的指导下，找到蓝色和铁元素之间"看不到"的关联，才找到了问题的关键。

对化学这门科学来说，理论基础就是元素周期表，对应的体系结构就是不同的分子式。如果没有对元素周期表和分子式的认识，化学今天可能还停留在经验科学阶段。对安全这门科学来说也一样，如果只满足于对安全事件的分析

和对安全经验的积累，不去探究安全经验背后的正确理论和架构，也就无法找
到解决网络安全问题的正确道路。

2.2.3 理论决定了最终结果

安全理论体系是开展安全研究、分析安全规律、建立安全体系、解决安全
问题的基本观点和工作起点。安全理论观点首先要正确，否则就会出现"南辕
北辙"的方向性错误，无论投入多少资源，付出多少努力，都不可能获得正确
的结果。

正确的理论是获得成功的前提，这是科学研究中的普遍规律。如果没能找
到正确的基础理论，即使积累了正确的经验和知识，采用了正确的研究方法，
甚至已经接近真相，最终还是无法成功。

历史的经验证明，如果没有正确的理论指导，即使方法正确，最终也可
能会误入歧途。人类战胜脚气病的案例就是一个很好的例子。1886年，荷兰
军医艾克曼开始对脚气病进行研究。他进行了大量的试验，后来发现如果用精
米喂鸡，鸡就会得脚气病；如果给鸡喂食精米加工时去除的米胚和糠皮，鸡的
脚气病就好了。这时，艾克曼差一点儿就找到脚气病的病因和根治的方法了。
但是，由于受到细菌感染理论的影响，他坚持要从精米中找到致病细菌，从糠
皮中找到抗菌因子。于是，他失败了，因为它们根本就不存在。接替艾克曼研
究的，是另一名荷兰军医格林斯。格林斯放弃了细菌感染理论，大胆地提出假
设：脚气病是体内缺乏某种物质所导致的，这种物质存在于糠皮中。后人据此
提出了维生素的概念。随着基本理论的改变，脚气病研究很快就取得了重大
进展。

在脚气病的治疗过程中，医生虽然准确找到了造成疾病的原因及根治方法，
但是因为错误的理论导致了错误的分析结果，而一旦找到正确的理论，立刻就彻
底解决了问题。

当前的安全研究中，存在的问题与上述案例何其相似。安全的经验固然重
要，但是如果没能找到正确的科学理论和科学方法论作为指导，必定无法揭示
庞杂安全事件背后的真相，也就找不到解决安全问题的正确出路。可见，安全
经验不是万能的，必须要找到经验背后的规律以及问题本质，才有可能从根本
上解决安全问题。

2.2.4 正确的理论从何处来

安全理论如此重要，那么从哪里寻找基础理论？如果不从安全问题和安全经验中寻找，还能去哪里找呢？要想寻找到正确的安全指导理论，不能只关注看得见的安全问题的现象，而必须深入理解安全问题的本质，通过对安全问题的驱动力、根源、本质的讨论，形成正确的观点。

1. 不能只关注安全问题本身

只通过看得到的问题现象，不可能了解事物的本质和问题根源，因为事物的本质和问题根源并不是现象本身。

打个比方，假设我们的目标是研究影子的变化规律，并且希望预测下午4点的影子是什么样的。我们最初看到的研究对象如图2-6所示。

图 2-6　影子的变化规律

我们通过几天的观察，就可以基于经验得出结论：影子会在早上出现，然后越来越短，在中午最短，下午再变长，直到晚上消失。下午4点的影子轮廓可以通过影子的变化规律来推测。但是，一旦换个地方或者换一批影子，是否还是遵从这种规律？我们无从知道。这说明通过影子变化现象提炼出的规律并非其本质。

2. 正确的安全理论蕴含在问题背后

现在，我们在问题分析中引入理论指导以及对问题本质的思考：影子不是独立存在的物体，而是光线被物体挡住形成的阴影。即影子的本质不是影子本身，而是物体的光学投影。按照这种认识，只要有影子存在，一定就有形成影子的三要素——物体、光源、投影表面。依据光照理论研究影子变化，就不会只局限在影子本身，而会考虑光源、物体、投影表面以及三者的相对位置信息。这样，就找到了决定影子变化规律的理论——影子的变化并不由影子本身决定，而在于物体的大小形状、特定的投影表面，以及光源相对物体与特定表面之间位置的变化。在各项限定条件下，决定影子变化规律的是太阳的运动，如图2-7所示。

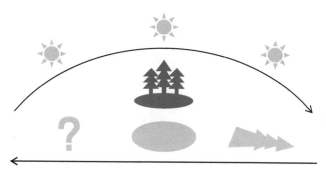

图 2-7　太阳与影子

想要找到解决问题的理论，就必须找到问题的本质，即正确的安全理论要从形成安全问题背后的根源中去寻找。

2.2.5　正确安全理论的特点

不是随便找一套安全理论就能构建有效的安全体系结构。只有正确的安全理论，才能指导建设有竞争力的安全体系结构，才能找到彻底解决安全问题的正确道路。

正确安全理论在指导体系结构建设中有如下特点。

1. 从安全现象中来，并能解释各种安全现象

《大学》中的"物有本末，事有终始，知所先后，则近道矣"，讲的是万事万物有因才有果的道理。具体到体系结构设计，一定是先有问题和现象，再有根源分析和理论指导，然后有体系结构设计，最后才有支撑体系结构的部件技术。

因果不能倒置。次序反了，就会犯"因为手里有锤子，就到处找钉子"的毛病。在事物发展中，一旦本末次搞错，后果就难以预料了。

安全的基本理论和规律是客观存在的，正确的安全理论不是发明出来的，而是从安全现象中总结出来的。安全理论应当能揭示安全问题的本质、解释各种各样的安全现象，真正实现"从现象中来，到现象中去"。

2. 是正向设计安全体系的依据

要构建具有系统化竞争力的安全体系结构，必须以正确的安全理论为基础进行正向建设，而不能基于安全技术来逆向构造。一方面，安全体系结构的设计不是由安全技术驱动的，新技术的出现不应该对体系结构造成改变，能够改变体系结构的，只有安全理论的变化或者安全问题的转变。另一方面，体系结构的竞争力来源于组织方法，而非体系结构内的单项技术。安全理论决定了组织方法，对系统化竞争力有决定性影响。

安全系统建设，一定要先对造成各种安全问题现象的"根因"进行分析，提炼出安全的基础理论，才能确定安全设计；针对具体的安全目标进行安全设计，才能建立完善的安全机制，确定对应的技术部件；针对特定场景设计安全解决方案，才有可能有效解决该场景下各种已知、未知的安全问题。

假设一个医生的目标是保证某人身体健康。医生显然无法预测这个人会得什么病，也不可能根据这个人所有可能会得的疾病逐一安排治疗方案。但是医生可以从这个人的实际情况出发，通过让他锻炼身体增强免疫力、常备药品应对可能的疾病、定期体检及时发现健康隐患等几个方面，来构建较为完善的健康保障机制，从而实现让他对抗疾病、保持身体健康的目标。同理，系统的安全性也不能通过离散的威胁对抗"打"出来，而是根据安全要求"设计"出来。由于各种安全问题是快速演进、无穷无尽、高度不确定的，针对确定性的业务安全目标建立起正确的安全设计和完善的安全机制，要比从离散而海量的威胁事件中获得大量的攻防知识与防护技术更为有效。

正确的安全体系结构的设计过程，一定是基于正确的安全方法论和体系结构，明确需要哪些安全能力和安全产品，如何使用，预期效果是什么，而不能先有了某些安全能力和产品，再去构造安全体系结构。对安全体系结构来说，获得正确的安全理论指导是成功的前提条件。

3. 能够弥补安全技术的固有缺陷

正确的安全理念应该不存在理论上的缺陷，不得违背正确的原则，能够为安全体系结构的建设提供理论支撑，并且提供从根本上彻底解决所有安全问题的理论基础。

安全体系结构建设中所依据的安全理论，必须能够弥补当前安全单项技术以及威胁防御思路中存在的固有缺陷。具体来说，正确的安全理念需要具备下列能力。

- 能够解决安全必定滞后于攻击、安全技术只能追赶攻击技术发展的固有问题。
- 让安全体系的保障工作能够获得确定性的结果，能够有科学的方法对安全性进行描述与评估，避免安全只能尽力而为以及难以对安全保障效果进行客观的量化评估。
- 需要提供能够彻底扭转攻防成本不对称现象的方法，能够改变当前系统易攻难守的趋势，为通过增加安全投入来遏制攻击泛滥趋势提供基本条件，提供解决安全悖论问题的方法。

安全理论是否正确，一方面可以从安全问题的本质、安全的基本原理的角度进行理论分析，看看是否有理论上的漏洞；另一方面，可以通过对基于安全理论建立的安全体系结构进行评估，看其是否具备了更好的系统化竞争优势，是否具备达到安全目标要求的可能性。

4. 具备确定性的基础

正确的安全理论基础一定是像加密算法的数学基础一样，是确定的、可验证的，而不能像当前的安全威胁防御的基础一样，是尽力而为、效果不确定的。只有基于确定性的理论，才有可能建立起具有系统功能确定性、效果可验证的安全体系结构与安全解决方案。

| 2.3　建立安全理论体系 |

安全作为一门科学，背后必然有对应的理论基础，安全体系的建设也必然需要对应的安全理论的指导。安全理论的根源是对安全本质的认识，安全理论是安全技术的指导。在解决问题的过程中，必然是先建立理论体系，再建立技术体系，不能认为现有的技术就是技术体系的全部。

2.3.1　对安全概念的再认识

当前，安全不但没能形成类似加密算法的数学基础那样受到广泛认可的基础理论，甚至连基本概念都含糊不清。参考权威的资料，可以发现业界对安全有许多不尽相同的定义。

- 《中华人民共和国网络安全法》给出的定义是：网络安全，是指通过采取必要措施，防范对网络的攻击、侵入、干扰、破坏和非法使用以及意外事故，使网络处于稳定可靠运行的状态，以及保障网络数据的完整性、保密性、可用性的能力。
- ISO（International Organization for Standardization，国际标准化组织）给出的信息安全的概念是：为保护数据处理系统而采取的技术和管理的安全保护，保护计算机硬件、软件、数据不因偶然的或恶意的原因而遭到破坏、更改、泄露。
- 英国信息安全管理标准BS 7799定义网络安全为：使信息避免一系列威胁，保障商务的连续性，最大限度地减少商务损失，最大限度地获取投资和商务回报，涉及机密性、完整性、可用性。
- ISO/IEC 17799（International Electrotechnical Commission，国际电工委员会）定义网络安全为：通过实施一组合适的控制而实现的功能，包括策略、措施、过程、组织结构及软件功能，是对机密性、完整性和可用性进行保护的一种特性。

对于到底什么是安全，理解和定义都不一样，至今也没有形成统一的安全定义。即使是一些安全专业图书，在"什么是安全"这一简单问题上也是语焉不详，人云亦云。

原因有两点。第一，如果从安全的现象、保护对象、功能效果、功能要求上看，安全的表现多种多样，描述各不相同。相同的实体，从不同的角度、不同的维度、不同的诉求去分析，就会产生不同的表现和定义。第二，因为安全是实体的属性，人们很容易把实体本身的特性与安全特性混为一谈，好比将发动机安装在飞机上，很多人就认为飞行是发动机的属性一样。

在安全的定义中造成混乱的根源是：人们总是习惯于用看得到的安全现象来解释现象，用问题来分析问题，而不是从问题本质与理论的角度对安全进行清晰的定义。对安全问题的解释和对安全的定义，不宜再从安全现象入手，而必须基于安全原理，只有从理论角度解释安全问题，才能解释得清楚。

但要想从理论上正确理解安全问题，给安全概念一个准确、有指导价值的定义，就必须要从安全问题的根源与本质出发，而不能只针对安全现象本身。

　　本书对安全概念的理解是：**系统处于行为与设计相符，可预期、可验证的确定性状态**。这就是安全。从概念上讲，安全是独立于攻防和威胁的。这个定义是从安全的本源角度总结出来的。下面逐步展开说明。

2.3.2　安全问题与本源

　　安全的本源，就是产生安全问题的最根本的原因。《道德经》中写道："既得其母，以知其子；既知其子，复守其母，没身不殆。"在诸多的安全问题当中，需要分清哪些是无穷无尽的问题现象，哪些是产生问题的根源。只有找到安全问题的根源，才具备从根本上解决这些安全问题的可能性，否则只会停留在逐一缓解问题现象的阶段。

　　只有找到安全问题的根源，才能建立正确的安全理论体系；只有理解了安全之道，才有可能彻底解决安全问题。

1.　到底什么才是安全问题

　　假设在20年前，我们去拜访一个对安全技术完全不理解的信息主管，请教他"什么是安全"，他会说：不要出事就是安全。再追问一下什么是"不要出事"，他会说，就是系统能一直像现在这样正常工作，不要发生业务中断、数据丢失、病毒感染等奇奇怪怪的事件。可见，安全是一个业务概念而不是一个攻防概念。系统只要能够始终按照设计正常运行，不要出现意料之外的事情就是安全；反之，如果系统中发生了料想不到的意外情况，就是不安全。

　　假设我们有一台计算机中了病毒，每天一到半夜12点会自动关机5分钟。这时候，我们往往不会认为有太大问题，因为这种行为是确定的、可以预期的，也是可以规避的。我们会认为它是一个缺陷而非威胁。但是，如果一台计算机会随机地重启，平均每10天会发生一次，运气好也许一年都不会发生，对于这种不可预期、具有高度不确定性的行为，我们肯定无法忍受，会认为它对业务造成了威胁。

　　由此可见，安全问题最主要的特征是功能的不确定性和不可预期性。安全问题的出现，就是系统中出现了不确定、不可预期的行为。

2. 安全威胁并不是安全问题的根源，而是结果

当前，从威胁防御思路来看，安全防御的对象就是安全威胁，因此安全问题产生的原因就是有威胁的存在，包括外部的攻击和内部的漏洞。有矛才有盾，如果没有攻击威胁，自然也就没有安全问题了。这种目前主流的观点存在因果倒置的错误。大家感觉威胁造成了安全问题，就好像看到糖尿病人因为吃了糖而身体出问题一样，那么，糖就是造成糖尿病的原因么？

从攻击者的角度看，攻击的目的就是要让目标系统呈现出与正常情况不同的异常状态。比如：让原本系统应该具备的功能中断，使原本不该有的功能出现等。从系统功能的视角来看，无论是安全威胁还是正常的功能调用，都是让系统执行某些功能的操作，至于这个操作是非法的安全威胁还是正常的功能，主要是看执行的操作以及执行条件是否符合系统的设计要求，是否与用户对系统的行为预期相符。比如，同样是硬盘格式化这个功能，如果系统是正常响应管理员的授权指令，该功能的执行符合系统的设计，也与管理员的预期一致，那么此行为就是正常的；如果因为某些原因，系统响应了未经管理员授权的指令，那么此行为就是不可预期的攻击事件。

从概念产生的关系上看，之所以有安全威胁，是因为先定义了安全问题，而安全威胁实际上是安全问题的表现而非原因。系统中存在安全问题，是指系统中存在与设计不相符、不可预期的功能和功能执行条件；安全威胁是让系统产生不可预期行为的触发条件；而漏洞则是与设计不相符的不可预期功能的执行入口。

综上所述，系统中产生安全问题的根源不是安全威胁，而是系统中存在与设计不相符的不可预期功能和对应的触发条件，它一直存在于系统内部。

3. 安全问题的根源，是系统中的不可预期功能

我们都知道，造成糖尿病的根本原因不是糖，跟病人的基因或者自身胰岛受损有关。同理，造成安全问题的根源也不在于威胁，而在于系统内存在不可预期功能。

安全问题的根源是系统原生的，是系统一开始就具备的，就好像人体DNA中的固有缺陷一样。如果我们安全保障的指导方针只是针对威胁的防御，通过"外抗攻击、内补漏洞"的威胁对抗方法来解决安全问题，就会如扬汤止沸。虽然攻击可以防御、漏洞可以修补，但是产生漏洞、产生攻击的安全根源一直

都在。不能从根本上解决问题，就必然会陷入无穷无尽的攻击防御和漏洞修复的操作中，这也能解释为什么安全防御那么困难。

通过对安全本源问题的分析，我们知道安全问题的根源不在威胁之中，而在业务系统内。安全研究的重点也应该从攻防回归业务系统。好比医生的重点不是治病，而是治好病人，医疗工作的重点不应该是杀菌、消毒，而应该是时刻关注人的健康。

随着人类的进化，人体基因越来越复杂；基因随机的排列组合决定了人体所具有的机能和特性，这些组合在不同的条件下会产生不同的结果。组合的正向结果会促使人类进化，负向结果会带来疾病。产生负向结果的基因组合被称为"基因缺陷"。因此从本质上讲，人类所有疾病的根源都在人体基因当中，外部的病毒、病菌只是触发条件。从系统角度来看，安全问题的根源在于系统功能的"熵增"，即由于系统变得越来越复杂，系统中蕴含了大量超出设计意图的输入、逻辑功能和输出。

信息系统演进与人类进化之间的差别就在于：人类进化过程中的基因变化是随机的，而系统是由人设计的。信息系统正变得越来越复杂，系统中已经蕴含了太多超出设计意图的输入、功能和结果，如图2-8所示。假设一个系统只有1比特，那么它只有2种状态，假设有1000万比特，就会有2的1000万次方种状态。在系统的这些复杂状态中，会出现哪些意外的逻辑功能和触发条件，在设计阶段难以全部明确。

输入								输出		
I_0	I_1	I_2	I_3	I_4	I_5	I_6	I_7	Y_1	Y_2	Y_3
1	0	0	0	0	0	0	0	0	0	0
0	1	0	0	0	0	0	0	0	0	1
0	0	1	0	0	0	0	0	0	1	0
0	0	0	1	0	0	0	0	0	1	1
0	0	0	0	1	0	0	0	1	0	0
0	0	0	0	0	1	0	0	1	0	1
0	0	0	0	0	0	1	0	1	1	0
0	0	0	0	0	0	0	1	1	1	1

图 2-8 复杂系统蕴含超出设计意图的功能逻辑

正是这些隐藏在系统内的意外功能和触发条件，带来了系统中的各类安全问题。因此，安全问题的根源与攻防技术无关，而是根植于系统复杂性当中。安全威胁的出现，是因为人为恶意或者无意中找到并触发了这些原本就存在于系统内的不可预期功能。

从技术角度来看，安全问题的根源在最初的业务系统设计中。图灵计算模型的发明初衷是便利地解决问题，模型本身不具备对抗系统安全缺陷的能力。在计算机体系结构的设计上，冯·诺依曼架构定义了计算机指令的"存储—执行"架构（如图2-9所示），把计算机的实现分成了由硬件实现的标准化的运算逻辑和由软件实现的可编程的程序两部分。软件程序就是一组比特编码，其中哪些是数据，哪些是指令，硬件无法区分，全由软件自己决定。这种架构导致硬件和软件的分离，实现了可编程的计算功能，极大地促进了计算机的发展。但是这种架构也为程序员恶意使用计算能力提供了可能。

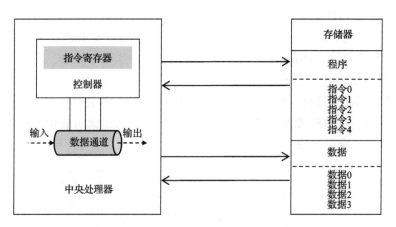

图 2-9　冯·诺依曼架构支持软件编程、数据即指令

其实冯·诺依曼并不是不知道这种风险。1949年，他在论文《复杂自动机组织论》（"Theory and Organization of Complicated Automata"）中便提到了计算机病毒的概念：一种"能够实现自我复制的自动机"。他认为，计算机系统天生就有安全缺陷，软件程序可以决定一切，有可能在使用和发展过程中产生意想不到的问题。但在当时，这种风险和冯·诺依曼架构所带来的好处相比是微不足道的。因为当时只有少数人在严格受控的场所将计算机用于特定用途，计算机系统不会被人恶意使用，也不存在被恶意使用的风险。后来的安全攻击风险，是在计算机大量普及、广泛联网、人人都可访问计算机

系统之后才出现的。

综上所述，安全问题的根源在于系统内存在超出系统设计的不可预期功能。一旦系统内的不可预期功能被触发，安全威胁事件就发生了。因此安全威胁是安全问题的现象，而系统内存在的不可预期功能才是产生安全问题的根源。从另一个角度讲，威胁是看得见的问题，而凡是看得见的，大都是现象而不是本质或者本源。

因此，安全问题并不是威胁驱动的，安全研究一定不能停留在威胁对抗层面，而一定要从业务系统的角度出发。

2.3.3 安全问题的本质

了解了产生安全问题的根源，才具备讨论安全问题本质的基础；而只有弄清楚安全问题的本质，才能为安全工作找到正确的努力方向，以及正确的方法论指导，为彻底解决安全问题提供可能性。

到底什么是安全问题的本质？业界一直众说纷纭、莫衷一是。有人认为是攻防能力，是威胁情报，是漏洞挖掘能力，是运维技能、大数据、人工智能，还有人说是管理制度、人的责任心、组织架构能力……

从彻底解决安全问题的目标来理解，安全问题的本质应该是存在于所有安全现象背后的概念，是对安全事件的抽象。评价本质是否正确，要看它能否在古今中外所有的安全事件中都得到体现，能否概括安全问题的基本特点和共同属性。

为了通过现象看到本质，必须分析有足够代表性的安全现象。因为场景和保护对象的不同，安全问题和现象可谓是无穷无尽。从不同的维度分析，这些安全问题和现象会有更多不同的类型。各种攻击的技术手段、规模、持续时间相差非常大，很难归纳它们的共同特点。

1. 排除技术的干扰，了解安全的 "对抗" 本质

为了排除各种因素的干扰，我们从最原始的网络安全事件入手分析。我们选取了一个发生在1986年的案例。美国加州大学伯克利分校的一个网络管理员克利福德·斯托尔，因为调查一个75美分的账单差错，发现了一个服务于苏联克格勃的网络间谍组织。这个事件后来被写成了一本书《杜鹃蛋——电脑间谍案曝光录》。此事件是众多安全案例中最生动的一个，也是至今为止能追溯的

最早、最原始的网络安全攻击事件。

　　1986年，网络技术尚处于幼年时期，网络离普通人还比较远。各种网络安全理论和安全技术都还没出现，更显出此事件的纯粹。通过对此事件过程的分析，更容易看到安全的本质和特点。

　　美国当年位于网络技术的前沿，全国性的ARPANET（Advanced Research Projects Agency Network，阿帕网）已经投入使用，联网的有美国能源部、国防部、大学、研究院所，以及后来加入的西方国家的一些机构。

　　当时，从亚利桑那大学毕业的斯托尔博士在美国能源部劳伦斯伯克利国家实验室当网络管理员。一次月底结账的时候，实验室的上网费出现了75美分的差错，他就受命去查是谁蹭的网。他在检索了所有的实验室账号后，发现系统中存在一个名为"Hunter"的合法系统账号，却没有对应的付费账户（账号异常），也不知道这个账号属于谁（孤儿账号）。这时又有人投诉，某人试图从劳伦斯伯克利实验室非法登录他们的系统。斯托尔查到试图非法登录的账号属于他们实验室的著名计算机教授乔·斯文泰克。但教授当时在国外，不可能是他本人登录（关联分析）。为了搞清楚盗用教授账号的黑客的登录路径，斯托尔把实验室50多条电话线的所有拨号记录都打印了出来，通过分析总长24米的纸质记录（日志分析），发现黑客从包括美军基地在内的很多地方访问过实验室（追踪溯源），而且几乎控制了全实验室的所有计算机账号。

　　斯托尔又把实验室内所有计算机上的账号都整理了一遍，挑出了他认为可能属于黑客的账号，包括Hunter、Hedges、Jaeger、Benson等。斯托尔把这些用户名都交给了伯克利的语言学家进行分析。语言学家通过这些单词，认为这个黑客抽Benson & Hedges牌子的烟，而且懂德语（这就是后来的攻击者画像）。斯托尔还发现，这个黑客正在网络里查找 CIA（Central Intelligence Agency，中央情报局）的人员名单，而且还可能找到了！斯托尔于是向CIA报案，但当时CIA什么忙都没帮上，因为他们不但没有技术手段，还不理解这件事情。

　　在追踪黑客位置的过程中，斯托尔发现黑客使用的联网工具是Kermit，通过分析Kermit报文应答过程中的时延，大致就能计算出黑客的计算机离实验室有多远（当今的网络测量仍在用相同的原理）。通过分析报文时延和黑客的活跃时间段，结合其他信息，斯托尔初步判断这个黑客来自西德的汉诺威。斯托尔向西德警方报告并寻求帮助。西德方面答应追查电话链路以定位黑客位置，但根据当时的条件，完成这个追踪工作需要1个多小时，而这个黑客一般登录5分钟就下线了，根本没有足够的时间来追查。

斯托尔在他的女朋友——伯克利法学院的学生玛莎的帮助下，想到了一个好办法。斯托尔先伪造了一个叫作SDLnet的项目，随后在最难被访问的计算机的最不容易被找到的目录下，伪造了一些几兆字节大小的"机密"文件，并且给这些文件都起了恰当的名字，使SDLnet项目对攻击者足够有吸引力（使用信息诱骗与蜜罐技术）。正常的用户对这些又大又无聊的文件根本不会有兴趣，只有黑客才会不惜耗费巨额网费来下载它们（找到了正常用户和攻击者之间的本质差别）。在当时的网络条件下，下载其中任意一个文件都要花一个多小时，西德警方终于有足够的时间来定位黑客（溯源定位、法律行动）。

1989年3月1日，当时的西德警察逮捕了这个黑客。他叫马库斯·赫斯，他的确是抽Benson & Hedges牌子的烟，讲德语。据估计，他攻破了400台美国军方的计算机，获取了关于半导体、卫星和航空航天技术的机密情报。而且此人背后有一个团伙，专门倒卖情报。

事后得知，1986年9月的一个晚上，黑客赫斯通过电话线从西德上网，连接上了美国Tymnet网络。他利用系统漏洞盗用了乔·斯文泰克教授的账号，进入了劳伦斯伯克利实验室——也就是这次行动让他暴露了。

1987年4月27日，斯托尔在进行黑客追踪期间，居然收到了一封索要SDLnet项目最新文档的信件。这说明除了赫斯，还有别人闯入了该实验室的计算机系统，并且对虚构的SDLnet项目有兴趣，但这个人始终没有被抓到。

按照1986年每小时300美金的上网费，75美分的差错只对应了9秒的上网时间。就是这9秒的偶然事件，披露了历史上最早的网络间谍案。那么，类似的攻击还发生过多少？识别率有多高？这些全是未知的。可以确定的是，在所有的攻击活动中，最终被发现的永远只是极小的部分。

2. 安全的本质与技术无关

通过对1986年网络攻击事件的分析，我们可以得出以下结论。

第一，网络安全事件无论影响是大还是小、技术是原始还是先进、过程是简单还是复杂、时间是长还是短，也无论攻击对象是谁，其本质都是一个对抗过程。这种对抗具有很强的系统性特点。

第二，成功检测到安全攻击是小概率事件。在历史上，能够被感知、分析、公开、成功防御的网络安全事件，一直以来都是非常少的一部分。安全事件的统计存在"幸存者"偏差，永远只能统计所能看到的，而无法统计看不到的——而看不到的要远远多于看得到的。

安全的本质就是一种系统性的对抗。安全的本质与使用的技术、手段和工具无关，与时长和复杂性无关，也与保护对象和参与主体本身无关。网络安全的本质是对抗，对抗的主体，可能是个人、组织、机器、算法，或者体系、国家；同时，能够被威胁防御技术所感知并且进入威胁对抗过程的攻击活动少之又少，大部分攻击从来没有被发现过。

2.3.4　安全对抗的特点

几乎所有的安全类图书都会对安全问题的特点进行分析和总结：动态性、不对称、非常规、无法度量、难以评估、非常复杂、没有绝对的安全……大家往往是希望通过对客观存在的各种安全问题进行归纳总结，以找到它们的特点，形成通用的安全观点。但是大家分析的对象都是各种安全现象，安全现象无穷无尽、变化无常，并不能揭示安全的本质特点。

从本质上讲，安全是一种对抗，安全对抗体现出系统性的特点。系统性是指，系统的整体功能并非系统内多种技术或多个部件功能的简单堆砌，也不是多个部件功能按照"兵来将挡，水来土掩"的简单逻辑，针对不同问题的自然响应，而是在统一方针指导下，不同部件以特定的方式组织成整体系统，整个系统可以针对特定目标、从多个维度、用多种手段，实现协同工作。

系统不等于部件的叠加，部件更不能等同于系统，如图2-10所示。在安全研究中，切忌只摸到一条大象尾巴，就认为了解了整头大象。

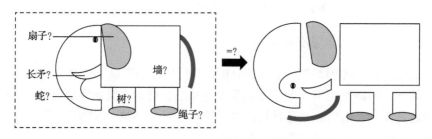

图2-10　安全的系统性与部件的关系

可以将安全对抗的过程设想为一次博弈或者一场比赛。安全对抗具有动态性、场景相关，以及不能通过比较单项能力来衡量整体能力的不可拆分的"系统性"等特点，但是，依然可以对系统整体的安全性进行确定性度量。

1. 动态化过程

对抗是一个时刻在变化的动态化过程。过去安全，不见得现在安全，某一时刻安全，并不等于一直安全。安全对抗不是一项技术或者一个产品特性。在安全对抗中，有加密就有解密，有入侵检测就有攻击逃逸，有人工智能就有基于AI的训练样本攻击，有大数据分析就有恶意样本训练。在安全保障中，保护的对象、某一时刻的目标、对手的行动、环境，都在随时变化。就好像比赛一样，前一秒还是平局，下一秒可能就决出胜负。因此，安全是动态的，没有一劳永逸的安全，也不能指望"银弹"的出现来解决安全问题。安全对抗是动态进行、永无止境的。

2. 场景化应用

安全一定是场景相关的。脱离具体场景来讨论安全，就像脱离了某场比赛，就无法谈论输赢一样。安全对抗的场景，包括被保护对象、目标、对抗的参与方、时间等。比如，根据被保护对象的不同，安全可分为数据安全、系统安全、网络安全等。一个人不可能是所有比赛项目的冠军，同理，也没有绝对的安全能力的强弱。我们只能基于具体的问题和对抗的场景来判断安全对抗结果。

3. 系统性与整体性

安全对抗是个系统性问题，安全能力不由单项安全能力来决定。国内用户习惯于根据安全解决方案中产品的种类和功能来评估整体方案的安全能力，这就和象棋比赛中只看双方棋子数量的多少来判断输赢一样，是不可取的。棋局不是棋子的堆叠，安全系统也不是产品的组合，单项能力的强弱不能反映整体竞争力的强弱，而且也无法通过对静态能力的比较来衡量安全对抗结果。正如奥运会不能通过测量运动员的身高、体重、速度、爆发力、弹跳力等素质指标来评选冠军，系统的安全能力必须通过对抗过程才能得到充分体现。

4. 确定性与可衡量

安全是一种对抗，对抗的结果本身很难预测，表现出很强的不确定性。但是不确定性并不是对抗的特点，在系统化对抗中，胜负结果都是确定性的，从来都不存在纯粹、偶然的胜利。两千多年前，《孙子兵法》就提到："校之以计而索其情……吾以此知胜负矣！""夫未战而庙算胜者，得算多也；未战而庙算不胜者，得算少也。多算胜，少算不胜，而况于无算乎？""胜兵先胜而后求战，败兵先战而后求胜……"在对抗中获胜一定有获胜的理由，决定胜负的因素是可以通过计算量化评估的。《孙子兵法》很强调"庙算"，就是在战前除了要计算看得见的兵力、武器、训练，还要把看不见的天时、地利、人和统统计算进去，这样才能准确预测对抗双方的胜算。同样，如果我们能够把决定安全能力的各种因素都识别出来，进行量化分析，就可以对安全系统的强度和安全对抗结果进行确定性评估了。

在对抗中，虽然单次对抗的结果表现出不确定性，但是在概率上，一定是能力强的一方获胜的概率大。安全对抗结果具有不确定性，主要是因为其不但取决于双方的能力，还与整个对抗过程中双方的状态、时间、空间、场景等条件密切相关。安全对抗结果具有不确定性，还因为场景条件太复杂，很难提前进行准确的衡量，并不能就此认为不确定性是安全对抗的原始属性。所有的对抗结果都是各种因素确定性作用的结果，符合最简单的因果关系，是确定的。如果能把各种场景信息量化并纳入更为完整的评价体系，安全对抗结果就是确定性的。确定性才是安全的基本属性和目标。

2.3.5　安全的第一性原理

安全的本源在于系统中存在偏离设计的不可预期功能，安全的本质是一种系统性的对抗。那么是什么决定了对抗的结果？从哪些维度评价安全竞争力的强弱？如何评价安全技术是否有前途？要回答这些问题，就必须了解安全的第一性原理。它揭示了安全的根本价值，以及安全技术能否成功的秘密。

理解安全的第一性原理的目的，是解决在安全研究中经常出现的"看到了才知道，看不见就想不到"的顽疾，能够在安全研究中回归各种安全技术的原始动机和源头，找到安全的核心诉求，从而更准确地识别安全竞争力，发现新的安全技术。这样才能避免只顺着国外的热点方向思考，只复制已经存在的技术和产品，只知道去实现某种安全功能而不知道背后原因的情况。

1.　第一性原理思维模型

第一性原理是古希腊哲学家亚里士多德提出的一个哲学术语："每个系统中存在一个最基本的命题，它不能被违背或删除。"对安全来说，一定也存在一个不能违背的原理。安全的第一性原理就是能用来解释其他安全概念而无法被其他安全概念所解释的原理。

特斯拉汽车和SpaceX的CEO埃隆·马斯克特别推崇从第一性原理出发的思考方法。他认为："第一性原理把事情升华到最根本的真理，然后从最核心处开始推理……"与第一性原理思维相对应的就是基于经验的比较性思维，即倾向于去做自己或者别人已经做过与正在做的事情，有可能还会做得更好，但不知道为什么要去做这件事，以及除此之外还需要做什么事。以造火车为例，我们通常会这样想：要造火车，先要铺铁路，要有火车头，要造发动机，要获得更强的动力……因为我们是基于火车的定义在思考。但从第一性原理出发，火车首先是交通工具，交通工具的目标是快速地运输，是否有火车头、铁路并不重要。马斯克新定义的真空胶囊火车，没有火车头和发动机，动力来源于管道；为了快速运输，管道要抽真空，速度能达到1200千米/时。对安全产业来说，我们也习惯于因为业界有了某项技术而去研究某项技术，因为出现了某些概念而敏锐地感觉到它的价值。比如，有一个厂商发布了IDS，就有许多厂商开始研究入侵检测；国外发布了"零信任"概念而人人大谈零信任。但是，很少有人能发明入侵检测产品，提炼出零信任概念，以及预测零信任的下一跳技术。

第一性原理思维，则是首先回溯事物的本质和动机，重新思考该做什么、为什么要做、怎么做，它是回归事物本源的创造性思维。

对安全的第一性原理的理解，直接影响了基本的安全观点与安全方法论，也决定了安全竞争力的识别依据，以及安全体系的设计思路。

2. 威胁防御的基础是威胁检测能力

在安全是由威胁驱动的基本观点下，要想防御威胁，就必须要检测威胁。在对应的安全架构下，所有安全产品的竞争力都需要围绕着检测能力来构建。这就可以理解，为什么在威胁防御的思路下，入侵检测、威胁情报、态势感知、大数据等技术如此重要。这是因为所有的防御都是以检测为基础，系统必须不遗余力地构造各种各样的威胁检测能力。

基于威胁防御的理论，同样可以理解为什么纵深防御中的异构思想是必要的。这是因为，防御体系需要通过同时使用多层安全技术，来弥补检测技术天生存在漏报/误报问题的缺陷，提高成功防御威胁的概率。由于多项安全技术中存在"同源漏洞"，为了避免系统被同一种攻击打穿，提出了需要在系统中部署"相同功能、不同体系结构、功能独立实现"的多套安全设备的异构要求。

3. 系统功能和行为确定性才是安全的第一性原理

安全的本质，是攻防双方关于系统功能确定性的对抗。攻击方想方设法破坏系统的确定性，而防守方的目标是对确定性进行保障，使其不被破坏。

通过对安全本源与本质的分析，可知威胁并不是安全问题产生的根本原因，安全问题的本质也不是对抗威胁。检测能力只是威胁防御的基础，而非整个安全领域的第一性原理。在安全保障中，完全可以不通过增强事件检测能力来增强安全保障能力。

如图2-11所示，图中每一个箭头的运动轨迹都代表了系统内发生的事件。在不可信的非确定性环境中，我们能清楚地看到所有的事件，系统内并不存在不可见的隐藏事件，说明事件检测已经实现了100%的准确性。但是，哪些是正常的事件？哪些是攻击行为？又有哪些攻击已经对系统业务造成了影响？我们无法判断。这说明检测能力并不是保障安全的关键。

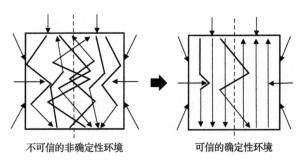

不可信的非确定性环境　　　　可信的确定性环境

图 2-11　从非确定性环境到确定性环境

如果对系统内的行为进行约束，建立一个系统行为的确定性模型，情况就会完全不同。比如我们可以通过规则，定义一个"确定性"的环境：所有箭头的运动轨迹都必须在虚线右侧，并且箭头应与虚线平行向前运动。这样就建立了一个系统内可预期的行为模型。通过将每个事件与业务设计中明确的确定性行为模型比对，哪些事件是合法的，哪些事件是外部攻击，哪些是内部违规，哪些合法业务受到攻击影响，都能够在不增加检测能力的条件下一目了然。通过保障系统内行为的确定性，及时阻止系统中不可预期行为的发生，就可以建立一个确定性的系统环境，并保证系统的功能一直处于确定性的安全状态。

从上例可以看出，威胁以及威胁检测能力并不是保证安全的前提条件，也不是安全保障的关键。只要系统内的所有行为可预期、可验证、与设计相符，系统就处于安全的状态。反之，如果系统中出现了超出设计的不可预期的事件，就说明系统遭到了攻击并且在攻击中受损。

英特尔的密码与信息安全专家大卫·格劳洛克曾经说过，如果你知道自己的计算机中有病毒，而且知道这些病毒会在什么时候发作，了解发作后会产生怎样的后果，同时病毒也确实就是这么运行的，那么就可以认为这台计算机是可信的、安全的。因为它的所有行为都是确定的、可预期的，可以做到不会给业务带来不利影响。

对威胁的检测和防御是保证系统安全的手段而非目标。系统的功能和行为是否具有可预期的确定性，是判断系统是否安全的关键。因此，系统功能和行为的确定性才是安全的第一性原理。

2.3.6　安全的对抗方法论

基于安全的对抗本质，了解安全的第一性原理以及安全对抗的特点后，就可以讨论安全的对抗方法论了。建立方法论的目的，是指导安全竞争力的建设。

与当下很多人的感觉不同，我们的祖先一直认为包括战争在内的对抗都是有方法可循的。在对抗方法论的理解上，中国远远领先于世界。在几千年前，古人就认为对抗结果是可以被计算的。正如前面提到的《孙子兵法》中的"庙算"以及戚继光的"算定战"，正确的安全方法论在构建系统性对抗优势中具有非常重要的作用。

"对抗没有方法，结果不可预测"的认知，其实还是来自于国外——外国人把《孙子兵法》翻译成《战争的艺术》（*The Art of War*）。最初，他们怎么也理解不了战争这种具有高度不确定性的活动为什么会有方法可循。但是，随着对《孙子兵法》理解的深入，他们对对抗的理解在近几十年已经有了重大变化，并且在信息战领域逐步形成了"对抗方法论"。

国内外现有的网络安全理论，基本上都源自美国20世纪90年代信息战中的思想，而美国信息战的理论根源正是中国的《孙子兵法》。美国国防大学信息工程学院院长柯基斯少将在中国人民解放军国防大学演讲时曾明确表示："美国的信息战理论，其基础观点就来自中国的《孙子兵法》。"美国人的成功之处在于，他们不但学习《孙子兵法》中的战略，还据此提出了具体的方法论，并且把方法论应用在战略之下。其中最典型的就是使用OODA循环理论来指导信息对抗。

OODA循环理论的发明人是美国陆军上校约翰·包以德，因而又被称为包以德循环。美国前国防部长拉姆斯菲尔德称约翰·包以德为"自孙子以来最伟大的军事思想家"。包以德提出OODA的初衷，是解释空战胜负的根源，以及找到提高空战战斗力的方法。在20世纪60年代，空战战术就是拼战斗机的速度、拼高度、拼转弯、力争咬尾，世人乐于把空战胜利的原因归功于飞行员的经验和素质。但是约翰·包以德并不人云亦云，他决心用科学的方法来研究空战战术问题。他通过研究分析后发现，人们津津乐道的速度、高度、转弯半径等并不是空战的决定性因素。飞行员对战斗环境的态势感知能力，以及战斗机迅速改变飞行状态的能力，才是空战取胜的关键。为此，他提出了OODA循环理论，提供了一种以"观察—判断—决策—行动"循环来描述冲突的方法。

OODA循环理论的基本观点是：对抗过程可以看成对抗双方的互相较量；谁能更快更好地完成"观察—判断—决策—行动"循环过程，谁就能获胜。对抗双方都从观察开始，基于观察获取相关的外部信息，根据感知到的外部信息，及时做出态势判断和应对决策，并采取相应的行动。作战中获胜的关键，在于努力缩短己方的OODA周期，并尽可能地增加敌方的OODA周期。只要能比敌方更快地完成OODA循环，就能在对抗中获胜。

包以德还分析了朝鲜战争中苏联的米格-15与美国的F-86殊死搏杀的例子。米格-15在机动性、武器平台、火力上均优于F-86，但F-86具有更广阔的视野、更准确的判断、更迅速的决策和更敏捷的行动，因而在作战时也就具有更大的优势。

OODA循环理论深刻影响了美国空军。美国的空战模式逐步从以战斗机为中心的空战编队变成以预警机为核心的空战体系。相比战斗机的火力和机动性，新的空战体系更加关注系统化的侦察和电子干扰能力。一言以蔽之，OODA的核心思想就是美军常说的"发现即摧毁"。

后来，包以德把OODA循环理论阐发为一种通用的对抗方法论，现在已经广泛应用在武器开发、武装冲突、商业竞争、信息对抗等领域。美国前国防部长科恩说过，以往的战争是大吃小，现在是快吃慢。"基于OODA以快打慢"成为信息时代重要的制胜机制，也是信息化时代概念创新的支撑思想。基于OODA循环方法论，美军还提出了"从数据到决策"的自动化模型，同样是为了准确发现作战关键、缩短决策周期、选择最佳行动方案。

在本书中，我们也将使用OODA循环方法论，作为构造安全体系结构系统化竞争力的指导方法，并以OODA的原则来组织和识别各项安全能力。

2.3.7　对安全概念的再定义

通过对各种安全现象的抽象，可知安全的本质是一个对抗过程，安全的第一性原理是确定性原理。安全本身，就是在业务系统内外存在各种不确定因素的情况下，设法在业务系统生命周期内，保障合法功能确定性的动态化过程（如图2-12所示）。

从安全问题本质和安全的第一性原理出发，可以重新定义安全、攻击威胁、安全系统、安全悖论等各种安全概念，从而为建立正确的安全体系准备理论基础。

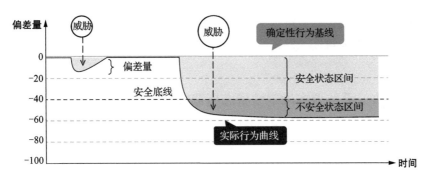

图 2-12　系统安全状态示意

1. 安全：系统功能与设计相符，可预期、可验证的确定性状态

安全是系统的一种状态属性而非具体的实体与功能。从安全的根源和本质可知，安全事件和正常功能一样，都是系统所呈现的功能，两者的区别只在于这些功能是否与系统原有设计相符、可预期。凡是超出设计、不可预期的功能就是安全攻击事件；如果系统功能始终与设计相符及可预期，并且这种预期可以得到验证，那么这些功能就是合法的系统功能，此时系统也是确定性地处于安全状态。

从安全本质角度对安全进行定义，即系统正处于功能与设计相符，可预期、可验证的确定性状态。如果系统处于这种确定性状态，系统就是安全的。反之，如果系统不能保证这种确定性状态，产生了不可预期的行为，系统就是不安全的。

2. 威胁：破坏确定性状态，引入不确定的因素（攻击/漏洞）

威胁是能够触发系统内存在的安全问题，从而让系统产生与设计不相符、不可预期行为的因素。威胁包括外来的攻击以及内部的各种安全脆弱性漏洞。

威胁是触发安全问题、破坏系统功能的确定性、造成系统行为不确定的条件与因素，而非产生安全问题的根因。清除各种安全威胁，并不是安全保障的目标，也无法彻底解决安全问题。

3. 不安全：功能与设计产生偏差，确定性状态被破坏

不安全是威胁成功触发了系统内的安全问题后，系统呈现的异常状态。不安全的表现会因为系统功能和攻击对象的不同而不同。但所有的不安全，一定都会表现出与设计不相符、不可预期的状态。例如，原本只允许用户本人查看的数据变成人人可读，发送给特定用户的信息被破坏，原本正常的数据传输中断……

4. 损失：系统偏离确定性状态所造成的业务损失

损失就是系统原有的确定性状态被破坏后，其所表现出的功能行为与系统确定性行为基线之间的偏差。损失也指计算系统遭到攻击之后，系统所承载的业务受到的影响。安全保障系统的最终目标，就是要尽量避免或者降低系统的损失。

5. 可信：系统可以被信任

系统可以被信任的表现，指系统不会出现与设计不相符的行为。

6. 安全攻防：围绕系统功能确定性状态的对抗过程

安全攻防是围绕系统确定性状态的对抗过程。攻击方的目标是破坏系统功能确定性状态，让系统出现不可预期的行为。防守方则是要设法在外部攻击条件下保证系统功能的确定性状态，让系统的行为始终处于设计范围内，与预期相符。

7. 安全攻击 : 试图破坏系统确定性状态的过程

安全攻击活动是以让系统产生损失为目标的过程。安全攻击活动也是对系统功能的使用,单纯从行为本身来看,攻击活动与正常的系统使用并没有本质的区别。例如,一辆汽车以100千米/时的速度靠右直线行驶,这一行为本身是正常的,但如果这辆车是在人行道上行驶,就能判定此行为一定是非法的。

安全攻击活动中可能使用各种各样的手段,攻击方用于攻击活动的所有成本就是攻击成本。

8. 安全保障 : 维护系统处于确定性状态的过程

安全保障活动是以确保系统处于确定性状态为目标的过程,即在系统生命周期内,始终保证系统的功能与设计相符、可预期、可验证,保证系统不会出现不可预期行为的全过程。

由于威胁不是产生安全问题的根本原因,因此安全保障并不等于威胁防御。以威胁防御来对抗并消除威胁,是实现安全保障的一种手段,而非全部。用于安全保障的所有成本就是安全成本。

9. 安全体系 : 能够保障系统持续处于确定性状态的多技术体系

确定性安全体系是以保障系统功能确定性为目标,支撑安全保障全过程的体系。安全体系需要覆盖安全保障全流程,并从多个维度保障系统功能的确定性,包括:通过威胁防御消减由威胁所造成的破坏系统功能确定性的各种因素;通过降低系统的复杂性,提升系统自身的安全机制,更严格地定义与保证系统有限功能的确定性状态;通过系统全生命周期的动态运维过程,及时发现并纠正系统功能偏离确定性状态的情况,实现对系统功能确定性状态的动态保障。

10. 安全能力 : 保障系统确定性的各种单项能力

安全能力是包含在安全体系内、以保障系统功能确定性为目标的所有能力。安全能力不局限于攻防能力,也不局限于传统的安全技术能力,只要是对保障系统功能确定性有帮助的一切功能和技术手段,都属于安全能力的范畴。安全能力包括安全体系内的所有技术、产品、流程、服务。

11. 安全悖论：引入的不确定性超过可保障的确定性

如果以安全为目标而引入的安全能力对系统功能的确定性保障带来了不利影响，就会形成安全悖论，比如，因为部署了安全产品和技术而引入了新的安全漏洞，因为运维人员的配置错误而引发了安全损失等。

在系统中新增任何安全能力和部件，都会在增加对系统功能的确定性保障能力的同时，向系统中引入潜在的造成系统不确定性的因素。如果引入的不确定性风险大于其确定性保障的价值，就会产生安全悖论。

12. 安全危机：系统确定性无法识别、定义、描述，无法得到保障

保证安全的前提，是能够识别与定义系统的确定性状态，即能够对系统设计中的所有的合法功能进行识别、定义、描述。如果对系统功能不了解，无法对系统的功能状态进行确定性的定义与描述，就不具备对系统进行可靠安全保障的基础。

在当前攻击驱动的以威胁防御为中心的安全保障体系下，缺乏对系统功能确定性的识别、定义与描述，所有安全技术针对的都是无穷无尽的安全问题现象而非产生现象的原因，因此从原理上就无法彻底解决安全问题，安全困境必然存在。

2.3.8 安全性的评价公式

对系统安全性的评价，只有同时从功能和成本两个角度来讨论，才有实际意义。

当前安全界有一种观点，就是系统的安全性很难通过指标来客观描述，更多的时候，安全与否只是一种感觉；安全效果更是难以量化评估，只能尽力而为。长期以来，很多人都把威胁防御作为安全目标，把攻击威胁当作安全的根源，一直试图从威胁强度与对应威胁的防御效果角度来定义系统的安全性。但是谁也无法回答：检测到100万次攻击的系统，与只检测到100次攻击的系统相比，哪一个更安全？当前系统面临的所有威胁都有哪些？何时、何处会发生何种威胁？能否可靠检测并进行防御？这些问题全都是不确定的和无法量化的，自然就无法用来描述和量化评估系统的安全性。因为威胁驱动不是安全的第一性原理，自然无法从威胁的角度来评价一个系统的安全性。

要想对安全性进行准确的描述，还是要回归安全的本源以及安全的第一性原理。

1.　用系统功能设计指标来定义系统的安全性

如果从安全的第一性原理出发，可知系统安全性就是系统功能的确定性状态，而系统功能的确定性，是指系统的行为与设计相符，可预期、可验证。那么，只要系统设计的原始合法功能可以被识别与描述，系统的安全性要求就可以通过确定性的指标参数来描述。

当前的业务系统在建设中都有体系结构与设计，因此通过业务属性来描述系统功能的确定性，进而用来描述与定义系统的安全性，是完全可行的。

以一个提供网络服务的系统为例。在设计中，此系统允许用户集合A通过网络协议栈B获得系统提供的服务C，基于安全访问控制模型D访问数据内容E。具体设计要求如下。

- 功能要求：限定只向用户集合A，经由协议栈B，提供服务C。
- 性能要求：每秒可以处理1000个并发连接，时延100 ms以内，总带宽为1 Gbit/s。
- 安全要求：需要保证内容E在访问中的机密性、完整性、可用性，只允许用户访问自己的数据而不允许对其他数据进行访问，需要在系统内建立安全参考监视器机制，保证用户只能通过安全访问控制模型D的对应策略才能访问内容E。

基于上述功能设计，根据用户集合A的认证鉴权属性参数，协议栈B的状态机参数，服务C的行为模型参数，网络服务的并发连接数、时延抖动、带宽等性能参数，数据内容E的分级分类安全治理结果所明确的重要性等级参数、数据规模参数，以及对应安全访问控制模型策略中的各类安全参数，就可以建立该网络系统的确定性行为模型了。然后根据系统设计要求，对其中的各项参数指标排定安全优先级，识别其中必须确保的项目和参数，以及各参数可接受的区间，就形成了判定系统安全性是否受损的安全确定性行为基线，从而实现对系统安全性的形式化描述以及安全量化评估。

只要系统的行为符合确定性行为基线的要求，各项指标处于可接受的范围内，就认为系统是安全的。如果系统的行为超出了确定性行为基线可接受的区间，那么就可以认为系统在攻击中受损，如图2-13所示。例如，假设在其他各项指标都正常的条件下，并发连接数为800~1200，时延抖动为

100～200 ms都不会对业务产生影响，那么基于对应的指标可建立并发连
接和时延抖动的确定性行为基线。如果此时系统遭受了DDoS攻击A，随后
系统的并发连接数降低到设计性能的10%，时延抖动增加了10倍，就说明
系统在DDoS攻击A下产生了与设计不符的行为，系统的安全性已经在攻击
中受损了，必须设法对系统的安全性进行修复。系统实际功能与确定性行
为基线之间的偏差越大、处于这种偏差状态的时间越长，则系统业务遭受
的损失越大，累计付出的损失就越大。如果系统在DDoS攻击A下，能够保
证所有参数都符合确定性行为基线的要求，则表明该系统在遭受DDoS攻击
A时能够保证安全。系统在攻击中实际表现出的系统功能与确定性行为基线
之间的偏差程度，以及出现偏差的时间长度，可以用来衡量系统在攻击下
的安全性强度。

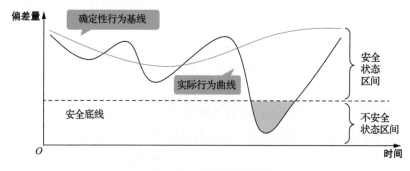

图 2-13　确定性行为基线

　　通过上例，我们可以理解，在以保障系统功能确定性为目标的安全理念
下，是可以使用系统功能参数来描述系统的安全性的。而且，通过系统在不同
强度的威胁条件下对确定性行为基线的保障能力，可以量化评估系统的安全保
障能力的强弱。

2.　使用安全评价公式来表示系统安全性

　　在第1章，我们提到，系统的安全强度可以由其能应对的安全威胁等级来衡
量。如果系统在越高等级的威胁下，在越长的时间范围内，依然可以保证系统
行为与设计相符的功能确定性，那么就表明该系统的安全强度越高。所谓高安
全性，是指系统行为与确定性行为基线之间没有偏差，或者偏差程度足够小，
偏差时间足够短。偏差程度越小、偏差时间越短，代表安全性越高。高安全强

度则是指系统能够在更高等级的威胁下，同样保证高安全性。

本书认为，无法用安全威胁可造成的损失和破坏程度来衡量该威胁的强度和风险等级。因为威胁造成的损失不只与威胁相关，更与威胁攻击的系统以及具体场景有关。对一个系统来说，高强度的威胁可能造成严重破坏，也可能只造成轻微的破坏；而低强度的威胁也有可能造成严重的破坏效果。安全威胁本身的强度与它能对系统造成的损失和破坏程度之间并没有必然联系。威胁破坏程度与其说是威胁的属性，不如说是系统自身的属性。例如，同样是WannaCry勒索软件，对一些用户来说，可能只会造成系统重启的麻烦，对某个企业来说，则可能会造成十几亿的经济损失，而在另一些场景下（如医院），甚至会危害他人生命安全。

威胁破坏程度不适合用来描述安全威胁本身的强度，而是应该用来描述特定威胁对特定系统造成的影响。决定威胁破坏程度的并不只是安全威胁，更关乎系统本身。

目前业界的共识是，唯一能用来衡量威胁强度的指标，就是威胁所消耗的成本。威胁的技术水平、漏洞的稀缺性与价值、攻击活动的复杂程度、攻击策略的精巧性、攻击者的技能水平、攻击者的工作量，以及攻击过程中被调用的一切资源，包括工具、人、流程、政策与法律后果等，最终都会转化成攻击成本开销。

例如，业界认为伊朗在"震网"攻击中所遭受的"震网病毒"、针对物理隔离环境开发的"袋鼠攻击"、"永恒之蓝"等，都是成本在千万美元级别的最高强度安全威胁。以"震网病毒"为例，业界通过对攻击代码的分析，认为即使不考虑攻击程序利用的0Day漏洞在黑市上的价值，光是"震网病毒"本身的代码与设计精巧程度，就需要耗费专业开发机构数千人月的工作量。因此，基于"震网病毒"发动"震网"攻击的整体成本，远在几千万美元以上。"袋鼠攻击""永恒之蓝"也一样，黑市上对应武器库的报价就已经达到几百万美元了。而在2001年、2003年先后出现的"红色代码"和"冲击波"等病毒，虽然与2017年的WannaCry一样都造成了全球性的攻击扩散和重大的安全损失，但安全厂商普遍认为这两个病毒攻击的成本大概在几千美元级别，因为攻击工具的技术成本和发动攻击所消耗的成本估算在几百、几千美元级别。

攻击成本能够直观地表示威胁强度，但安全成本却只能反映安全保障一方对安全保障工作所做的努力和重视程度，而无法用来直观体现系统的安全强度。简单地说，某个用户耗费几百万美元保障的信息系统，不见得比只花几百美元来加固的系统具备更高的"安全强度"。因为攻击效果和安全保障的效果，最终都是由系统自身情况决定的。例如，在WannaCry攻击下，耗费几百万美元保护的大型工业互联网生产系统，要比一台打了免费补丁的笔记本电脑面临更大的风险。

同样的道理，造成系统安全攻防成本不对称现象的原因，并不在于攻击或者安全技术本身，而在于系统自身不断增强的不确定性风险——系统熵值（即系统功能不确定熵值，用于衡量系统内功能不确定性的程度）的增加（即系统熵增）。

通过对"安全本源"问题的讨论，我们理解安全问题的根源在于系统熵增。在这种情况下，系统中会出现哪些意外逻辑和触发条件，在设计阶段是不明确的，因此要想保证系统内不出现背离设计、不可预期的行为极为困难。当前，随着系统越来越复杂，系统内包含违背设计初衷"非法"功能的不确定性风险会越来越高，而系统功能的确定性则会越来越差。想对一个高熵值的复杂系统进行高强度的安全防护，要远比保障一个功能简单、低熵值的系统难得多。

通过表示威胁强度的攻击成本，表示安全努力程度的安全成本，以及衡量系统本身功能不确定性程度的系统熵值这三个参数，可以直观地通过下列经验公式来描述系统在特定威胁下可提供的安全强度：

$$\text{系统安全强度} = \frac{\text{安全成本}}{\text{系统熵值}} : (\text{攻击成本} \times \text{系统熵值})$$

根据上述系统安全评价公式，安全强度是一个比值，如果比值大于1，则表明系统有能力保障自身处于安全状态；安全强度值越小，表明系统的安全强度越差。如果安全强度为0.9，我们可以认为系统此时的安全强度90%达到基线要求，要比安全强度为0.5的时候安全。

系统熵值表征在系统中存在潜在的不可预期功能的概率大小。如果此值为0，说明系统中不存在与设计不符的逻辑功能和触发条件，就表明这个系统是没有安全缺陷的，可以完全按照设计要求运行，在所有条件下都不会产生任何偏离设计的不可预期行为。系统熵值为0描述的是理想的、系统功能实现绝对可信的情况。通过系统安全评价公式可知，系统熵值越接近于0，系统安全强度就越接近于无穷大。也就是说，无论攻击威胁强度有多高，系统都可以保持在绝对安全的状态。

系统熵值与系统自身的结构和实现有关。影响系统熵值的因素，包括系统的规模、复杂性、实现技术、开发者技能等。显而易见，规模大、功能多、结构复杂的系统，一定比小规模、单一功能的简单系统的熵值大。

通过安全评价公式也可以很好地解释为什么当前安全攻防成本不对称现象如此严重。这是因为在当前信息系统越来越大、越来越复杂的情况下，系统熵值只会越来越大而不会越来越小。在安全评价公式中，系统安全强度和系统熵值的平方成反比，系统熵值越大，对系统提供安全保障的难度和成本自然越来越高，系统安全保障中的攻防成本不对称现象就会越来越严重。

|2.4　重新认识安全现象|

基于安全的理论体系，可以从概念上对当前存在的安全现象进行解释，并从根源上理解造成各种安全问题的原因。

通过对安全概念的分析，我们可以知道威胁不是安全问题的根因，对抗威胁也不是安全的目标，产生安全问题的根因存在于系统内部。基于威胁防御思路，安全攻防专家虽然可以有效缓解安全问题，但是永远无法根除安全问题。如果想彻底解决安全问题，必须从安全的第一性原理和OODA对抗方法论出发，在系统架构师设计业务系统之初就进行对应的安全设计，伴随系统建设同步建立与安全目标相匹配的韧性体系，只有这样，才能保证业务系统具备与设计相符的风险承受能力。

2.4.1　威胁防御是"永动机"

基于安全的确定性原理以及安全的本源，可以明确地解释，为什么在威胁防御思路下没有绝对的安全。因为从威胁防御的角度，保证系统安全行为的确定性是不可能完成的任务。

要想证明一种思路或者理论是否可行，无法通过实践经验和案例，只能通过形而上的理论分析，通过第一性原理来推导证明。如果从安全的第一性原理（即系统功能和行为的确定性）的理论观点出发，就不难发现，遵循以威胁为中心的安全思想，必定会导致威胁经常防不住的结果，想靠威胁防御来保证系统安全，就好比试图制造"永动机"。原因如下。

首先，威胁防御思路存在原则性的错误。威胁是破坏业务确定性的手段而非根源，安全威胁从种类和数量上看都是无穷无尽、无法穷举的，安全威胁组成了一个无穷大的发散的集合。根据安全的木桶原理，从理论上讲，必须要消除系统面临的所有威胁才能保证系统处于安全状态。然而，以有限的安全成本来对抗无穷的安全威胁是不可能成功的，因此通过威胁防御来保证系统安全，从理论上讲就不可能（如图2-14所示）。

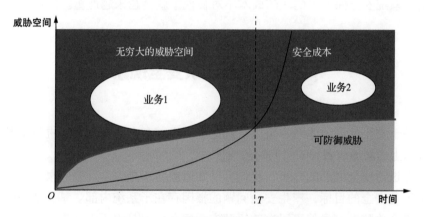

图 2-14 有限的安全成本与无穷多的威胁

其次，威胁驱动的防御，一定存在防御滞后于威胁、防御只能尽力而为、防御成本远大于攻击成本等固有问题。无论增加多少安全投资，新开发多少安全技术，这些问题在威胁防御体系内都是解决不了的。威胁驱动的安全可能在过去十年较为有效，但继续按照威胁防御思想指导网络安全建设，网络安全必然被导向威胁防不住的结果。原因就是：该思路未针对安全问题的本质，只是针对威胁现象，因此只能消减安全现象而不可能从根本上解决安全问题；试图用有限的安全资源去对抗无穷无尽的威胁，显然不可能成功；安全的本源在于系统中存在偏离设计的不可预期功能，威胁驱动的安全思路针对的是各种可以被感知到的可能的威胁手段，而无法有效感知业务当前的确定性状态。

因此，想通过成功的威胁防御来保证系统安全，就好比试图制造"永动机"，从安全的原理上讲，就不可能实现。

2.4.2　安全保障的关键

安全保障的关键，不是对抗威胁，而是设法降低业务系统设计当中的不确定性。这也可以推导出，为什么信息系统关键部件的"自主可控、内生可信"才是最为有效的安全保障手段，而非"防御技术"。

通过对安全的本源以及对安全第一性原理的理解可知，保障安全的关键，并不在于威胁防御以及安全技术，而在于业务系统本身的架构设计与实现，包括：业务系统自身的复杂性降低、功能模型的形式化描述，以及在系统实现中的功能确定性保障。简言之，保障系统安全性的关键，不在于对抗威胁，而在于保障系统功能的确定性。

通过系统安全评价公式，可以直观地理解：决定能否保障系统安全性的前提，是能否对系统设计中合法功能进行准确识别、形式化描述、确定性定义，以及能否提供对应的保障技术措施；而能否用更低的安全成本提供更高安全强度的关键，则是由业务系统自身的规模和复杂性，以及系统设计中合法功能的数量、种类与复杂性决定的。

降低业务系统中的"不确定熵值"，是最有效的降低安全成本、提升安全强度的办法。在系统完成建设后，使用安全技术是无法实现这一点的，必须在系统建设前的规划与设计阶段就考虑这个问题，例如，避免进行大规模、复杂功能的异构系统的设计与建设，设法把大规模的复杂系统转换为多个小规模、单一功能、同质、同构系统的互连。因为在总规模相同的情况下，对多个单一功能、同质、同构系统的水平扩展，要比对一个异质、异构复杂多功能系统的垂直扩展容易得多，由此带来的功能不确定熵值也要低很多。

综上所述，提高系统安全保障强度和安全投资效率的关键，并不在于攻防技术上的创新，而是要设法在系统设计阶段有效降低系统功能的"不确定熵值"，提高业务系统自身的确定性保障设计水平。

2.4.3　国内安全落后在何处

当前国内在安全领域的落后，并非因为缺乏对单项技术的研究，而在于安全方法论和体系结构上的缺失。国内一直把威胁驱动的威胁防御理论作为安全的指导思想，把"只有看到威胁，才能防御威胁"作为金科玉律，以纵深防御体系作为安全的唯一体系结构。这些安全基本理念把国内的安全研究导向"威胁经常防不住、安全性必然无法评估、有效性自然难以保证"的困境。

国内安全研究与国外相比，在安全基础理念上存在着代差，也存在不正确的理解。体系结构的设计与对应的指导理论和关键支撑性技术，存在着系统性的缺失，最终造成了国内安全的困境，具体表现如下。第一，国内头部安全企业的安全研究始终没有形成科学的理论体系，安全长期停留在攻防经验积累阶段。第二，由于缺乏理论指导，没能理解安全的发展规律和本质，没有形成安全体系结构，只能追随国外对新技术的研究，始终"知其然，不知其所以然"。第三，由于没有清晰的理论指导，无法对安全根技术和关键技术进行布局，一直没有形成独立自主的安全技术体系和商业生态。这种现象不光存在于安全技术领域，在更为基础的信息系统建设中，同样缺乏对相应理论、架构、设计方法的研究，缺少对合法功能的形式化描述思路，缺失对确定性功能的可信实现与验证能力。这使得安全体系结构的设计最终缺少了基础与前提条件。

信息与安全技术的后来者要想赶超先进国家的水平，不虚心向别人学习、不使用国外的技术和经验是不可能的；但是如果不进行体系上的思考，形成观念、路线和生态依赖之后，就会带来灾难。当前，我们在信息与安全技术领域，长期存在对"安全不可信，功能确定性无法评估"的国外路线与商用技术产品的依赖。这就好比房屋设计中若存在原生的框架层面的缺陷，后期无论怎么装修都难以弥补。不从根本上扭转这种局面，国内的安全困境就很难打破。

虽然从基础开始扭转整个安全局面是非常困难的，但也并非不可能。只要能从安全的本源和第一性原理出发，客观认识安全问题产生的根源，建立正确的安全理论和自主设计的安全体系结构，总有一天能够掌握所有安全根技术，从而有能力从系统的"基因"层面开始，找到彻底解决安全问题的办法。

2.4.4 确定性保障是出路

通过前面的讨论可知，继续沿着威胁防御的思路发展安全技术是没有出路的，要想树立彻底解决安全问题的正确理念，必须回归安全的本源与安全的第一性原理。由于安全的本源是系统中存在偏离设计的不可预期功能，安全的第一性原理是系统功能和行为的确定性，因此正确的安全理念应该是从针对威胁的防御转向面向系统业务功能的确定性保障。

安全基本理念转向对系统业务功能的确定性保障，并不是说威胁防御技术就是错误的或者没有价值的，而是说只靠威胁防御来保障系统安全是一定无法成功的。威胁防御技术虽然不是安全保障技术的全部，但依然是安全保障体系中的一个重要维度。威胁防御技术的价值在于消减威胁对系统功能确定性的不利影响。

从理论上推导，确定性保障理念可以解决威胁防御理念中固有的几个问题。

安全成本。 威胁防御思路是对无穷无尽的攻击威胁进行防御，消耗的成本是无限的。确定性保障理念是为系统业务合法功能提供保障。系统的功能是有限的，故对应的行为和状态一定是有限集合。按照确定性保障思路，只需要使用有限的安全资源对这个有限集合进行保护，消耗的成本一定也是有限的。

滞后性问题。 威胁防御理念中必定存在防御滞后于攻击的问题，而确定性保障理念并不是由攻击驱动的，而是由业务功能驱动的。只要能定义功能，就能建立安全保障体系，无论攻击威胁是否产生，安全机制都已经存在。

确定性结果。 威胁防御理念下的安全保障是尽力而为的，产生了多大防护效果难以评估。根据确定性保障理念，可以基于各种技术参数对系统中符合设计要求的合法功能进行描述，并获得代表系统安全状态的确定性行为基线。如果系统行为与基线相符，则可确定系统处于安全状态。如果系统行为与基线产生偏差，也可通过各项参数偏差的程度和偏差时间，来量化评估系统安全性受损的程度，并且可以量化比较不同条件下的系统安全性。

多维度构造系统化竞争力。 威胁防御理念是对威胁"一维线性"的追赶。根据确定性保障理念，可以通过除了防御维度之外的其他维度来保障安全性。使用多个维度的安全功能，则可具备构造系统化竞争力的条件。

2.4.5　木桶原理与OODA循环

木桶原理和OODA循环都可以用来解释安全现象的理论。两种方法从不同的视角分析安全问题，提供了不同的思路，有各自的适用场景，并没有谁对谁错之说。具体来说，木桶原理是从"同一维度、多种技术"的角度来解释安全技术的相互作用，OODA循环则是从"多个维度、动态化过程"的角度提供了系统性解决问题的思路。从安全上来讲，木桶原理是从如何有效对抗威胁这个维度来考虑有效构造竞争力；而OODA循环则适合在安全对抗的全过程中，通过多个维度的安全手段建立系统化竞争力。

为了便于大家理解木桶原理和OODA循环的特点，我们就拿坦克设计来打个比方。坦克的战斗力由三部分组成，分别是火力、防御力、机动性。经过长期实践，大家发现，并不是某一项能力越突出，坦克功能就越强。成功的坦克，上述三项能力最均衡，在任一方面都没有明显的短板。比如，第二次世界大战中，苏联的T-34就被公认比德国的虎式坦克更成功。原因在于，T-34各种能力比较均衡，没有明显的缺点。这个案例证明了木桶原理的价值。坦克的战斗力好比是个木桶，火力、防御力、机动性好比是构成木桶的木板。形成战斗力的关键不是桶最长的某一块板，而是整个木桶不能有明显的短板。木桶原理的最大价值是识别竞争力短板，补短板比获得单一长板更有效。

OODA循环理论是20世纪60年代才出现的，但是其思路早已被应用到实战中。同样是在第二次世界大战期间，德国对坦克的火力、防御力、机动性等功能特性的识别与建设就采用了类似OODA循环的思路。OODA循环理论最关注的不是当前坦克有多少种能力可用，而是先分析坦克在战斗中制胜的关键因素，得出结论，火力、防御力、机动性都只是坦克的功能，而非战斗胜利的原因。在战斗中制胜的关键，是看谁能更快发现和摧毁对方，同时不让对方发现和摧毁自己。据此分析坦克的能力，显然火力是必需的，是摧毁对手的关键。再考虑防御力和机动性，虽然两者都能阻止对手摧毁自己，但机动性还能帮助自己发现对手以及避免对手发现自己，因此机动性相对防御力更有效。通过OODA循环还可以发现，增强对对手的观察、搜索能力比其他因素更为关键。

事实上，德国正是根据这种思路，率先在3号坦克上（当时3号坦克在成员分工和通信协作中处于领先地位）装备了喉头通话器，舍弃了装甲防护而加强了火力和机动性，发明了突击炮/坦克歼击车这种新装备。如果根据木桶原理的经验，在防御力上，突击炮相对坦克存在明显的短板，肯定会打不过坦克。但是在实战中，突击炮总能先于坦克开火并且总能让坦克打不到它。结果是，在第二次世界大战期间生产的突击炮成为名副其实的坦克杀手。

OODA循环理论与木桶原理不同，其重点不是找到系统内的长板或短板技术，而是先找到决定对抗输赢的根本原因，再从根本原因出发，确定所需的能力建设维度以及具体能力。依然以坦克歼击车为例，第二次世界大战中的坦克歼击车都在争相装备更好的瞄准镜与射程更远的大炮，而如今的坦克歼击车则装备了雷达和导弹，原因是火力、机动性不是战胜敌人的根本原因，更早、更快地"发现—摧毁"对手才是制胜的原因。现代化的导弹坦克歼击车用雷达代替望远镜，用导弹代替火炮，显然可以更好地在对抗中获胜。

根据木桶原理与OODA循环，功能部件都相同，但是使用的思路和系统建设的思路有着根本的不同。木桶原理是一维线性的思维，类似于"有矛就有盾"的直接对抗思路，炮弹来了用装甲挡，对付更大的炮就需要用更厚的装甲。OODA循环则是多维系统化的思路，同样是防炮，除了装甲，可以利用机动性逃跑，还可以先敌开火，在对方开炮前先把它打掉。

不同的安全理念决定了不同的安全方法论和安全架构。根据威胁防御理念，由于是在相同维度下进行竞争力比较，对应的方法论就是木桶原理。根据以业务为中心的系统功能确定性保障理念，如果希望从多个维度来构造系统化竞争力，对应的方法论就是OODA循环理论。

2.4.6　识别安全战略性技术

要想客观、科学地识别安全战略性技术，必须以正确的安全理念、方法论，以及相应的安全体系作为依据。只凭感觉和经验识别出来的安全技术，很可能并非安全战略性技术，而只是吸引眼球的热点技术。

对于安全战略性技术是什么，观点众多，比如漏洞挖掘、威胁检测、威胁情报、安全运营、攻击模拟与靶场、区块链、内生安全、态势感知、量子加密、人工智能、可信计算、身份认证、零信任、拟态防御、白名单、数据安全、大数据安全……有一些已经写到了国家层面的指导性文件中。

要客观地选择战略性技术，就要从安全理论出发，只有符合安全的第一性原理，针对安全问题本源而非现象，对彻底解决安全问题有帮助的技术，才是符合安全技术发展规律的战略性技术。根据这个标准，下列技术符合安全技术发展趋势。

1. 有助于降低业务系统熵值的系统架构设计，以及可信技术

通过系统安全评价公式可知，降低系统熵值对提升系统安全强度、降低安全成本的效果最明显。此类技术包括业务系统架构设计和对应的安全技术。

业务系统架构设计，即把复杂功能的综合性业务系统设法转变成由多个单一功能子系统构成的大型系统，可以显著降低系统的复杂性与系统熵值。

对应的安全技术，包括可信计算技术、可信身份管理、零信任行为可信验证、IPv6等可信网络技术、系统功能的可信开发与测试技术，以及能够对系统功能进行建模、得以形成正常的确定性行为基线的白名单技术等。

2. 不存在现有防御技术固有缺陷的安全技术

不以威胁检测为基础的非特异性技术，不存在现有防御技术的固有缺陷，同时能够降低安全防御的成本，是有前途的技术。这种技术包括基于业务行为白名单的异常检测、启发式诱捕、MTD、拟态等。

3. 有助于打破木桶原理限制，构造系统化竞争力的流程性技术

这种技术包括系统化安全体系设计方法本身，以及对应的组织、协同技术，如攻击面收口管理、系统策略自动管理、自动化威胁判定、SOAR（Security Orchestration，Automation and Response，安全编排、自动化与响应）、自动化攻击模拟等。

2.4.7　在极限打击下确保安全

所谓极限打击，从攻防角度看，就是资源充足、水平高超的各种攻击活动。极限打击通常不限于网络攻击一种手段。

下面介绍几种业界曾经出现过的极限打击。

国家级网络攻击。此类攻击由国家机构合法地发动，攻击者往往拥有超过被攻击者的资源和技术能力，而且不受法律和商业规则的限制。但此类攻击还属于常规的网络安全的范畴。

供应链攻击。此类攻击不需要直接攻击目标，而是攻击目标所依赖的关键技术部件或者其他基础设施，故无法通过常规的网络安全防护技术进行检测和防御。供应链攻击的例子包括各种商业信息化基础装备中的预置后门，利用DNS根域名管理权限控制对互联网的接入，利用核心路由策略的维护权限重定向国际网络通信等。

"实体清单"。阻止目标通过外部生态获得关键部件，从而使目标无法正常开展业务。

无论是什么类型的极限打击，攻击者都会拥有远超过对手威胁防御能力的攻击强度。因此从威胁防御角度来讲，任何系统在极限打击下都是不可能防得住的。

从面向业务功能的确定性保障角度来看，虽然系统无法防御极限打击，但可以保证系统核心业务功能的确定性。也就是说，即使系统被攻破，也可以避免攻击对业务功能造成破坏性影响。

通过系统安全评价公式可知，如果被保护系统的系统熵值足够小，系统可能出现的不可预期状态足够少，系统就可以使用较低的安全成本来对抗高强度的极限打击。

举个例子，我们一定会担心联网的计算机被入侵，但是我们从不担心组网的集线器会被攻击，无论这个集线器的型号有多老、多久没有升级。这是因为集线器是个非智能部件，功能极为简单，系统熵值几乎为0，无论多高强度的攻击对它都无可奈何。

因此，对抗极限打击不能只靠安全防御技术，更需要在系统设计、建设阶段就考虑把内生可信搞好，在系统设计中尽量降低系统熵值，才可以在安全保障中以更低的成本获得更高的安全强度。

虽然攻击者的资源和能力会优于防御者，但从建设安全体系的角度出发，如能设法通过多个维度构造系统化优势，避免只从一个维度进行线性对抗，就可以在安全保障中实现1+1>2的效果，从而提升安全防御能力。

2.5 安全理论的发展历史

本节将介绍和分析美国、欧洲的国际安全理论与方法论的发展历史。

2.5.1 发展路径回顾

如果用一句话总结近40年来安全理论的发展规律，就是"螺旋上升，逐步完善"。

近40年来国外安全技术发展的重点虽然在不断变化，但是安全的目标、安全技术演进的基本思路和驱动力却从没改变过。国际安全理论的发展整体上是脉络清晰、有条不紊的。在不同阶段，预计会遇到什么问题，重点要解决什么矛盾，都是有规划的。到目前为止，还没有出现过新的安全技术和理念颠覆了现有的理论发展轨迹的情况。有的时候，国内大多数人认为是颠覆性的技术思路，翻翻历史文档，发现十年前可能就已经在规划中出现了，并且连未来十年是什么样也大致已经计划好了。有国内研究者惊呼又出现了什么颠覆性架构，只是因为其从业时间太短，没有系统地了解安全演进的历史与趋势。

伴随着通信技术、计算机技术、信息化技术的发展，国外科学家从来没有忽视过对安全理论与体系的研究。比如，在无线通信时代香农提出的加密理论，计算机的发明冯·诺依曼于1949年在论文中定义的"自我复制自动机"（计算机病毒）等，在当时很超前，几十年来也没感觉过时。原因就在于，当时提出的这些观点，针对的并不是当时存在的几个问题本身，而是这些问题背后的根源。具体问题很容易过时，但是只要造成问题的根源没有变化，理论观点就不会过时。

根据一定时期内主要矛盾的不同，国际上主要的信息安全理论的发展大致可分成三个阶段（如图2-15所示），并呈现出安全观点围绕相同的目标螺旋上升的态势。

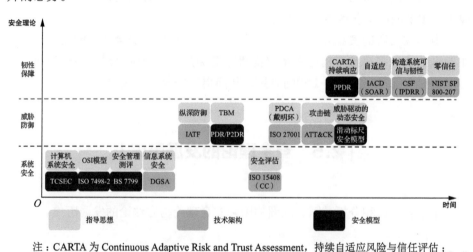

注：CARTA 为 Continuous Adaptive Risk and Trust Assessment，持续自适应风险与信任评估；
　　TCSEC 为 Trusted Computer System Evaluation Criteria，（美国）可信计算机系统评估准则；
　　IACD 为 Integrated Adaptive Cyber Defense，集成式自适应网络防御；
　　PDCA 为 Plan，Do，Check，Action，计划、执行、检查、处理；
　　ATT & CK 为 Adversarial Tactics Techniques，and Common Knowledge，对抗战术、技术与常识；
　　IPDRR 为 Identify，Protect，Detect，Respond，Recover，识别、保护、检测、响应、恢复；
　　P2DR 为 Policy，Protection，Detection，Response，（安全）策略、保护、检测、响应；
　　PPDR 为 Predict，Protection，Detection，Response，预测、保护、检测、响应。

图 2-15　信息安全理论的发展历程

1. 第一阶段：系统安全阶段

第一阶段是1985—2013年。那时，信息系统经过通信化、计算机化、网络化的发展，形成了以网络为中心、多计算环境互联的复杂信息系统。在此阶段，针对通信安全、计算安全、网络安全，从在信息对抗中保障业务安全的角度，总结了信息系统自身应该具备的安全机制和需要对外提供的安全服务，包括加密、鉴别、认证、访问控制等，并且通过TCSEC/GB 17859-1999、OSI（Open System Interconnection，开放系统互连）模型、ISO 7498-2《信息处理系统　开放系统互连　基本参考模型　第2部分：安全体系结构》、BS 7799 & ISO/IEC 27001、DGSA[Department of Defense Goal Security Architecture，（美国）国防部目标安全体系结构]等概念和规范，定义了信息安全系统应该具备的机制以及能够达到的目标安全等级。在这个阶段，首次把安全总结为秘密性、完整性、可用性等安全要求。

我们可以把这个阶段称为系统安全阶段。这个阶段的主要任务是针对信息系统可能面对的风险，以及业务中的安全设计需求，建立所需的安全机制，并且通过安全测评规范要求来确保机制得到落实。

2. 第二阶段：威胁防御阶段

第二阶段是1998—2015年。在1996年前后，研究者发现，经过系统安全设计的信息系统，在实际使用中表现得非常脆弱，以至于在2000年国内曾经掀起过关于"网络到底安全不安全"的讨论。当时有专家质疑：为什么为了"核大战"而设计的互联网会表现得这么脆弱？在2000年前后，研究者也有了初步的结论，网络通过安全设计，表现出了良好的健壮性以及脆弱的安全性，即在应对非人为故意的各种离散风险时，信息系统的生存能力和功能保持良好，但是在面对人为恶意的有针对性的攻击时，则表现得非常脆弱。1996年，各种人为恶意的、针对网络漏洞的攻击威胁，开始成为影响系统安全的首要矛盾。人们意识到，在无穷无尽的内外风险面前，信息系统被攻破是迟早的事情。因此在1998年，以TBM（Time-Based Model for Security，基于时间的安全模型）为基础的PDR（Protection-Detection-Response，保护—检测—响应）模型、基于纵深防御思想的IATF（Information Assurance Technical Framework，信息保障技术框架）等标准和规范日益完善，并且成为当前信息安全保障方案的主流。

这个阶段可以称为威胁防御阶段。安全理论针对的主要对象是各类有针对性的威胁。在此阶段，安全理论和技术的目标就是基于动态安全防护模型和纵深防御体系，保障系统不在威胁下受损。一些重要的概念，比如动态安全、异构、安全冗余等，都是在此阶段提出的。

3. 第三阶段：韧性保障阶段

第三阶段大概从2007年至今。在纵深防御理论大行其道之后，大家又发现，仅仅靠威胁防御，无法避免少数高强度的攻击（例如孤狼式的网络恐怖袭击）对系统造成严重破坏，必须承认越来越多的威胁都是无法被成功检测与防御的。因此，以威胁为中心的防御理论无法对抗不确定的威胁，必须借鉴第一阶段应对离散型攻击的健壮性思路，建立韧性技术体系。

造成思想变化的主要原因是"9·11"事件的发生。美国DHS（Department of Homeland Security，国土安全部）一直在反思"9·11"的发生以及"数字珍珠港"的现实可能性。美国国土安全部认为，"9·11"事件中，飞机撞大楼这种攻击模式之前从来没有发生过，之后也不会再重复发生，但这种只发生一次的攻击造成的损失非常惨重。既然这种小概率的灾难是不可避免、无法防御的，那么能不能在这种不可防御的灾难发生时，尽量减少损失呢？基于此思路，美国国土安全部等机构从2007年开始进行安全韧性架构和对应技术体系的研究。2017年，NIST通过一系列标准规范定义了对应的技术体系，并逐步将其应用到包括美国国防部在内的一系列系统建设中去。Gartner也同步进行了商业化努力。对应的标准是NIST SP 800-160和CSF、Gartner CARTA和PPDR。

我们可以把这一阶段称为韧性保障阶段。此后，安全的重点又从威胁防御重新转向健全业务机制，只是这次强调的不是避免灾难的发生，而是在系统面对高等级风险、必定会被攻破的前提下，如何保障业务系统的生存，如何确保业务系统处于可接受的服务水平。

回顾信息安全理论和技术发展的历程，国际上的信息安全理论已经从针对威胁的纵深防御演进到面向业务的韧性保障。特别要说明的是，上述三个阶段中，没有任何阶段的工作被废弃，纵深防御思想也没有过时，还在继续发展。韧性保障是在纵深防御基础上的扩展，为的是更有效地对抗高度不确定的风险。

在韧性保障安全体系下，安全的目标已经不是检测和对抗尽可能多的威胁，其基本诉求在于，即使系统面对国家级高强度的安全威胁、漏洞开放、防御失效，通过对业务确定性的保障，也能保证业务工作处于可接受的状态，即确保业务的安全底线。

各阶段中的关键知识点简述如下。

2.5.2 系统安全阶段

1. TCSEC

1983年，美国国防部颁布了历史上第一个计算机安全评价标准TCSEC，又称橙皮书。1985年，美国国防部对TCSEC进行了修订并正式公布了《可信计算机系统评估准则》（*Trusted Computer System Evaluation Criteria*）。TCSEC提供了D、C1、C2、B1、B2、B3和A1共7个等级的可信系统评价标准，每个等级对应确定的安全特性需求和保障需求，高等级的需求建立在低等级需求的基础之上，每一级需求涵盖安全策略、责任、保证和文档4个方面。

TCSEC标准针对的是信息系统的安全，但其安全要求可由操作系统很好地实现（操作系统也是一个抽象意义上的信息系统），因而TCSEC成了安全操作系统发展史上一个里程碑式的成果，成为20世纪80年代多数安全操作系统的基础。它提供的安全等级保护评价准则对后来建立的信息安全等级保护评价准则，如欧洲的ITSEC（Information Technology Security Evaluation Criteria，信息技术安全评估准则）、CC等，都有较大影响。

我国的信息安全保护强制标准GB 17859—1999《计算机信息系统安全保护等级划分准则》也是以TCSEC为蓝本制定的。GB 17859—1999是国内目前仅有的两个强制性安全国标之一，它按照安全性由低到高的顺序，规定了计算机系统安全保护能力的五个等级，一定程度上体现了信息系统的概念。

2. ISO 7498-2

1984年，ISO组织起草了ISO 7498-2《信息处理系统 开放系统互连基本参考模型 第2部分：安全体系结构》，如图2-16所示，描述了OSI安全体系结构的应用范围和领域、安全服务和安全机制等问题，目的是为保障OSI的安全而提供一个一致性的安全方法。OSI参考模型本身具有普遍的参考意义，因此ISO 7498-2中所定义的网络安全的基本概念完全适用于其他网络体系结构。

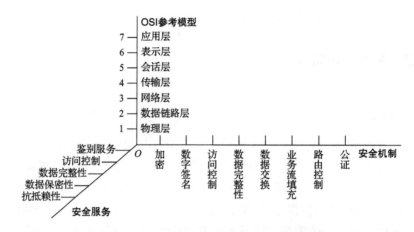

图 2-16　ISO 7498-2 描述的 OSI 安全体系结构

该标准虽然已经颁布很久，但其中的安全威胁、安全策略、安全服务、安全机制等基本概念对理解安全体系结构至关重要，被反复引用，具体说明如下。

（1）ISO 7498-2中定义的安全威胁

安全威胁是指针对安全的潜在危害。ISO 7498-2中定义的主要安全威胁如下。

- 冒充，伪装成另一用户或实体，通常与其他形式的威胁（如重发）联合使用。
- 重发，重发以前曾发送过的数据。例如重发截获的其他实体发送的有效报文，可达到冒充其他实体的目的。
- 报文修改，对数据进行非法修改操作。
- 拒绝服务，拒绝合法的用户或实体使用资源。
- 陷阱门，通过改变系统中的某一实体，使攻击者产生一种非法的效果（如跳过对用户固有的注册姓名的安全检查）。
- 特洛伊木马，含有非法或有害指令的一段程序，窃取他人权限以回避有关的安全策略。
- 内部攻击，指系统内部合法用户进行的无意或有意的危害安全的行为。

（2）ISO 7498-2中定义的安全策略

威胁分析之后是制定安全策略。安全策略是一组规则或规定，用以说明系统正常运行时需要保护什么。这些规则规定一个给定的主体（如某个进程或人）对一个给定客体（如文件）进行操作（如读、写或修改等）时的访问权限。安全策略根据授权方式的不同分为基于规则的策略和基于身份的策略。

（3）ISO 7498-2中定义的安全服务

提供安全服务是为了实现制定的安全策略。OSI安全体系结构中定义了信息系统所必需的五大安全服务：鉴别服务、访问控制、数据完整性、数据保密性、抗抵赖性。

（4）ISO 7498-2中定义的安全机制

安全服务需要用各种安全机制来实现。安全机制可以单独使用，也可以组合使用。一个安全服务可以根据安全策略，选择合适的、具有不同强度的安全机制来实现。

安全机制主要有加密机制、数字签名机制、访问控制机制、数据完整性机制、数据交换机制、业务流填充机制、路由控制机制和公证机制。安全机制的实现离不开数据加/解密、网络访问控制等具体的安全技术。

3. DGSA

DGSA是美国国防部信息管理技术体系结构框架的重要组成部分。DGSA针对网络化的信息系统，综合考虑了目标、威胁、性能、互操作性、可扩充性、可用性和实现的费用等因素，详细说明了安全原则和目标安全能力。DGSA涵盖所有信息系统可以提供的共同的安全服务和机制的集合，并把这些服务和机制分配到信息系统体系结构的通用部件中。DGSA认为，信息系统是信息处理部件、通信部件以及它们所处的操作环境的集合。从安全角度看，最有用的抽象视图是将信息系统资源抽象为4个部件：信息处理单元、传送系统、环境和安全管理部件。DGSA强调安全体系结构与信息系统体系结构的结合，强调信息域的划分以及不同的信息域应有不同的安全政策的思想，对跨越不同安全域的大型信息系统的安全建设具有很好的指导作用。

DGSA描述了一个从使命任务开始，正向建设信息安全体系结构的规范过程。该过程从使命任务的说明开始，通过一系列恰当、确定的步骤推进，以利用和维护一组满足组织与使命任务要求的信息系统部件结束。该过程的前几步引出了一个包含安全体系结构的信息系统体系结构。DGSA的最大特色之一，就是将安全体系结构与信息系统体系结构紧密结合。这种安全体系结构的表示方法非常有利于针对特定系统的具体情况，定义适度的安全服务和机制，并将它们配置到信息系统体系结构的相应部件中去。

DGSA的目标在于详细说明安全原则和安全因素，以指导信息系统的安全设计师设计出特定的、与DSGA一致的安全体系结构。在结构上，DGSA立足于对信息系统的完整描述，并基于此完整描述对安全服务的需求。但是，该模型并没有描述实现安全服务的具体策略。而且，DGSA不为任何具体的信息系统或构件的安全设计和实现提供规范。

通用信息系统安全体系结构视图如图2-17所示。

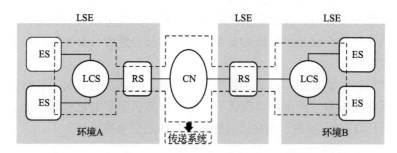

图2-17　通用信息系统安全体系结构视图

为了更好地反映网络环境下的信息系统，DGSA把信息系统资源分为用户单元和网络单元。从安全角度而言，最有用的抽象视图是将信息系统资源分解成一些LSE（Local Subscriber Environment，本地用户环境），这些LSE之间用CN（Communication Network，通信网）连接。将抽象的LSE分解成三种通用的单元：ES（End System，端系统）、RS（Relay System，中继系统）和LCS（Local Communication System，本地通信系统）。从安全角度出发，通用信息系统安全体系结构视图包括为其配置安全服务的4个部件，具体如下。

- 信息处理单元：包括ES和RS。
- 传送系统：LCS、CN以及ES和RS使用的通信协议。
- 环境：与物理环境和人员相关的安全。
- 安全管理：与安全相关的信息系统管理活动。

DGSA的安全服务是基于ISO 7498-2中规定的安全服务，包括鉴别服务、访问控制、数据完整性、数据保密性、抗抵赖性。此外，在DGSA中，可用性也是一个基本的安全服务。

4. BS 7799、ISO/IEC 27001、ISO/IEC 17799、ISO/IEC 15408

ISO/IEC 27001:2005《信息安全管理体系要求》、ISO/IEC 17799:2005《信息安全管理实用规则》、ISO/IEC 15408:1999《IT安全评估准则》最初都来源于英国的BS 7799，都是有关安全管理测评的规范。例如，ISO/IEC 17799定义了信息安全是通过实施一组控制而达到的，包括策略、措施、过程、组织结构及软件功能，是对机密性、完整性和可用性实施保护的一种特性。

在该系列的初始规范BS 7799中，首次从功能要求的角度，把安全定义为机密性（Confidential）、完整性（Integrity）、可用性（Availability），即CIA。这是系列标准中最早从测评的角度给出的明确的安全定义，如今基本成为安全定义的范本。

2.5.3　威胁防御阶段

1. TBM 和 PDR

早在20世纪90年代初，人们就提出了TBM这一动态安全模型。TBM中"基于时间"的意思是，任何防护措施都是基于时间的，超过该时间，防护措施就可以被攻破。1998年，ISS公司在这个思想的指导下正式推出PDR安全模型，此后该模型在国内外衍生出了多种版本。

TBM模型与PDR模型的基本技术思想都是动态防御，区别于以前传统的静态防御思想。静态防御基于一个假设：可以建造出无漏洞的系统。然而，这是不可能的，单靠静态防护不能保证信息系统的安全性。动态防御首先假定系统是有漏洞的，但可以通过实施动态的防御来保证安全。PDR动态模型中包括保护（Protection）、检测（Detection）、响应（Response）三部分。

PDR模型建立了比较严格的基于时间的安全理论体系，有数学模型作为其论述基础。在该模型中有两个典型的数学公式，具体说明如下。

（1）公式1：$P_t > D_t + R_t$

其中，P_t代表系统为了保护目标系统，设置各种保护措施的防护时间，即在这样的保护方式下，攻击者攻击目标系统所花费的时间。D_t代表从攻击者发动入侵到系统检测到入侵行为所花费的时间。R_t代表从发现入侵行为开始，系统能够做出适当的响应，将系统调整到正常状态所需的时间。

那么，对需要保护的目标系统而言，如果上述数学公式成立，即防护时间大于检测时间与响应时间之和，目标系统就是安全的。也就是说，如果在攻击者危害安全目标之前，系统就能够检测到并及时处理，目标系统就是安全的。

（2）公式2：$E_t = D_t + R_t$

假设防护时间P_t为0，那么，目标系统的暴露时间E_t就等于检测时间D_t和响应时间R_t之和。暴露时间E_t越小，目标系统越安全。

通过上面两个公式，PDR动态安全模型给安全赋予了一个定义：能及时检测和响应就是安全，能及时检测和恢复就是安全。PDR模型的这一定义为解决安全问题明确了方向：**增加系统的防护时间P_t，减少检测时间D_t和响应时间R_t。**

PDR模型可用于各领域的安全生态建设（从单一设备到整体系统），自提出以来表现出旺盛的生命力。纵深防御体系的理论基础，就是以PDR模型为代表的动态防御思路。

2. IATF

IATF自2002年由NIST发布以来就被广泛接受，成为业界最为著名的安全规范之一。IATF是第一个明确提出纵深防御概念的安全规范。即使在20多年后的今天，IATF对信息系统的建设以及其他标准规范的制定也有深远的影响。

20世纪90年代后期，人们开始认识到，安全的概念已经不再局限于信息的保护，人们需要的是对整个信息系统进行保护和防御。于是出现了信息安全保障的概念。信息安全保障强调信息系统整个生命周期的防御和恢复，包括预警、保护、检测、响应和恢复五个环节，即WPDRR（early Warning，Protection，Detection，Response，Recovery，预警、保护、检测、响应、恢复）模型。1998年，NSA制定的IATF正是这种思想的集中体现。

如图2-18所示，IATF强调人、技术和操作的统一，从整体、过程的角度看待信息安全问题，提出了纵深防御策略，并确定了保护网络与基础设施、边界、计算环境和支撑基础设施的纵深防御目标。

IATF的核心思想是纵深防御策略。纵深防御策略是一种信息保障的战略策略，要求对信息与信息基础设施进行分层次、纵深的保卫。IATF将信息系统划分为计算环境、区域边界、网络与基础设施、支撑性基础设施4个关键领域，这是纵深防御策略的直接体现。

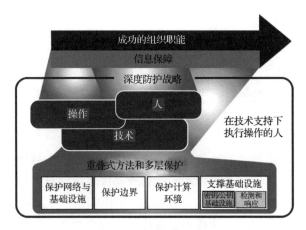

图 2-18   IATF 纵深防御体系

IATF信息保障技术框架强调安全服务和安全技术。安全服务在信息保障技术框架中都有大量的技术作为保障。安全技术大体分为以下两类。

- 与检测、响应相关的技术：访问控制、入侵检测、网络脆弱性/网络漏洞分析、防火墙等。
- 与认证授权相关的技术：加密技术、PKI技术等。

各种安全技术都应用于前述4个关键领域之中。以区域边界为例，部署各种安全技术，实现预警、保护、检测、响应和恢复这5个安全内容。

IATF信息保障技术框架的特点是：不需要保证网络体系结构中的所有组成构件都是安全的，而是通过综合部署一系列安全技术与安全产品，构造一个通用的信息安全保障体系，使系统中所有信息资源处于有安全保障机制的运行环境当中，享有安全体系内的安全服务，并受到透明、动态的安全保护。

IATF的纵深防御思路依然深刻影响着当前的信息系统建设，比如安全冗余、异构的概念，都是基于纵深防御的要求而提出的。安全冗余，其目的是通过更多的安全部件提升对威胁的防御概率；而异构，则是为了在冗余条件下避免同源漏洞带来的风险。

3. 攻击链与ATT&CK

（1）攻击链模型

为了描述攻击威胁，洛克希德-马丁公司提出了网络攻击链的概念。攻击链从攻击者的角度出发，以分段式任务模型描述入侵攻击的过程，尤其适用于分析APT的入侵攻击过程。

一个通用的攻击过程可以分为7步，如图2-19所示。

侦察   武器   载荷   漏洞   安装   命令   目标
跟踪   构建   投递   利用   植入   与控制   达成

图2-19   攻击链模型

侦察跟踪：攻击行动的计划阶段，攻击者了解被攻击目标，搜寻目标的弱点。常见手段包括收集钓鱼攻击用的凭证或邮件地址信息，扫描和嗅探互联网主机，搜集员工的社交网络信息，收集公开的媒体信息、会议出席名单等。

武器构建：攻击行动的准备和过渡阶段，攻击者使用自动化工具，将漏洞利用工具和后门制作成一个可发送的武器载荷。攻击者通常先获取一个武器制作工具，为基于文件的漏洞利用代码选择诱饵文件，如Flash、Office文件，然后伪装成正常文件，选择待植入的远控程序并武器化。

载荷投递：将武器载荷向被攻击系统投递，攻击者发起攻击行动。常见的手段包括直接向Web服务器投递（比如Webshell），通过电子邮件、USB介质、社交软件、挂马等间接渠道投递。

漏洞利用：攻击利用系统上的漏洞，以便进一步在目标系统上执行代码。攻击者可以购买或者挖掘0Day漏洞，或者利用公开漏洞；攻击者可以直接利用服务器侧的漏洞，或诱导被攻击用户执行漏洞利用程序，如打开恶意邮件的附件、点击链接等。

安装植入：攻击者一般会在目标系统上安装恶意程序、后门或者植入代码，以便长期控制目标系统。常见手段包括在Web服务器上安装Webshell，在失陷系统上安装后门或植入程序，通过添加服务或AutoRun键值增加持久化能力，或者伪装成标准操作系统的安装组成部分。

命令与控制：恶意程序开启一个可供攻击者远程操作的命令通道。大多数的C&C（Command and Control，命令与控制）通道通过Web、DNS或邮件协议进行，C&C基础设施可能为攻击者直接所有，或者是被攻击者控制的其他失陷网络的一部分。

目标达成：在攻陷系统后，攻击者具有直接操作目标主机的高级权限，可进一步执行和达成攻击者最终的目标，如收集用户凭证、提升权限、侦察内网、横向移动、收集和批量拖取数据、破坏系统、查看或篡改数据等。

基于攻击链，可以更好地理解攻击的过程，从而有针对性地在特定阶段进行防御。

（2）MITRE：ATT&CK模型

基于攻击链理论，MITRE公司提炼了对应的ATT&CK模型，即"对抗战术、技术与常识"模型。ATT&CK模型包括14类战术类别，每个战术类别又包括一系列的攻击技术。ATT&CK模型有助于更好地了解攻击者（尤其是APT技术），熟悉真实环境的对抗技巧和实战经验，更好地组织防御。截至2021年10月，ATT&CK Matrix最新版本的知识库已发展到233个技术手法，可对企业攻击防御能力进行评估和改进。ATT&CK模型可以被认为是攻击链的进阶模型，聚焦于研究资产被攻陷后攻击者的行为。

另外，正因为ATT&CK模型基于攻击链理论，从此业界对攻击手法的描述有了一致的标准。因此，ATT&CK模型也被认为是"威胁情报与情报交换"的基础。

4. 滑动标尺安全模型

滑动标尺安全模型由美国SANS（System Administration, Networking, and Security Institute，系统管理网络安全协会）于2015年提出，对每个阶段可以采用的技术与要达到的目标进行了描述，有点类似信息安全的成熟度模型。

滑动标尺安全模型描述了企业在应对外部威胁时的五个阶段，分别是架构设计（缩减受攻击面、分区分域等）、被动安全、主动安全、威胁情报和反制，如图2-20所示。

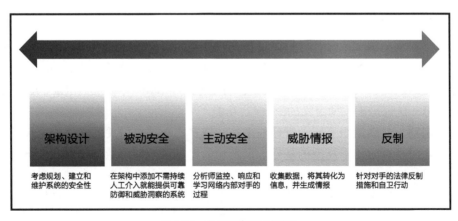

图2-20 安全保障的五个阶段

每个阶段在安全防御活动中介入的阶段，以及耗费的成本都不同。原则上，阶段越靠后，成本越高（如图2-21所示）。

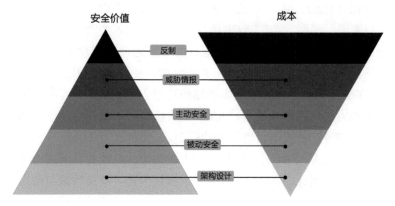

图 2-21　每个阶段的成本

滑动标尺安全模型比较受国内安全厂商的重视，在国内具有远超国外的知名度，主要原因可能是，这是目前为数不多的、明确要求威胁情报能力的安全理论模型。

2.5.4　韧性保障阶段

1. NIST IPDRR

IPDRR是NIST基于CSF提出的以韧性为目标的安全运营模型，用于管理影响网络安全的相关风险，并提供具备高优先级、灵活性、成本效益的方法来提升关键基础设施的安全保护级别和安全韧性。IPDRR代表识别（Identify）、保护（Protect）、检测（Detect）、响应（Respond）、恢复（Recover）的首字母，这也是该模型定义的5个核心功能。

识别： 帮助组织了解和管理与系统、资产、数据等相关的网络安全风险。识别功能是有效使用模型的基础。识别功能可以帮助理解业务内容、业务需求和相关的网络安全风险，以便支持关键功能，组织安全工作，使其与风险管理策略和业务需求保持一致。此功能的几个子域包括资产管理、商业环境治理、风险评估、风险管理策略和供应链风险管理。

保护： 制定和实施适当的保护措施，确保能够提供关键的基础设施服务。

保护功能用来限制或阻止潜在网络安全事件对系统造成影响。此功能的几个子域包括识别管理和访问控制、安全意识培训、数据安全、信息保护流程、维护和保护技术。

检测： 制定并实施适当的方案来识别网络安全事件的发生。检测功能能够及时发现网络安全事件。此功能的几个子域包括异常和事件、安全持续监控和检测处理。

响应： 制定并实施适当的方案，对检测到的影响网络安全的事件采取行动。响应功能可以控制潜在的网络安全事件对系统的影响。此功能的几个子域包括响应规划、通信、分析、缓解和改进。

恢复： 制定并实施适当的方案，以保障预案的韧性，并能够恢复由于网络安全事件而受损的所有功能或服务。恢复功能可以使操作及时恢复正常，以减轻网络安全事件带来的影响。此功能的几个子域包括恢复规划、改进和通信。

NIST CSF和IPDRR模型被各类组织机构与企业广泛视为实现网络安全保障的最佳实践性框架。

2. IACD

IACD由美国国土安全部、NSA和约翰斯·霍普金斯大学应用物理实验室联合发起，是一个可扩展、自适应、基于现成的商业化方案的框架，可用于网络安全运营。

IACD的基本思想是利用现有的各种安全产品，通过SOAR来实现安全编排和自动化响应，以打造集成式的自适应安全架构。

IACD借鉴了OODA对抗方法论，利用自动化的优势来提高防护人员的效率，让他们跳出传统的安全响应循环，更多地在网络安全防御循环中担当响应规划和决策的角色，以此增强网络防御的速度和范围。IACD通过自动化机制提高了反应速度，在攻防对抗中具有重要的作用。

3. Gartner CARTA

2017年6月，Gartner发布了一种全新的战略方法——CARTA。这个框架几乎覆盖了当今安全界所有的细分领域。

CARTA针对的问题是，现在很难直接判定某个业务的安全风险，也很难判定内部员工、外部合作伙伴的可信任度——当今的环境就是一个充满不确定风险的环境。因此，CARTA模型强调，要持续、自适应地对风险和信任两个要素进行评估。在CARTA模型的定义中，有两个核心要素：风险和信任。

风险：指判定网络中的安全风险，包括判定攻击、漏洞、违规、异常等。持续自适应风险与信任评估是从防护的角度看问题，力图识别出"坏人"（攻击、漏洞、威胁等）。

信任：指判定身份，并根据身份进行访问控制。持续自适应信任评估是从访问控制的角度看问题，力图识别出"好人"（授权、认证、访问控制等）。

所谓自适应，就是在判定风险的时候，不能仅仅依靠阻止措施，还要对网络进行细致的监测与响应，这其实就是自适应安全架构的范畴。另外，在判定身份的时候，也不能仅仅依靠简单的凭据，还需要根据访问的上下文和访问行为进行综合研判，动态赋权、动态变更权限。所谓持续，就是指这个风险和信任的研判过程是持续不断、反复多次进行的。

CARTA强调对风险和信任的评估分析，这个分析的过程就是一个权衡的过程。CARTA的特点就是从对安全的应急响应，变成持续的评估和持续的响应。

CARTA模型的思路与零信任的概念一脉相承。Gartner强调，在建设CARTA模型中，零信任是其中的重要基础。

4. NIST SP 800-207 零信任

NIST SP 800-207描述了零信任架构。零信任不是"不信任"或者"不需要信任"，而是对安全信任体系的扩展完善，把基于实体静态属性的信任提升为针对实体行为验证的信任。零信任的核心，是把现有的基于认证和权限的默认信任模型，变成基于持续风险评估和逐次授权的可验证信任模型。零信任通过动态、持续的实体风险评估，以及动态授权，缩减受攻击面，保证系统安全。

零信任架构要求安全功能和安全策略解耦，并为此划分了数据平面和控制平面。

在控制平面中，最核心的部分是PE（Policy Engine，策略引擎），PE是整个零信任架构的大脑。每一次访问，PE都要基于业务要求，根据身份鉴别、安全基线、已知风险等多维信息对访问相关实体的信任关系进行评估，根据评估结果决定对访问的授权策略。

然后，PE模块通过PA（Policy Administrator，策略管理器）模块把策略下发给数据平面的PEP（Policy Enforcement Point，策略执行点）进行访问控制操作。PEP还要记录历史访问行为，并反馈给PE，供PE持续评估信任关系。这就实现了一个从默认不信任到建立动态平衡信任关系的闭环。

2.5.5　现阶段的方向

韧性理论和体系是当前安全研究的主流和方向。通过回溯韧性体系的发展过程，可以更好地理解安全的本质，揭示安全的基础理论，找到安全发展的脉络，为开展自主安全研究找到正确的方法和依据。

1.　韧性理论和体系，是当前的安全发展方向

韧性理论和体系，从安全能力角度可以看成对威胁防御体系的多维度扩展；从理论角度，针对的是安全问题的确定性本源，相比威胁防御的思路，更能适应安全的发展趋势。韧性体系并没有否定和颠覆威胁防御体系，而是容纳和重新定位了威胁防御在体系内的作用。

韧性体系经过了十几年的发展，已经得到了较为广泛的应用，是当前安全方法论和体系结构的主要发展方向。

2018年起，美国国防部通过国防部指令，落实NIST SP 800等风险治理规范，强调基于内生安全、风险治理，保障关键业务系统的韧性。

美国国防部在联合信息环境建设中，定义了SSA（Single Security Architecture，单一安全架构）。在SSA的定义中，除了要求"强身份认证、设备加固、零信任、缩减受攻击面、提高对敌方活动的探测和响应能力、网络事件报告（动态响应）的标准化"之外，特别强调要"移除冗余的不必要的信息保障手段，以提高效能"。其实这就是基于韧性方法论的指导，对纵深防御安全建设原则进行的调整。纵深防御强调，为了提高威胁检出率，要实现安全功能的冗余和异构。但是在实际情况中，冗余安全能力能够带来的确定性保障价值不足以弥补其所带来的不确定性风险。从我国的安全案例中也能看到这一点，许多攻击者正是利用复杂安全设备之上的漏洞攻破了业务系统。因此，移除冗余的不必要的信息保障手段不但不会削弱系统的安全保障能力，反而可以消减冗余设备带来的风险，提高系统的安全性。

2.　比了解具体技术更重要的，是掌握正确的安全研究思路

前文介绍的很多安全理论和模型的生命力都很持久。虽然安全技术可能已经发生了多次迭代，但是安全理论和体系依然保持原有的价值。这与国内不断

涌现颠覆性概念的情况完全不同。

如果对比一下国内外的安全研究情况，以及各自在安全理论发展中的成功经验，可以找到以下几点主要差别。

- 喜欢从热点现象上考虑问题与试图从安全本质上思考问题的差别。
- 基于经验积累的思维方式与基于第一性原理的创造性思维方式的差别。
- 缺少理论基础和方法论指导的随机性发展与有方法论指导、基于整体目标的规划性发展的差别。
- 增强安全功能、关注"黑科技"与构建体系结构、关注系统化竞争力的差别。

掌握正确的安全研究思路，理解安全的本质和理论基础，要比了解当前具体的安全热点更重要。

3. 了解安全的终极目标，以及下一跳技术的发展方向

安全的终极目标是建立一个可信任的安全环境，这个环境中的各种安全机制和策略，可以确保环境内的所有实体都严格按照设计中的功能状态确定性地运行，同时环境有能力感知并且处置任何不可预期的状态和行为。以此方式，无论外界出现什么样的情况，这个安全环境总能持续保证这个环境内的所有实体功能、实体行为的确定性，也就是有能力持续保证安全。

所有的安全技术都会被这个可信环境中的安全体系所容纳。凡是对系统行为的确定性保障有利的技术，都是有价值的安全技术。以当前热点零信任为例，在韧性架构中，零信任的价值是对实体行为的可信验证和保障。零信任的前一跳技术是可信计算中的TNC（Trusted Network Connection，可信网络连接），TNC实现的是对实体身份的可信验证和保障。基于安全的对抗本质和第一性原理，我们可以推测，零信任的下一跳技术，应该是针对实体的意图进行可信验证和提供保障。意图决定了行为表现，因此意图驱动的安全保障，才更加接近安全的对抗本质。

| 2.6 因何选择韧性架构 |

以业务行为确定性保障为目标的韧性架构，从安全的第一性原理出发，直

指所有安全问题的根源。韧性架构可以在业务系统"漏洞开放、威胁存在、防御失效"的情况下，保证业务工作处于可接受的确定性状态，从而在安全威胁防不住的情况下，确保安全底线守得住，适应威胁越来越难以防御的趋势；韧性保障思路不以威胁对抗为手段，不存在威胁防御技术滞后于攻击、防御成本过高、无法确定性评估安全效果等固有问题；韧性架构以系统的行为可信为安全基础，不依赖尽力而为、效果不确定的威胁检测技术。因此，基于韧性理论的韧性架构，具备实现确定性安全的可能性。

相比通过攻防对抗保证安全的一维线性的威胁防御体系，韧性架构可以同时从内生可信、威胁防御、运营管理等多个维度构造系统性安全防护能力，弥补了威胁驱动的传统安全模型存在的固有缺陷，打破了木桶原理的限制，可以使用更低的安全成本，为系统提供超越防御技术极限的安全保障强度，更符合安全技术的发展趋势，能够从理论和体系上应对当前及未来所要面临的各种不确定的安全挑战。

2.6.1 韧性的概念

随着安全技术的发展，人们逐渐认识到：想要凭借威胁防御来保障系统安全是不可能的，系统被攻破是迟早的事。业界开始思考：一旦系统被攻破，是否就意味着系统不再安全？能否在防御失败的情况下保证安全？

2000年以来，业界安全研究的方向开始从针对威胁的防御逐渐转移到面向业务的保障。人们开始重新理解安全的本质，思考"威胁防御、可信计算、安全治理、入侵容忍"之间的关系。韧性概念正是在这样的背景下提出的。

从安全的发展历史来看，韧性是一个相对较新的安全概念，也更难被理解，因为业界好像没有专门提供韧性的技术或者产品。韧性是系统在遭受攻击后的表现：如果系统在被攻破后，依然能保证关键功能运转正常，并能尽快恢复到正常状态，这就是个韧性系统。韧性强调的是让攻击不对核心业务产生不良影响，安全损失可以及时恢复，系统功能始终处于可接受水平，不会突破安全底线。

2013年，时任美国总统奥巴马签署了一项总统政策指令（PPD-21）——《关键基础设施的安全与韧性》（*Critical Infrastructure Security and Resilience*），其中对于韧性的定义是：为不断变化的条件做好准备、适应不断变化的条件，能承受中断并具备迅速从中断中恢复的能力。

最早提出韧性概念并开始进行相应研究的，是美国国土安全部。2001年

"9·11"事件之后，美国意识到，传统的安全防护思想，对于"9·11"这种仅仅会出现一次的高强度的、不确定的威胁事件，几乎没有任何防护效果；不确定的威胁一定是防不住的。但安全防护，并不是要杜绝此类攻击的发生，而是要把攻击可能造成的损害降到最低。据此，美国国土安全部从2003年开始，基于业界已有的"威胁防御、可信计算、安全治理、入侵容忍"等安全概念，逐步完善了对韧性的定义与理解。

欧盟网络安全局认为，网络韧性是指网络在面对正常运行的各种故障和挑战时，提供并保持可接受的服务水平的能力。

不考虑以上描述的差别，韧性的内涵就是系统在被攻击受损后，依然能保证核心功能的正常运行。

韧性架构的目标不是消除攻击威胁的发生，而是要确保威胁不会对使用系统功能的业务造成不可接受的后果。

- 安全与可信：系统的行为与设计相符、可预期、可验证，即系统内没有不可预期的功能，系统处于确定性状态。
- 威胁防御：清除触发系统出现不可预期行为的因素，即清除破坏系统确定性状态的因素。
- 安全运营：动态纠正系统中出现的不可预期行为，即维持系统的确定性状态。
- 韧性架构目标：在系统中出现不可预期行为后，尽快恢复系统的确定性状态。

2.6.2　韧性架构的目标

根据NIST SP 800-160定义的网络韧性架构目标："……本质上，应提供必要的可信性，能够承受和抵御对支持关键使命和业务运营的系统实施的资源充足、水平高超的网络攻击（国家级网络攻击）……"

韧性架构的目标在于，当处于"漏洞开放、威胁存在、防御失效"的情况下，当已经被攻破之后，系统能继续保证其核心功能处于可接受的确定性状态。

韧性架构的目标与安全的根本目标是一样的，都是在攻击下，保证系统的可信性，也就是保持系统功能与设计相符、行为可预期。但是在韧性架构目标要求中，系统要能够承受资源充足、水平高超的网络攻击，保证关键使命和业务运营的可信性。简单地说，韧性架构的目标，就是要求系统在遭受极限打击时，依然守住关键业务的安全底线。

前文已说明，在常规的威胁防御思路下，让系统能持续成功对抗高强度攻击的目标是无法达到的，因为威胁防御只是一维线性的威胁对抗手段；一旦遇到了攻击强度超过安全防御能力的攻击，则必定会防不住。因此，为了达到韧性架构所要求的高可信目标，必须在威胁防御思路之外，在安全方法论的指导下，基于多个不同维度的安全手段，通过系统化的方法，让系统获得超过当前威胁防御能力上限的风险承受能力。

2.6.3　韧性架构的特点

韧性架构的功能是在系统防御失效、系统被攻破后，依然能够保证系统的安全底线。韧性架构相关的理论体系，能够指导建立有效的安全体系结构，充分发挥1+1>2的系统化安全能力；可获得超越威胁防御极限的系统化安全强度；脱离了一维线性的纵深防御体系限制，不存在纵深防御体系的固有缺陷；能够发挥系统化竞争力的作用，以较低成本获得更高的安全等级；是有可能彻底解决各种安全问题的正确安全理论。

我们把韧性保障和大家都容易理解的威胁防御进行了对比，以帮助理解韧性架构的特点。

1. 韧性架构针对的是安全问题的根源，而非威胁现象

韧性架构致力于保障业务合法功能的确定性，而非仅仅针对威胁进行防御。业务确定性是安全问题的根源，而威胁只是安全现象。由于韧性架构针对的是所有安全问题的根源而非现象，基于韧性理论构建的安全体系更能适应安全的发展趋势，也具有彻底解决安全问题的可能性。从安全的原理上讲，韧性保障优于威胁防御的安全理论。

2. 韧性保障不是由威胁驱动的，不存在滞后性问题

韧性保障的是业务确定性而不是威胁，因此韧性保障并不是由威胁驱动的。韧性体系是依据业务功能的确定性的定义而建立的，韧性架构对业务功能的确定性保障与具体攻击活动无关，不存在防御滞后于攻击的问题。

3. 从对抗无穷的威胁到保障有限的业务，解决攻防成本不对称问题

威胁防御思路是通过成功对抗威胁来保障安全，由于威胁是无穷无尽的，

对抗安全威胁的成本需求也是无穷的。韧性的安全思路，从针对威胁的对抗转向对有限的业务功能提供确定性的保障。由于业务功能存在边界，因此提供确定性保障的成本也是有边界的。

与威胁防御相比，韧性安全思想可以使用有限的安全资源对特定业务进行高强度的安全防护。

4. 从安全效果难以评价到确定性的业务安全保障

如果确定性得到保障，安全就能得到保障。通过比较系统行为与确定性行为基线之间的偏离程度，可以明确系统当前是否处于安全状态，以及会有多少安全性损失。

基于确定性原理，安全性不再是不确定的，而是确定性、可衡量的。

5. 从一维线性的威胁防御到多维系统性的确定性保障

威胁防御，只有防御一个维度。如果无法成功对抗威胁，则安全性无法保障。韧性体系下，除了防御这一个维度之外，还有内生安全、运营管理、入侵容忍等多个技术维度，即使威胁防御失效，系统的安全性依然可以得到保障。

6. 威胁防御失败后，保证业务处于可接受状态，守住安全底线

韧性体系的目标是不以成功对抗所有威胁为前提，而是能够在系统被攻破、入侵后，继续保证业务的安全。

2.6.4 韧性架构的优势

不同的安全理念决定了不同的安全方法论和安全体系。在威胁防御理念下，对应的方法论是木桶原理，对应的安全架构是纵深防御体系；而在以业务为中心的行为确定性保障理念下，对应的方法论是OODA循环理论，相应的安全体系就是韧性体系。

韧性体系与纵深防御体系，在安全诉求、基础技术、方法论、技术维度、安全成本、安全强度、安全效果方面都有所不同。

1. 安全诉求不同：保障业务 vs 对抗威胁

韧性体系致力于在威胁条件下，通过对系统行为的确定性保障，避免攻击

对业务造成破坏性影响。纵深防御体系则是通过层层安全防御手段，提高对攻击威胁的发现与防御概率，阻止攻击对系统造成破坏。

2. 基础技术不同 ：可信技术 vs 检测技术

韧性体系的基础是系统从建设到运行中的可信。所谓"可信"，就是系统功能与设计相符，所有行为具有可预期的确定性，并且对所有合法的系统行为都能建立对应的确定性行为基线。威胁防御的基础是威胁检测，只有先检测到威胁，才能有针对性地进行防御。威胁检测是威胁防御的前提条件。

3. 方法论不同 ：OODA 循环理论 vs 木桶原理

韧性体系的方法论，是基于多维度功能所构成的对抗系统，以OODA循环为指导，设法在对抗中首先完成OODA循环并干扰对手完成OODA循环，在此过程中会使用多个维度的技术。纵深防御体系采用的是一维线性的对抗思路，基于木桶原理识别长板、短板技术，以修补短板的方式来提升竞争力。

4. 技术维度不同 ：多维系统性 vs 一维线性

韧性体系中有多个相互独立的安全技术维度，对于攻击威胁，可以从不同维度进行对抗，以发挥架构的系统化优势。在纵深防御体系中，虽然有很多种安全技术，但是所有安全技术都处于防御这一个维度，防御技术和威胁在同一维度中进行线性的对抗，即防御技术只能追着威胁跑，一定滞后于威胁。

5. 安全成本不同 ：保障有限业务 vs 对抗无穷威胁

韧性体系是通过对系统合法行为进行确定性保障来保证系统安全。业务系统是有明确功能边界的，系统的合法业务是个有限集合，因此保障有限业务所耗费的安全成本是有限的、收敛的。纵深防御体系要通过对抗系统面临的威胁来保证系统安全，安全威胁无穷无尽，系统面临的所有威胁是个无边界的无限的集合，因此对抗无穷威胁所要消耗的安全资源也是无限的、发散的。

6. 安全强度不同 ：能在高强度威胁下保证安全 vs 无法防御高强度威胁

在韧性体系下，即使威胁防御失败了，通过其他维度的安全功能，能够及时让系统恢复到设计中的安全状态，从而有效避免攻击损失，实现高强度威胁下动态保证系统安全的目标。在纵深防御体系下，只有防御一个维度，防御失败就意味着安全的失败，因此纵深防御体系无法防御高强度威胁。

7. 安全效果不同：确定性可衡量 vs 只能尽力而为

韧性体系中的基础技术是可信，可信就是系统行为与设计相符的确定性。通过测量系统的实际行为与设计中的确定性行为基线之间的偏差程度和偏差时间，可以量化评估当前系统的安全性与损失。偏差越大，安全性越差；偏差时间越长，损失越大。纵深防御体系的基础技术是威胁检测，检测技术本身就是不可靠的，同时也不可能通过检测技术识别出所有的威胁。存在多少威胁、是否所有威胁都被识别并消除了，全是未知数，因此对安全的有效性也无法评价。

总之，韧性体系是在威胁防御基础上的扩展，从纵深防御体系一个维度扩展到包括纵深防御体系在内的多个维度。韧性体系中可以包含纵深防御体系与对应技术，但纵深防御体系中无法包含韧性体系。韧性体系通过系统化方法，使用多个维度的安全技术，可以解决单一维度安全技术的局限性问题，建设系统化竞争力，实现在高强度安全威胁下保证系统核心业务安全的目标。

第3章　安全之术：韧性架构与技术

上一章基于对安全现象本质与安全原理层面的分析，讨论了安全的第一性原理，建立了对应的安全理论体系，揭示了安全之道，并在安全防御思路的基础上，提出了韧性保障思路。

本章则是由"道"至"术"，从安全的第一性原理出发，以OODA安全方法论为指导，设法正向建设对应的安全体系结构，确定所需的各项安全能力与对应的关键技术实现。并基于这套韧性保障体系，构建系统化竞争力，以实现在高强度风险下守住关键业务安全底线的目标。

| 3.1　韧性架构的组成 |

完整的韧性架构不只包含安全技术，它是一个在安全理论指导下，由法律法规标准体系、管理/流程体系、技术/能力体系构成的系统化安全体系结构。

3.1.1　设计原则与理论依据

《易经》中提到，"大道至简，一阴一阳之谓道"，即在看似复杂现象的背后，一定存在一个非常简单的基本原理，而万事万物的演化都不可能脱离这个原理，安全也一样。

安全从原理上讲，应该是简单的、明确的、可证明的。安全体系结构的设计原则，就是从至简的安全的第一性原理出发，遵循OODA对抗方法论的指导，建设安全体系，进而从根本上解决安全问题；安全体系结构的设计目标是构建系统化竞争力，通过架构的力量让内部安全功能起到1+1>2的效果；安全体系结构的价值表现，是从根本上扭转安全的攻防成本不对称现象，保证在系统被攻破时，关键业务依然能够以可预期、可接受的状态运行，从而持续守住系统的安全底线。

安全体系结构从设计到使用，全过程必须要有可靠的安全理论支撑，效果要可证明、结果要可验证，不能再只凭从业者的经验和感觉来保证信息系统的安全。

1.　安全的最终目标与对应思路

在当前，安全是各行各业面临的重要问题，是一个系统化的问题，必须通过对应的安全体系结构来找到解决问题的办法。

设计安全体系结构时，要在复杂的相互关联的各种安全问题及其相关因素当中，遵循特定的安全方法论，从安全的第一性原理出发，揭示安全问题背后的发展规律，提供从根本上彻底解决网络安全问题的方法，而不仅仅是获得缓解安全问题的技术手段。

安全体系结构致力于构造系统化竞争力，而不是针对某个特定问题找到"特效药"。

安全体系结构并不是一成不变的，其自身也在不断发展。信息安全理论经过40多年的发展，逐渐表现出从安全现象到安全本质、从威胁对抗到业务保障、从一维线性的攻防对抗到多维系统性的安全保障等趋势。这些发展趋势对安全体系结构的设计思路以及安全技术的演进，都有直接的影响。

在不同的技术阶段，安全体系结构的理论指导思想与核心技术都不同。例如在威胁防御阶段，是以成功对抗威胁为目标，强调提高威胁检测和防御的成功概率，试图建立一个由人、技术、操作共同构成的综合性的防御体系，阻止所有种类的威胁对系统产生破坏。

对于韧性架构，则不以成功对抗或消除威胁为目标，而是要求在安全防御失效的前提下，保证关键系统功能可按照设计正常运行，保证关键业务指标处于可接受状态，即并不试图通过逐一对抗并消除可能存在的安全威胁来保证安全，而是试图通过建立一个能够在风险条件下，持续对业务提供确定性行为保障的可信环境来解决安全问题。

对一个机构来说，安全体系结构的作用，就是提供一个参考框架和指导，把机构的安全战略和方针落实到实际场景中，解决实际的安全问题，确保安全战略目标的达成。

另外，安全技术体系应揭示安全技术的发展规律，在可靠的安全理论基础之上，描绘安全技术的发展远景与整体视图，为安全技术的发展和探索指明方向。

2. 安全体系结构发展历史回顾与启发

我们在日常工作中，经常听到国内某些大大小小的安全公司时不时发布一些安全体系结构，或者定义安全模型，提出安全方法论。似乎设计、规划安全体系结构是件门槛很低的事情。

实际上，在全球范围内，从20世纪40年代建立通信保密体系以来，真正能够从理论、架构开始，成功推广建设安全体系结构的国家与机构并不多。现在公认能得以应用的安全体系不超过三代。

安全体系结构的发展是个系统性的问题，并不依赖于单项技术的突破或者某个发明创造，更不是拍拍脑袋就能想出来的。要想在安全体系结构上处于领先地位，凭借的不只是丰富的安全技术积累，更要在系统科学和安全理论上具备领先优势。

当初在设计、建设安全体系结构时，每一个动作、每一个考虑都不是随意而为，规范中的每个用词都是经过斟酌的，背后都有原因和立场。而其他研究者往往只看到了最后的结果，不了解事情发展的过程和背后的动机。因此很多国家在安全体系结构上长期处于"永远在追赶，始终难超越"的状态，究其原因，是它们对安全体系结构是"知其然，而不知其所以然"。这也说明，在安全体系结构层面表现出的能力，是一个国家安全基础技术和系统化科研水平的客观反映，而不仅仅是表面技术差距的反映。

我们如果想对安全体系结构有正确的理解，一方面，必须学习、分析、追赶国外的体系成果，这是必经之路，不学习标杆而空谈反超是夜郎自大；另一方面，不能只满足于了解别人已经做了什么，正在做什么，将要做什么，更要深入分析，理解他们为什么要这么做，为什么能这么做，背后的动机是什么。

回顾一下安全体系结构的发展历史，其大致经历过三代，或者说三个阶段的发展，每个阶段在方法论和针对的主要矛盾上都有侧重，每个阶段都能严格对应当时安全技术的发展路径。安全体系结构的发展当前正处于第三阶段。

第一阶段，即以可信、信任理论为基础，以测评检查为驱动力，以建立安全机制为手段的安全体系结构建设阶段。此阶段的代表规范是1985年的TCSEC，以及同时期欧洲的ITSEC、我国的GB 17859《计算机信息系统安全保护等级划分准则》（等保1.0）、CC、ISO/IEC 17799:2005《信息安全管理实用规则》、ISO/IEC 27001:2005《信息安全管理体系要求》、OSI参考模型、ISO 7498-2的开放系统互连的安全体系结构、ITU-T X.800等适用于开放系统互连的安全体系结构，包括一系列的规范以及安全体系结构要求，时间跨度大约从20世纪80年代末一直到2013年前后。这一时期的安全体系结构，是以逆向安全检查的视角来看待系统安全问题，提出了一系列的安全分级要求，以及对应的安全防护机制建设要求，并且通过各种测评、审计活动加以落地。

此阶段的代表技术是以各种防护机制为标志的安全技术，强调的是系统内必备的各种安全防护机制。遵循发现问题就解决问题的思路，试图让系统具备应对各种可能的安全风险的基础能力。

第二阶段，即以纵深防御理论为基础，以风险为驱动力，以威胁检测为主要技术特征的安全体系结构建设阶段。此阶段的代表规范是2000年正式发布的IATF 3.0，ISO/IEC 27040关于数据存储安全的实施指南，我国的等保2.0等一系列规范，以及1998年开始兴起的PDR动态安全模型及其各个衍生版本，时间跨度大约从2000年初到2019年。这一时期安全体系结构的设计原则，都是围绕威胁与风险，致力于建立由人、技术、操作组成的综合性的纵深防御体系，让信息系统能够成功对抗威胁，从而实现有效的风险管控。

此阶段的代表技术是各项以检测为基础，以成功检测"威胁"为目标的安全技术。基本思路是：只有检出威胁，才能有效防护。强调通过"安全异构"以及"安全冗余"手段，避免同源漏洞，增强对各种风险的成功检测与处置的概率。尽量在威胁造成的实质性破坏发生之前，实现对信息系统的动态保障。由此也衍生出了事前预防、事中消减、事后补救的BDA（Before-During-After，事前—事中—事后）安全模型，以及对应的安全保障流程。该阶段的纵深防御概念已经深入人心，至今依然没有过时。

第三阶段，以韧性理论为基础，以确定性保障为驱动力，以可信、加密等确定性安全技术为基础的安全体系结构建设阶段。此阶段开始的标志性事件是2007年美国国土安全部发布《国土安全国家战略》白皮书，首次指出"面对不确定性的挑战，需要保证国家关键信息基础设施的韧性"。随后NIST应美国政府的安排，正式发布了NIST SP 800-53、NIST CSF、SP 800-160（卷1）、SP 800-160（卷2）、NIST SP 800-207《零信任架构》（*Zero Trust Architecture*）等一系列的标准规范。2018年，美国国防部通过国防部指令落实对应的NIST标准，2022年美国政府发布了《联邦政府零信任战略》（*Federal Zero Trust Strategy*），标志着美国开始有计划地更新其安全体系建设。

第三阶段安全体系结构的设计原则是"可信/韧性"。业界越发认识到，长远来看，没有人能在安全风险下幸免，因此要确保在极端情况发生时，业务系统中最核心的功能能够保持在可接受的状态，确保不发生严重的网络安全灾难。此阶段强调系统化的韧性保障而非某个单项技术。美国的NIST根据可信/韧性思路，并没有重新定义新的安全技术，而是强调安全保障的目标和保障流程，要求在系统被攻破的情况下，能够通过IPDRR流程体系，确保系统中关键业务的动态安全，要把损失控制在最小的范围内。韧性架构从流程角度更加强调响应/恢复在业务安全保障中的关键作用。

需要特别说明的是，虽然本书中对安全体系结构的发展使用了"三代/三个阶段"这样的描述，但并不是说哪个阶段更先进，哪个阶段已经过时，或者前一代犯了错误，最终被新一代所取代。在这三个阶段，体系的设计者都是站在自己的立场上，针对同一个目标，基于对当时主要矛盾的分析和技术现状，形成不同的解决办法，这是安全体系结构经过长期的技术积累，不断完善、提高、演进的过程。在现有安全体系结构的发展过程中，后一个阶段是前一个阶段的补充和延续；与此同时，前一个阶段也在继续发展，并没有消亡或者被废弃，而且会比后一阶段更快成熟。比如，纵深防御体系并没有因为韧性体系的出现就停止发展或者消亡，反而成为韧性架构的基础，发展前景也变得更加广阔。

3.1.2　体系建设的国家经验

了解到安全体系结构发展的历史和特点之后，我们就需要基于现有安全体系结构的设计依据、建设过程，以及背后的理论指导，进行分析和学习，而且不能只满足于了解曾经发生了什么，更要深入分析为什么会这样，以及背后的原因。

所有的安全体系结构都是服务于国家网络安全战略目标的，都必须经过"战略与法律法规保障、组织与管理支撑、技术与架构实现"三个步骤。

值得注意的一点：无论哪个阶段的国家层面的安全体系建设，都是政府从战略高度主导，由产业配合参与的。只靠产业或商业驱动，组织不可能有意愿、动力和能力建设国家级安全体系，也无法达到安全战略目标。

1. 战略与法律法规保障

最早把安全提升到国家战略层面的国家是美国，"9·11"事件是安全领域发展的重要节点。"9·11"事件之后，小布什政府意识到"数字珍珠港"的现实可能性以及信息安全形势的严峻性，开始颁布一系列的法案，并对组织机构和国家网络安全战略目标进行了调整与定义。

2001年10月，小布什政府正式签署生效的《爱国者法案》（*Patriot Act*）中，美国重新定义了关键基础设施的范畴，并提出建设关键基础设施建模、仿真和分析系统。同期，小布什总统签发了13228号总统令和13231号总统令，就关键基础设施保护设立了总统网络空间安全顾问，组建了总统关键基础设施保护委员会。

2002年9月，小布什政府公布了《网络空间安全国家战略》（*The National Strategy to Secure Cyberspace*）草案，成为全面指导美国国家信息战略规划的纲领性文件。在2002年11月生效的《国土安全法》（*Homeland Security Act*）中，美国新组建了国土安全部，对关键基础设施保护的组织机构、具体职能和目标任务等都做出了具体和详细的规定。

2008年1月，小布什总统签署CNCI（Comprehensive National Cybersecurity Initiative，国家网络安全综合计划），并提出未来十年"对网络基础设施进行转换，使得关键国家利益受到保护免受灾难性损失，使得社会能够放心地应用新的科技发展成果"。

2009年5月29日，美国发布《网络空间政策评估：确保拥有可靠的和有韧性的信息与通信基础设施》报告。

2010年，参议院向国会提交了《2010年网络安全法案》（*Cybersecurity Act of 2010*）。

上述法案与行政命令，是美国进行组织机构调整和开展一系列安全活动的基础和依据。

2. 组织与管理支撑

行政机构是管理公共事务的行政组织体系，是国家政治制度的重要组成部分。为了落实网络安全战略，实现网络安全目标，美国政府也对组织机构做出了相应的调整，以更好地实施国家网络安全战略。

根据总统法案与行政命令，美国新建了一系列法案以及授权了一批行政机构。

（1）CSO（Cyberspace Security Office，网络空间安全办公室）

基于《网络空间政策评估：确保拥有可靠的和有韧性的信息与通信基础设施》报告，奥巴马于2009年在美国的国家安全委员会和国家经济委员会下设置了网络空间安全办公室（CSO）。CSO是美国政府在网络空间安全方面最高的协调机构，负责为政府编纂和制定所有的网络空间安全政策，在整个国家范围内统一协调网络空间安全相关事务，包括协调国家层面的保护和危机事件的应对，每年定期向美国总统汇报网络空间安全方面的各种情况，并提出发展建议。

（2）DHS

2002年，美国在整合了有关22个联邦政府机构安全力量的基础上成立了国土安全部（DHS）。DHS除了负责实施本部门所承担的计划项目外，还被赋予整合和协调美国联邦关键基础设施的保护职责，统一负责协调计算机和物理基础设施保护的行为，并将保护信息基础设施放在首要位置，充当联邦政府的主要联络点，为各州和地方政府、私人机构以及美国公民就网络安全问题展开讨论提供沟通平台。

DHS下包含多个执行机构，如网络空间安全和通信办公室、国家网络空间安全和通信集成中心、国家协调中心、美国计算机应急准备小组、国家计算机安全局等。其中，国家计算机安全局的未来定位是制定国家安全计算机空间战略，更多地依靠与非政府组织的合作，保护国家计算机资产，进而保护国家重要基础设施。

（3）NSA

美国国家安全局（NSA）是美国政府的一个情报机构，其历史比国土安全部更悠久。在信息保障方面的职责包括阻止外国敌对势力获取敏感或涉及国家安全的信息；在情报方面的职责包括收集、处理信息，以实现国外收集情报和反间谍的目的，并支持军事行动。NSA拥有非常强的研究能力，曾组织撰写了业界知名的《信息保障技术框架（IATF）》等规范。

NSA下设国家计算机安全中心、系统与网络攻击中心。国家计算机安全中心评估用于高度安全方面的计算机的安全性，发布了第一个可信计算机系统评价标准（TCSEC）。系统与网络攻击中心的目标是保护计算机网络免遭入侵，曾出版了全面的配置指南。

（4）NIST

美国国家标准与技术研究所（NIST）是一个历史悠久的标准研究机构。2009年，美国通过U.S. ICE法案，授权NIST成为制定美国信息安全技术规范的官方机构，即所有体现官方规划的安全类技术类标准和参考框架统一由NIST发布。

3. 技术与架构实现

在政府相关的组织机构和职能完善之后，所有的国家网络安全战略最终会在政府机构的指导下，联合专业技术厂商在现实中落地。要通过国家战略性项目的引导，由政府部门牵头，而不是倒过来，让政府部门的安全政策和安全体系被商业厂商与技术牵着鼻子走。

下面以美国《国家网络安全综合计划（CNCI）》的落地为例，简要介绍通常的决策和操作过程。

2008年1月，小布什总统以"双总统令"的方式，即第54号国家安全总统令（NSPD 54），同时也是第 23 号国土安全总统令（HSPD 23），签署了一项预算高达300亿美元的《国家网络安全综合计划（CNCI）》，也被称为"网络空间的曼哈顿计划"，总牵头部门为美国国土安全部。

该计划的制定是基于一个假设：如果"数字珍珠港"事件发生，整个社会将陷入混乱，从而严重威胁美国的国家利益，漏洞百出的计算机网络又会高度放大这种风险。《国家网络安全综合计划（CNCI）》需要从近到远，建立三道防线。第一道防线旨在减少漏洞和隐患，预防入侵；第二道防线旨在全面应对各类威胁，增强反应能力，加强供应链安全，抵御各种威胁；第三道防线旨在构建符合未来安全风险的可信环境，通过加强研究、开发和教育，投资先进技术，从而实现超越未来的技术研发、网络威慑战略，实现全球供应链风险管理和公私协作，保障未来美国关键信息基础设施的安全。

《国家网络安全综合计划（CNCI）》曾被以国家安全为由列为高度机密。美国政府于2008年下半年公开了CNCI的12项重大活动的基本信息，由此披露了"爱因斯坦-1/-2/-3"计划，以及向前防御战略等内容。12项重大活动披露如下。

- 通过可信因特网连接把联邦的企业级规模的网络作为一个单一的网络组织进行管理即归口管理，整合后将实施一套统一的安全解决方案。
- 部署一个由遍布整个联邦的感应器组成的入侵检测系统：这是"爱因斯坦-2"计划的一部分，部署一批基于特征的感应器，能够对进入联邦系统的因特网流量进行检查，以发现非授权的访问和恶意的内容。
- 在整个联邦范围内部署入侵防御系统，即"爱因斯坦-3"：将采用商业技术和专门为政府开发的技术对进出行政机关网络的流量实施实时的全封包检查，并实现基于威胁的决策。"爱因斯坦-3"的目标是发现恶意的网络流量并对其进行特征化表示，以增强网络安全分析、态势感知和安全响应能力。它能在网络威胁造成损害之前对其进行自动检测并正确响应。

- 对研发工作进行协调并重新定向：旨在为协调美国政府资助或实施的网络研发工作制定战略和组织架构，无论是涉密研发还是非涉密研发，在必要时对这些研发工作重新定向。
- 让当前的各网络行动中心互联，加强态势感知：使美国网络活动的各个单元在履行工作使命时做到相互关联，通过共有的分析和协同技术来加强态势感知的共享。
- 制订和实施覆盖整个政府部门的网络情报对抗计划：核心是建立覆盖整个政府部门的网络情报对抗系统，以检测、遏制、消除那些由国外发起的、针对美国及其私营部门信息系统的网络情报威胁。
- 增强涉密网络的安全：确保涉密网络及网络中数据的完整性。
- 扩大网络安全教育：关注人才培养。
- 定义和制定能够"超越未来"的持久的技术、战略与规划：在未来5～10年内部署相关技术，吸引商业投资。
- 定义和发展持久的遏制战略与项目：满足长期战略，通过完善预警能力、发挥私营部门和国际合作者的作用、对来自国家和非国家的行动者采取正确措施，遏制对网络空间的干涉和攻击。
- 全方位实施全球供应链风险管理：让联邦政府向各部门提供强健的供应链风险管理与控制工具集的能力、政策和流程得到强化，使经过管理和控制后的供应链风险与系统和网络的重要性相称。
- 明确联邦的角色，将网络安全延伸到关键基础设施领域：在已有且不断发展的合作关系基础之上，在公私之间，就政府以及重要资源领域的网络威胁和事件信息进行共享。

与OODA对抗方法论一致，CNCI也有4个战略要点：一是在对手的决策周期内，获取并保持作战的主动权；二是整合整个军事行动中的网络空间能力；三是建立起网络空间作战能力；四是控制网络空间作战行动的风险。

其中广为人知的"爱因斯坦"系列计划，是CNCI的一部分。"爱因斯坦"计划全称是"国家网络安全保护系统"，是由美国联邦政府主导的一个网络安全自动监测项目，用于监测政府网络被入侵的行为，保护政府网络系统安全。它是由政府主导、各商业机构参与的国家级大项目，在法律上由美国政府签署和投资。

　　"爱因斯坦"包括3个计划。在2010年的RSA大会上，时任美国总统奥巴马的网络安全协调官霍华德·施密特针对美国《国家网络安全综合计划（CNCI）》公布过一份5页的摘要解密文件，大家因此了解到，"爱因斯坦-2"是部署入侵检测系统；"爱因斯坦-3"是部署入侵防御系统；而"爱因斯坦-1"则是整个计划的基础，是实现各要害部门连接公共网络出口的收口管理。美国政府期望通过"爱因斯坦"计划的实施，具备更快速应对网络威胁并进行检测和响应的能力。

　　"爱因斯坦"计划的实施引起了国际社会的广泛关注，因为"爱因斯坦"不仅部署在美国的联邦政府网络中，还基于向前防御的思想，部署到了公共互联网络中，很可能侵犯了其他国家的数字主权。

　　可以说"爱因斯坦"计划是在CNCI框架内，由美国国土安全部负责，美国国防部和国家安全局参与的网络安全示范和推广工程。整个CNCI从2009年开始，耗时十年完成建设，成为美国通过行政法规确立国家网络安全战略，由政府机构主导，商业公司广泛参与，从而充分保障技术落地、提升网络安全能力、保证国家网络安全战略得以贯彻的范例。

4. 对我国的借鉴意义

　　我国的信息安全治理体系符合我国国情，并且更为高效。

　　从法律的角度看，我国出台过100余部与安全有关的法律法规。随着《中华人民共和国国家安全法》《中华人民共和国网络安全法》《中华人民共和国个人信息保护法》《中华人民共和国数据安全法》《中华人民共和国密码法》《关键信息基础设施安全保护条例》的出台，我国目前已经基本完成网络安全对应的法律法规体系的建设。

　　从组织机构设置的角度看，如果说美国建立的是由国家网络空间安全办公室牵头的"三驾马车"，我国则是"三位一体"。中共中央网络安全和信息化委员会办公室、公安部、TC260全国信息安全标准化技术委员会，联合各自对口的分支机构与协作单位，可以从战略、措施、技术角度，建立起完整覆盖全国、全行业的信息安全组织管理和技术体系，有力推动安全战略的执行。

　　从技术落地的角度看，我国通过建立公开的标准与规范来引导技术落地；通过安全"等级保护"检查等促进实施；基于一系列的安全行动计划，比如工业互联网安全、"IPv6+"行动计划等，引导各用户单位和厂商参与其中，可以在短时间内取得有效推动安全战略规划在各行业推广执行的效果。

3.1.3　韧性架构设计参考

目前全球范围内，最具系统化的韧性相关理论与实践，就是以NIST SP 800-160（卷2）、NIST CSF/IPDRR等为代表的韧性架构。从2007年起，该架构已经经过了十几年的发展建设，所取得的经验值得深入研究。

1.　国外韧性概念和对应技术体系产生的背景

网络攻击活动日益猖獗，2020年底曝出的SolarWinds网络攻击事件，以及2021年的Apache Log4j供应链攻击事件中，全球众多政府机构、IT公司和安全公司沦陷。在日益复杂的网络攻击面前，没有任何人可以幸免。

美国国土安全部网络安全和基础设施安全局局长珍·伊斯特利曾经在黑帽2021大会的演讲中表示：联邦政府遭受的最广泛攻击是国家级网络攻击，如SolarWinds供应链攻击，Microsoft Exchange服务器漏洞利用，以及其他网络罪犯的勒索软件活动等。

NIST研究员罗恩·罗斯称"经验数据表明，国家级支持型黑客集团往往水平高超且极富耐心，我们根本无法长期将攻击者阻挡在系统之外"，其中攻击者采取的典型手段就是APT攻击。

在各种APT攻击下，保护网络和基础设施的旧方法，如边界防御和防渗透等，已不能再保护组织的资产和数据，需要设计更新的安全方法以减轻攻击造成的风险。

2.　韧性基本思路与案例

由于网络安全风险具有多样性、复杂性和不可预见性，保证网络空间绝对的安全是不现实的。因此，网络安全的工作重点逐渐从阻止网络事故的发生转向缓解事故带来的危害，安全目标也从尽力抵御攻击，转变为确保系统的业务连续性。

韧性概念最初是由著名生态学家霍林在1973年发表的一篇名为《生态系统的韧性和稳定性》（"Resilience and Stability of Ecological Systems"）的论文中提出，后来被引入网络信息体系。

2010年，美国MITRE公司发表了一篇题为《构建安全、韧性的网络任务保障架构》（"Building Secure, Resilient Architectures for Cyber Mission Assurance"）的论文，开启了网络韧性架构领域的研究。该论文开宗明义地指出：百分之百的安全防御是不现实的，必须考虑在防护失效的情况下，采取恰当的补偿措施，以确保在遭受攻击的情况下仍然能够达成使命，从而引出了所谓韧性架构的概念。

论文还提出了几种关键的韧性技术与机制，包括多样性、冗余、完整性、隔离/分段/遏制、检测/监测、最小特权、非持久化、分布式和MTD、自适应管理与响应、随机化与不可预测性、欺骗等。这些技术也构成了后来的网络韧性工程框架的雏形。回顾历史，我们发现，2010年提出来的这些技术很多后来都成了热门技术。

罗恩·罗斯对韧性系统有如下解释："我们想要实现的是一个我们称之为'网络韧性'的系统，它可以持续运行并支持商业运营中的关键任务。即使它不是处于完美状态，甚至某种程度上处于退化的状态。"

韧性体系提倡超越传统的安全防御思路，更多地关注于构建一个可信赖的系统，能够通过消减攻击者对网络或基础设施造成的破坏性影响，来应对不可避免的攻击威胁。

2015年，奈飞公司成功应对亚马逊AWS云服务宕机事件，这被认为是网络安全韧性价值体现的典型案例。

奈飞的流媒体业务主要部署在AWS云上，虽然亚马逊AWS的服务水平高达99.95%，但依然不能保证达到100%。2015年9月20日，亚马逊美国东部区域的DynamoDB服务因遭受莫名攻击出现故障，引发连锁反应，致使与其关联的20多个服务失效。在这一区域运行的众多知名互联网企业，如Airbnb、Nest、IMDb的网站都发生了故障。但是得益于事前的韧性设计和应急演练，奈飞公司成功避开事件影响，业务没有出现任何问题。

3. 美国韧性相关法规与标准规范发展历史

2009年5月29日美国发布《网络空间政策评估：确保拥有可靠的和有韧性的信息与通信基础设施》报告，被认为是最早提出了可信与韧性要求。

2011年，MITRE正式提出了网络韧性工程和网络韧性工程框架的概念。

2013年1月，美国的国防科学委员会工作组发布报告《韧性军事系统与高级网络威胁》（*Resilient Military Systems and the Advanced Cyber Threats*），指出面对高级网络威胁，谁也无法保证自己的系统不被攻破，必须引入系统安全工程的方法，建立起可防御的、可生存的、可信赖的系统。

2013年2月，奥巴马签发了EO 13636《改进关键基础设施网络安全行政指令》。

2014年，NIST在EO 13636的要求下，发布《改进关键基础设施网络安全框架》（*Framework for Improving Critical Infrastructure Cybersecurity*）。

2017年，MITRE发布《网络韧性设计原则》（*Cyber Resiliency Design Principles*）；2018年，发布《网络韧性指标、有效性度量和评分》（*Cyber Resiliency Metrics, Measures of Effectiveness, and Scoring*）。

2018年，美国国防部发表了《国防部网络防御战略2018版》（*2018 Department of Defense Cyber Strategy*），明确指出平时要强化自身网络和系统的安全与韧性。之后不久，白宫发布了美国的《国家网络战略》（*National Cyber Strategy*），提出了"管理网络安全风险，提升国家信息和信息系统的安全与韧性"的目标。

2019年11月，NIST正式发布SP 800-160（卷2）《开发网络韧性系统：一种系统安全工程方法》（*Developing Cyber Resilient Systems: A Systems Security Engineering Approach*）。

2019年11月，美国国土安全部和国务院共同参与发布《关键基础设施安全和韧性指南》（*A Guide to a Critical Infrastructure Security and Resilience*），总结了美国采用的保障关键基础设施安全和韧性能力的方法，分享了之前15年美国所吸取的经验教训，以推动提高美国关键基础设施安全和韧性能力。

2020年，兰德公司发布报告《度量网络安全和网络韧性》（*Measuring Cybersecurity and Cyber Resiliency*），通过攻防演练，呈现了网络攻击中网络韧性的重要性。

4. 韧性的目标与特点

韧性是指在发生负面事件（包括灾难、安全攻击等事件）的情况下，企业或机构继续交付预期结果（快速恢复和继续运行）的能力。

韧性的思路是从尽力抵御攻击，转变为确保系统的业务连续性。在防御失效的情况下，保证系统的业务功能依然处于可接受状态。

韧性系统具有如下特点。

- 获得可预期的信任。NIST的研究员罗恩·罗斯表示，"在过桥或者乘坐飞机时，大家对其充满信心，认定其能够将自己送往目的地，这种信任感绝非随机产生的。好比土木工程师在设计一座桥梁时，可以核算其能够承载的车辆、允许通过的重量；软件工程师在设计代码时也应尽可能明确其可信赖的安全强度"。

- 基于最坏情况考虑。网络韧性的概念假设攻击者已经获得了对系统（NIST将系统定义为硬件、软件和固件的集合体）的访问权。因为没有人能百分之百确保信息系统没有被入侵，因此必须做最坏打算。

- 高强度。无论攻击是来自网络犯罪团伙、国家级组织，还是恶意的内部人员，无论是哪种形式的攻击，包括打开钓鱼邮件，或更复杂的供应链攻击，系统都必须保证不会发生安全事件。

- 经济性。Splunk公司CTO安塔民认为，"必须从根本层面上改变网络攻击与防御领域的经济形式，应考虑如何将网络防御成本削减至如今的千分之一"。

- 兼容性。NIST SP 800-160（卷2）在设计中就将美国现有的"爱因斯坦-2"入侵检测系统纳入体系；NIST SP 800-160（卷2）中还演示了网络韧性如何与零信任架构（NIST SP 800-207）一起工作，以限制攻击并防止攻击者在整个网络中横向移动，还可以与"网络微分段"等其他技术相结合。

5. NIST SP 800-160（卷2）《开发网络韧性系统：一种系统安全工程方法》

　　NIST认为，系统的安全问题源于设计，系统的复杂性和动态性决定了必须依据系统工程的思想来设计系统架构。因此，NIST提出了"系统安全工程"的概念，并出版了NIST SP 800-160（卷1）《系统安全工程：值得信赖的安全系统工程中的多学科方法的考虑》。

　　在考虑构造新的网络安全保障框架的时候，计算机科学家希望能将构建物理基础设施的安全思路纳入软件构建，因此形成了韧性网络基础设施的设想。

　　NIST SP 800-160用到了一套应用于系统与软件工程国际标准15288的框架，即人们实际用于构建系统（包括桥梁与航空）的方法。标准起草人罗恩·罗斯表示，"我们将两个不同的世界联系了起来，即计算机安全世界与系统工程师世界，二者拥有不同的语言、业务处理方式及方法论思路"。

NIST SP 800-160（卷2）提到，试图使用工程化的方法建立信息化基础设施的韧性，从而让网络基础设施获得足够的安全性。该规范将与ISO/IEC/IEEE 15288:2015《系统和软件工程：系统生命周期过程》、NIST SP 800-160（卷1）、NIST SP 800-37《信息系统和组织的风险管理框架：安全与隐私的系统生命周期方法》、NIST SP 800-53《为联邦信息系统和组织而推荐的隐私与安全控制》等规范结合使用。

NIST SP 800-160（卷2）几乎没有定义新的技术能力，安全能力完全复用NIST SP 800-53中的安全能力。它是一份手册，根据系统工程的观点，结合风险管理过程，实现确定的网络韧性成果，以帮助组织确定什么是正确的安全思路，以及长期积累安全经验和专业知识。组织和机构可以选择、调整和使用该手册中描述的部分或全部网络韧性构造（即目标、技术、方法和设计原则），并将这些构造应用到系统设计的技术、操作和威胁环境中。

网络韧性的目标是使系统具有预防和防御网络攻击的能力，以及在遭受网络攻击后恢复和适应的能力，如表3-1所示。NIST SP 800-160（卷2）对以上4个能力要求进行细化，提出了阻止或避免、准备、持续、限制、重构、理解、转移、重新架构等8个具体目标，用于说明系统应该实现的功能。该规范列举了14类技术、49种方法供系统工程师采用，提出了5条战略性设计准则用于描述组织的风险管理策略，并进一步细化为14条结构化设计准则，如表3-2所示。

表 3-1　网络韧性的目标

目标	目标描述
预防性	对潜在的威胁进行预测和预防，监视和识别系统的关键功能或部件是否处于被攻击状态
防御性	在遭受攻击的情况下，维持业务运行而不会导致系统性能下降或功能丧失
恢复性	在发生攻击的过程中或攻击发生后，恢复业务正常的运行、性能和功能
适应性	从之前的攻击中学习，提升技术水平，改进管理方法或调整响应策略，以应对网络威胁的变化

表 3-2　网络韧性的结构化设计准则

编号	结构化设计准则	主要思想
1	限制对信任的需求	限制需要受信任的系统元素的数量（或系统元素需要受信任的时间长度），这样可以减少所需的投入，以及实现持续的保护和监控
2	控制可见性和使用	控制可以被发现、观察和使用的资源，将增加对手在寻求扩大其立足点或增加对手对包含网络资源的系统的影响时的投入成本

续表

编号	结构化设计准则	主要思想
3	包含和排除行为	限制可以做些什么以及可以采取行动的地方，可以减少对部件或服务造成威胁或中断的可能性或减轻影响程度
4	分层防御和资源分区	纵深防御和分区的结合增加了对手克服多重防御所需的投入
5	计划和管理多样性	多样性是一种成熟的恢复技术，可以消除单点攻击或失败。然而，架构和设计应该考虑成本和可管理性，以避免引入新的风险
6	保持冗余	冗余是许多恢复策略的关键，但随着配置的更新或连接的更改，冗余会随着时间的推移而降低
7	保持资源多地可用	绑定到单个位置的资源（例如，仅在单个硬件组件上运行的服务、位于单个数据中心的数据库）可能会成为单个故障点，从而成为高价值目标
8	利用健康和状态数据	健康和状态数据可用于支持态势感知、指示潜在可疑行为和预测适应不断变化的需求
9	保持态势感知	态势感知，包括对可能出现的性能趋势和异常的感知，为网络行动方案的决策提供信息，以确保任务完成
10	自适应管理资源（风险）	风险自适应管理支持敏捷性，即使在组件中断或停机的情况下，仍然可以为关键操作提供补充，以缓解风险
11	最大化瞬态	使用瞬态系统元素可将暴露于对手的活动的持续时间降至最低，而定期刷新到已知（安全）状态可删除恶意软件或受损的数据
12	确定持续的可信度	对数据或软件的完整性或正确性进行定期或持续的验证和 / 或确认，会增加对手修改、捏造数据功能所需的投入。类似地，对单个用户、系统组件和服务的行为进行定期或持续的分析，可能会增加怀疑，从而触发更密切的监视、更严格的权限或隔离等响应
13	改变或破坏攻击面	攻击面的破坏会导致对手浪费资源，对系统或防御者做出错误的假设，或过早发动攻击、泄露信息
14	使欺骗和不可预测性的效果透明	欺骗和不可预测性可以是对付对手非常有效的技术，导致对手暴露其存在或 TTP（Tactics，Techniques and Procedures，手段、技术和攻击步骤），浪费对手精力。然而，如果应用不当，这些技术也会让用户产生困惑

　　NIST SP 800-160（卷2）对以上内容进行了详细的说明，明确了技术、方法、设计准则与需求、目标、系统生存周期的对应关系，从而形成严密的技术体系。

　　NIST SP 800-160（卷2）专注于网络韧性工程议题，并在其定义当中指定了以下4项特征。

　　• 关注使命：最大限度提升组织在自身系统与基础设施已经遭遇对方入侵

的情况下，可继续执行关键或基本任务以及业务功能的能力。

- 关注对手：对手水平高超且资源充足，必须透彻理解其行动方式。
- 假设已经遭遇违规：这是网络韧性层面的一项基本假设，即无论系统设计质量如何、安全组件的效能如何以及所选定组件的可信度如何，有决心且具备相关技能的对手终将成功实施入侵。
- 假设对手已实现持久驻留：APT的隐匿特性，使得组织很难确定威胁因素是否已经得到根除。

网络韧性的实施应该是一个迭代的过程，可以按照以下步骤进行。

- 梳理自身业务架构和IT资产，实时掌握网络业务环境中所有资产的动态变化、资产本身的安全风险与面临的内外部威胁。
- 对资产开展风险测评及整改，构建网络的纵深防御。
- 结合威胁情报和大数据智能分析等手段，进行常态化威胁监控，从海量事件中准确地发现网络威胁。
- 根据网络架构及业务系统特性，制订恢复计划。
- 积极开展攻防演练，检验业务系统在被攻击情况下的安全响应能力。当出现网络攻击事件后，按照响应流程进行快速应急响应。

基于网络韧性的目标、设计原则、技术项、实施过程，NIST SP 800-160（卷2）为网络系统的韧性设计提供了一套概要性的工程化参考框架，其韧性组件间的关系如图3-1所示。

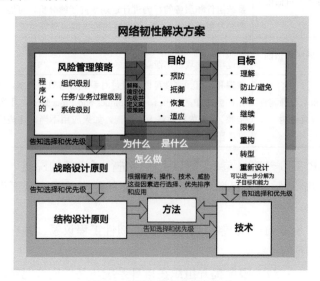

图 3-1　网络韧性组件间的关系

这套框架的基本原则和思路对我国自主规划、建设韧性架构有很高的参考价值，但由于NIST SP 800-160（卷2）等韧性参考架构是NIST基于美国的信息系统与安全现状，考虑了美国当时的技术和工程项目的积累情况而制定的，在不具备同等条件的情况下，这些参考架构在具体技术体系和建设流程中能起到的作用非常有限，难以适配我国技术现状，无法照搬与套用。

3.1.4 韧性架构顶层设计

为了能切实解决国内的安全问题，设计符合我国现状的韧性业务保障体系结构，需要从安全的第一性原理出发，基于对安全理论体系的理解，即对安全之道的理解，参考国外NIST SP 800-160（卷2）等韧性架构的内容，结合国内信息系统的安全规范要求以及在实际工作中积累的安全实践与安全架构的顶层设计经验，自主进行设计。

图3-2给出了韧性架构的顶层设计示意，大体可分为三个部分。每一部分都有明确的输入与输出，前一部分的输出就是后一部分的输入，每一部分都有各自的功能侧重，有相应的方法论和参考规范。下面从三个方面进行介绍，大体对应图3-2中的①②③。

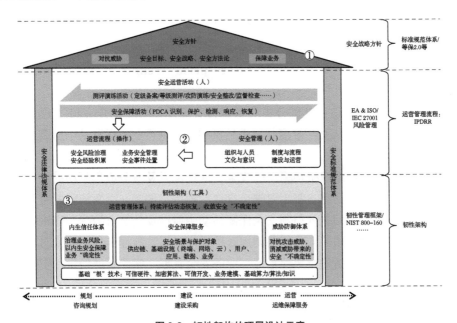

图 3-2　韧性架构的顶层设计示意

1. 安全战略方针指导下的法律法规与标准规范体系

安全战略方针指导下的法律法规与标准，既是整个体系结构设计的基础与前提条件，也是整个架构需要支撑的目标。任何机构所建立的安全体系结构，都必须遵从机构所在国家与行业的相应安全法律法规与标准，最终为更高层的安全战略方针服务。

安全法律法规与标准是安全体系结构设计的最原始输入，各机构需要对法律法规、标准进行解读，结合机构自身的业务目标，形成指导机构正常运营的管理机制与流程要求，形成机构内部需求文件下发，用以指导构建包括"人、技术、操作"在内的安全体系结构。

2. 安全管理与流程体系

安全管理与流程体系的目标是从机构的组织结构以及业务安全运营两个维度，建立与机构组织和业务要求相匹配的对应管理机制与安全运营运维动作，整理出安全运营的管理流程要求。安全管理与流程体系的输入，是各种合规、机构运营相关的安全需求；输出是用以指导安全技术体系的技术能力建设的安全操作流程要求。

安全管理与流程体系又可分为以下三个部分。

- 安全管理：此部分由机构的组织结构决定，包括组织与人员、文化与意识、制度与流程、建设与运营等，是组织结构所驱动的管理需求，可以参照ISO/IEC 27001与EA（Enterprise Architecture，企业架构）进行设计。
- 安全运营活动：此部分由业务运营管理团队（比如企业IT）规划与使用，致力于从安全维度制定满足机构正常进行业务运营活动所需的安全流程要求。
- 运营流程：组织机构驱动的安全管理规范以及业务流程驱动的正向、逆向安全运营活动，都会对安全操作流程提出要求。运营流程就是对机构内所有安全相关人员与安全保障活动中所涉及的所有流程动作进行统一管理，确保相关人员需要调用哪种操作，运营流程中都能找到对应项。运营流程包括安全风险治理、业务安全管理、安全事件处置、安全经验积累等。

安全管理与流程体系的输出是一系列安全操作要求，韧性架构下运营管理流程的建设以NIST IPDRR方法论作为指导，从IPDRR对应的阶段分别提炼对应的操作要求。

3. 安全技术体系 / 韧性架构

安全技术体系就是具体的技术工具集。决定体系中需要包含哪些技术的依据有两个，一是保护对象的技术要求，二是操作流程中所涉及的技术工具，以下分别介绍相关的安全能力。

（1）保护对象驱动的安全能力

针对不同的保护对象需要具备不同的安全能力，比如同样是加密功能，要保护网络，就有网络加密，要保护数据，就有数据加密。在相同的安全框架下，由于被保护对象不同，具体采用的安全技术也有差别。

但是无论是何种保护对象，采用的都是同一个安全方法论，即保证不同被保护对象在风险条件下的行为确定性。而我们可以从三个维度来保证业务确定性，分别是系统内生的确定性建立、对威胁因素造成的不确定性的消减，以及对确定性的动态运营保障，具体说明如下。

- 系统内生的确定性建立：明确一个正常的系统应该具备什么样的功能行为。通过系统内生的各种安全机制和安全策略，定义不同业务系统的合法业务行为是什么，建立系统合法功能所对应的系统的确定性行为基线。

- 对威胁因素造成的不确定性的消减：一个威胁之所以成为威胁，是因为它会对受业务保护系统的正常功能造成不利影响，会使系统产生与设计不符的、不可预期的、不确定的行为。消除威胁并不是安全的最终目标，而只是手段，需要通过消除威胁，避免威胁对系统行为的确定性产生不利影响，避免威胁破坏对应系统的确定性行为。

- 对确定性的动态运营保障：系统在运行中，由各种内部、外部因素所造成的对系统确定性的破坏几乎是不可避免的。即系统一定存在内部缺陷，在各种因素的作用下，一定会倾向于发生与设计不相符、不可预期的行为，此时系统的行为表现就会偏离系统正常的行为基线。系统行为确定性运营的目标，是尽快发现系统行为的异常，并及时纠偏，避免或者消减这种偏差对系统中的业务所产生的不利影响。

（2）操作流程驱动的安全能力

在正常的安全体系结构中，应该是由安全运营管理流程来决定需要使用哪些安全能力工具，而非由技术工具决定操作流程。好比需要敲钉子才去找锤

子，并不是因为手里有了锤子才去找钉子。操作流程决定了用户在实际工作中需要用到什么样的工具，那么技术体系就需要准备对应的技术能力；操作流程需要哪些功能部件实现联动，那么技术体系就要准备好这些部件之间的对接接口。

下面各节将按照韧性架构的顶层设计和分工，对韧性架构与其中的关键技术逐一展开介绍。

| 3.2 法律法规标准体系的建设 |

法律法规标准体系是整个韧性架构存在的法理基础以及最根本的建设指导，是韧性架构的设计输入。

3.2.1 法律法规标准体系的目标与价值

法律法规标准，是机构建立安全体系的最原始输入，一个机构需要根据自身的业务场景对法律法规标准进行解读，明确自身的义务，同时确定机构对应的安全目标与安全战略。

机构的安全目标一般是指：信息系统遵守国家的相关安全法律法规，遵循行业内的相关标准，能确保机构运转正常，能持续性地给支撑业务提供所需的服务功能。也就是说，信息系统所提供的功能提高了业务的竞争力，能为机构的长远发展提供安全保障和支持，同时，从成本效益角度分析，在安全方面所投入的成本与所防范的风险威胁相平衡。

总之，安全体系结构根据法律法规标准体系来确定目标、战略、流程和所需的技术支撑。

3.2.2 安全法律法规与标准的关系

无论国内还是国外，都是先有法律法规，才有安全标准。法律法规明确了义务和需求，标准则结合场景或者技术，实现对要求的细化和场景化。

1. 国外安全法律法规与对应的标准体系建设情况

（1）国外安全战略与法律法规介绍

美国安全方面法律法规的发展体现了其安全战略的不断激进。

2003年2月，小布什政府发布《网络空间安全国家战略》报告，正式将网络安全提升至国家安全的战略高度，从国家战略全局对网络的正常运行进行谋划。

2004年，美国参谋长联席会议制定的军事战略报告提出，要发展在"全球公域"（包括太空、网络空间、国际水域和空域）的行动能力，要像控制公海一样控制网络空间。

2009年3月，奥巴马政府修订了《国家网络安全综合计划（CNCI）》，要求增强网络空间的攻击能力，体现了"攻击为主、向前防御、网络威慑"的思想。

美国的国家安全局、国土安全部、国防部、能源部、国家标准研究所，长期在制定安全规范与标准方面进行大量投入。

国际上，欧洲、日本、俄罗斯也都建立了较为完整的与网络安全相关的法律法规体系。比如，欧洲率先颁布了GDPR等严格的数据安全与隐私保护法规，并以此约束全球跨国公司在欧洲的行为。

（2）国际信息安全标准化组织

1983年，美国国防部颁布了历史上第一个计算机安全评价标准TCSEC，开启了安全技术标准制定的先河。

国外信息安全的标准化兴起于20世纪70年代中期，20世纪80年代有了较快的发展，20世纪90年代引起了世界各国的普遍关注。特别是随着信息数字化和网络化的发展和应用，信息安全的标准化变得更为重要。目前，国际性的标准化组织主要有ISO、ISO下属第27分委会（SC27）、IETF（Internet Engineering Task Force，因特网工程任务组）、IEC及ITU-T SG17。这些组织在安全需求服务的分析指导、安全技术机制开发、安全评估标准等方面制定了许多标准和草案。

2. 我国安全法律法规与对应的标准体系建设情况

（1）我国的安全战略与法律法规介绍

我国的法律法规同样服务于我国的网络安全战略。《中华人民共和国网络安全法》中提出，国家积极开展网络空间治理、网络技术研发和标准制定、打击网络违法犯罪等方面的国际交流与合作，推动构建和平、安全、开放、合作的网络空间，建立多边、民主、透明的网络治理体系。

经过十多年的发展，目前我国现行法律法规中，与信息安全有关的已有近百部，它们涉及网络与信息系统安全、信息内容安全、信息安全系统与产品、保密及密码管理、计算机病毒与危害性程序防治、金融等特定领域的信息安全、信息安全犯罪制裁等。文件形式涵盖法律、有关法律问题的决定、司法解释及相关文件、行政法规、法规性文件、部门规章及相关文件、地方性法规与地方政府规章及相关文件等，初步形成了我国信息安全法律体系。

（2）我国信息安全标准化组织

我国早期的标准体系基本上是采取等同、等效的方式借鉴国外的标准，如GB/T 18336等同于ISO/IEC 15408。后来随着国内信息化的发展，开始形成完善的标准体系。我国的国家标准分为强制性国家标准、推荐性国家标准和国家标准化指导性技术文件3类。国家标准化指导性技术文件在实施3年内必须进行复审，复审结果可能是有效期再延长3年，或者成为国家标准，或者撤销。

我国的网信办、公安部、各相关研究院所、各行业协会，每年都会根据需要制定对应的安全标准。

国家标准机构是在国家层面上承认的，有资格成为相应的国际和区域标准化组织的国家成员的标准机构。国内的信息安全标准化组织主要有全国信息安全标准化技术委员会（简称TC260）、全国通信标准化技术委员会（简称TC485）、中国通信标准化协会下辖的网络与信息安全技术工作委员会。其中，TC260是我国最高级别的国家标准机构。

3.2.3 安全法律法规与标准举例

本节以我国基本安全法律法规与标准体系为例展开讨论，便于大家理解常用的法律法规与标准。

1. 从《中华人民共和国网络安全法》到网络安全等级保护

不同行业、不同性质的企业和机构，都要遵循法律法规，执行相应的安全要求。中国境内所有的企业和机构都必须以《中华人民共和国网络安全法》、网络安全等级保护为安全基准。对于认定的关键基础设施，还要遵循《关键信息基础设施安全保护条例》《中华人民共和国数据安全法》等其他国内法律。

2017年6月1日施行的《中华人民共和国网络安全法》第二十一条规定，国家实行网络安全等级保护制度。第三十一条规定，对可能严重危害国家安全、国计民生、公共利益的关键信息基础设施，在网络安全等级保护制度的基础上，实行重点保护。网络运营者要从定级备案、安全建设、等级测评、安全整改、监督检查角度，严格落实网络安全等级保护制度。

"等级保护"的核心思想是纵深防御战略，该战略的三个主要层面包括人、技术和操作，重点是人员在技术支持下实施运行维护的信息安全保障问题。网络安全等级保护中的"一个中心、三重防护"思想也来源于此。"一个中心"即安全管理中心，"三重防护"即安全计算环境、安全区域边界、安全通信网络。

等级保护是我国信息安全的基本制度，是我国重要信息系统的工作体系，现在已经上升到法律层面。

2. 网络安全等级保护 1.0 阶段

我国的等级保护政策始于1994年发布的《中华人民共和国计算机信息系统安全保护条例》（国务院第147号令），其中明确提出了计算机信息系统实行安全等级保护。之后于1999年发布了国家强制标准《计算机信息系统安全保护等级划分准则》（GB 17859—1999）。

安全等级保护的思想源于美国国防部1985年发布的《可信计算机系统评估准则（TCSEC）》。TCSEC将信息安全等级分为4类，从低到高分别为D、C、B、A，每类中又细分为多个等级。我国将这种分等级测评的思想扩展到了管理层面，提出将计算机信息系统按照其重要程度划分为多个等级进行管理。

我国针对等级保护工作的具体实施，颁布了许多标准和规范，包括用于指导系统定级的《信息安全技术　信息系统安全等级保护定级指南》（GB/T 22240—2008）、确定等级划分依据的《计算机信息系统安全保护等级划分准则》（GB 17859—1999）、明确各级信息系统应达到要求的《信息安全技术　信息系统安全等级保护基本要求》（GB/T 22239—2008）、用于明确信息系统中各类对象应达到要求的《信息安全技术　信息系统通用安全技术要求》（GB/T 20271—2006）、《信息安全技术　操作系统安全技术要求》（GB/T 20272—2006）、《信息安全技术　数据库管理系统安全技术要求》（GB/T 20273—2006）等，还有其他如指导如何进行等级测评、如何实施等级保护工作的相关具体标准规范，它们均为各单位开展等级保护工作的依据。

2007年，《信息安全等级保护管理办法》（公通字〔2007〕43号）文件的正式发布，标志着等保1.0阶段的正式启动。等保1.0规定了等级保护需要完成的规定动作，即定级备案、建设整改、等级测评和监督检查。为了指导用户完成等级保护的规定动作，2008—2012年又陆续发布了等级保护的一些主要标准，构成等保1.0的标准体系。经过10余年的发展，等保1.0普及并强化了网络安全意识，提升了国家及各行业整体安全防护水平。

3. 网络安全等级保护 2.0 的主要内容

随着信息技术的发展，等级保护对象已经从狭义的计算机信息系统，扩展到网络基础设施、云计算平台/系统、大数据平台/系统、物联网、工业控制系统、采用移动互联技术的系统等不同的信息化领域。网络安全体系建设从被动的防御，到事前、事中、事后全流程的安全可信、动态感知和全面审计，实现了对传统信息系统、基础信息网络、云计算、大数据、物联网、移动互联网和工业控制信息系统这些等级保护对象的全覆盖。此阶段所对应的"等保"要求，已经是等保2.0了。

等保2.0对安全技术进行了大幅度调整。整体结构上，把等保1.0中的物理安全、网络安全、主机安全、应用安全、数据安全，变成安全物理环境、安全通信网络、安全区域边界、安全计算环境和安全管理中心，体现了"一个中心，三重防护"的理念，充分借鉴了IATF 3.0规范中所体现的纵深防御思想。

在等保2.0中新引入了安全特性，即增加了"可信验证"的要求，在"安全区域边界""安全通信网络"和"安全计算环境"中，均对可信验证提出要求。

"一个中心、三重防护"的网络安全保障方案，是指由一个安全管理中心，以及安全计算环境、安全区域边界、安全通信网络三重防护所构成的网络安全等级保护方案设计。它的基本思想是建立以安全计算环境为基础，以安全区域边界、安全通信网络为保障，以安全管理中心为核心的信息安全整体保障体系。即在等级保护安全技术框架中，安全防御体系是由"一个中心、三重纵深防御体系"所构成的单一级别安全保护环境及其互联。

截至目前，等保2.0系列已经完成的配套规范如下。

- GB/T 22239—2008《信息安全技术　信息系统安全等级保护基本要求》改为GB/T 22239—2019《信息安全技术　网络安全等级保护基本要求》。
- GB/T 25070—2010《信息安全技术　信息系统等级保护安全设计技术要求》改为GB/T 25070—2019《信息安全技术　网络安全等级保护安全设计技术要求》。
- GB/T 28448—2012《信息安全技术　信息系统安全等级保护测评要求》改为GB/T 28448—2019《信息安全技术　网络安全等级保护测评要求》。

信息安全等级保护是将全国的信息系统（包括网络）按照重要性和遭受损坏后的危害程度分成五个安全保护等级，从第一级到第五级，逐级增高。各级从低到高的五个安全保护能力，在等保2.0中的要求描述如下。

第一级安全保护能力：应能够防护免受来自个人的、拥有很少资源的威胁源发起的恶意攻击、一般的自然灾难，以及其他相当危害程度的威胁所造成的关键资源损害，在自身遭到损害后，能够恢复部分功能。

第二级安全保护能力：应能够防护免受来自外部小型组织的、拥有少量资源的威胁源发起的恶意攻击、一般的自然灾难，以及其他相当危害程度的威胁所造成的重要资源损害，能够发现重要的安全漏洞和处置安全事件，在自身遭到损害后，能够在一段时间内恢复部分功能。

第三级安全保护能力：应能够在统一安全策略下防护免受来自外部有组织的团体、拥有较为丰富资源的威胁源发起的恶意攻击、较为严重的自然灾难，以及其他相当危害程度的威胁所造成的主要资源损害，能够及时发现、监测攻击行为和处置安全事件，在自身遭到损害后，能够较快恢复绝大部分功能。

第四级安全保护能力：应能够在统一安全策略下防护免受来自国家级别的、敌对组织的、拥有丰富资源的威胁源发起的恶意攻击、严重的自然灾难，以及其他相当危害程度的威胁所造成的资源损害，能够及时发现、监测发现攻击行为和安全事件，在自身遭到损害后，能够迅速恢复所有功能。

第五级安全保护能力：略。

等保2.0所构成的安全体系如图3-3所示，供理论参考。

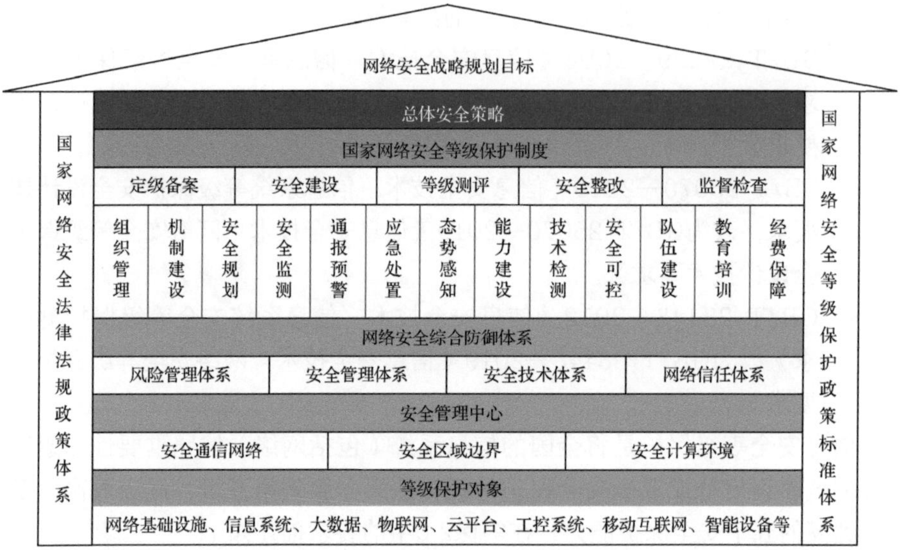

图3-3　等保2.0所构成的安全体系，参考GB/T 22239—2019《信息安全技术　网络安全等级保护基本要求》

| 3.3　安全管理体系的建设 |

吉尔吉斯斯坦有一句谚语，"不会缝纫的人会把一切归咎于针"。这句话同样适合用来描述当前有些部门的安全体系建设，安全体系不只是技术体系，单纯依靠技术和产品来保障企业信息安全是不够的，还需要管理流程的建设，但是管理和技术如何协调，谁占的比重应该更大？其实，如同缝纫与针的关系一样，管理流程和技术能力是一体的，技术能力支撑管理流程，技术能力由管理流程驱动，甚至可以把技术体系看成管理体系的一部分，两者不应该是割裂的。

3.3.1　安全管理体系的目标与价值

本节将主要介绍安全管理体系的目标与价值，以及经常提到的等保、ISO/IEC 17799/27001、EA三套不同安全规范与方法论的区别。

1.　安全管理体系的目标与价值

安全管理体系的目标与价值可以专门写一本书，但概括起来就是一句话：避免企业犯"明明是胃疼，却去买感冒药"的低级错误。有人会问，当前集中了优秀人才和完善流程的机构和企业，谁还可能犯这样的低级错误呢？其实类似的错误不但一直存在，甚至还被奉为"金科玉律"。比如，一个机构明明面对的是APT攻击威胁，却只会严格按照等保中的技术能力检查项，按图索骥来构建一个合规的安全体系。而建设系统安全管理体系的初衷，是为了让企业和机构的安全投资更有针对性、更有效率。

我们举个简单的例子来解释管理体系的用途，以及管理与技术体系的关系。假设一个人生病了，经过诊断是胃病。他到药店去买药，应该是去买治胃病的药，但是走进药店一问，这里的感冒药卖得最好了，人人都在买。因此转念一想，他就买了感冒药回去治胃病。

在这个例子里，决定买什么药的过程，就是管理体系，而药就是对应的技术体系。从概念上，我们都知道应该是生什么病、买什么药，而不是有什么药、生什么病。但是如果没有成熟的管理体系和对应的规范，绝大部分的企业在建设安全体系的时候，都会犯"有什么药，就该得什么病"的低级错误。原因也很简单，"病人"（企业和机构）不知道自己有什么病，而"药店"（安全厂商）会推荐对自己最有利的药品。造成上述问题的原因并不是安全厂商有多坏，而是厂商实际上根本就不了解企业的情况，只能根据业界的情况和自身的专长给出他认为最合理的建议。

最典型的例子是2007年的时候曾经有一个消息，美国政府把基于特征检测的安全产品从政府采购名录中去掉了。于是我国安全厂商开始认为"基于特征检测的安全产品过时了，现在是行为分析和威胁情报的天下"，这造成后来很多企业在考虑终端杀毒方案的时候，转而采购所谓的APT防御产品，似乎不这么干就落后了。其实，背后的真正原因是，美国政府发现经过多年的采购，基于特征检测的安全产品在政府部门已经全面普及了，其所能解决的安全问题已经得到了很好的解决，在当时能对美国政府造成损失的是未知威胁这种没法再基于特征库进行检测的风险。因此，美国政府通过管理规定，避免对已有安全能力的重复采购。

对我国企业来说，如果病毒等常规安全问题依然没有得到很好的解决，那么基于特征检测的传统安全产品反而应该优先部署。2007年那一阵子，国内有些企业就犯了"自己感冒还没治好，就先跟着别人吃了一次胃药"的毛病。

2. 等保、ISO/IEC 17799/27001、EA 的区别与相互关系

用户经常被太多的安全管理概念搞糊涂：等保2.0、ISO/IEC 17799/27001、EA……这些看起来完全不同的东西都在讲管理体系，EA似乎是最热门的，它们给出的结论又不一样，到底哪个最好？应该用哪个？听说等保2.0防不住APT，那么等保是否也已经落后了？合规与安全到底是什么关系？……这些问题都可以通过下面简单的例子来说明。

有一个人，今年得过5次病，医生一共给开了5服药，用到8味药材，每次都是药到病除，效果很好。另一个人，今年得过3次病，医生给开了3服药，也是药到病除。第二个人发现虽然他得的病和第一个人的病不一样，药方也不同，但是最后用到的8味药材都是一样的。于是，第二个人得出了结论：今后无论得了什么病，只要把那8味药材买来吃了就行。药店也得出结论：病人们最常用的就是这8种药材，以后多准备着，可以治疗多种疾病。这两个结论是否正确？可见，第一个结论是错误的，因为虽然都是8味药，但是却对应了不同的药方和不同的病；但是第二个结论是正确的，从统计的角度看，常备药材就是那8种。让药方对应管理体系，让药材对应安全技术能力，就可以理解当前在管理体系和技术体系建设中存在的问题了。

大家之所以感觉等保2.0、ISO/IEC 17799/27001、EA完全不同，是因为它们是从不同的角度来描述同一个过程，以不同的方法得出不同视角的结论。等保2.0更倾向于从系统建设的角度给出"医保用药"；ISO/IEC 17799/27001强调从测评的角度提出要求；EA则更倾向于从企业架构的角度正向描述安全体系的建设过程。

先说等保2.0，它的目的是能基于纵深防御理论，帮助企业建立标准相同的安全基线，它的用途是指导通用的安全能力基线建设。说白了，等保2.0的作用就相当于医保药店，它要告诉大众，最常用的药品有哪些，准备好这些通用药品，就可应对各种常见病。等保2.0直接给出了一个统一的安全能力基线要求，并不考虑每一个个体自身的情况，而是对问题和需求进行统计之后给出一个统一标准。因此，等保2.0虽然是个好东西，但是不能用错。等保2.0中规定的是安全能力检查项，顾名思义，是用来对一个已经完成建设的信息系统的安全性进行评估检查，不能倒过来把检查项作为指导安全体系建设的唯一

标准。

ISO/IEC 17799/27001、EA则强调诊疗治病的过程。这两者又有较大的不同。ISO/IEC 17799/27001从PDCA方法论的角度，对于如何建立安全管理体系，通过什么流程解决问题，要从多少个维度分析问题，都给出了相当复杂但又很有原则性的指导，更倾向于建立测评规范，从逆向检查的角度推动用户去建立更加完善的安全机制；EA则是从企业架构的角度，描述了如何正确理解企业业务运营中各方面的需求和问题。用户可以借助EA，从安全的角度，基于企业架构自身的情况，正向发现安全需求，解决安全问题。

可见，等保2.0、ISO/IEC 27001、EA并不是相互冲突的。如果从管理架构和流程的角度看，每个企业、机构因为各自组织结构不同，业务特点不同，会有不同的安全管理体系，甚至在企业发展的不同阶段，对应的安全管理体系也是要发生变化的。

虽然大家已经意识到安全管理体系是很难在不同企业之间进行复制的，但经常被忽视的是，安全技术体系难以简单复制，因为技术体系根本上是由管理体系驱动的。至于大家现在看到的每个人、每个企业所使用的技术产品、技术能力好像都一样，这正如医保药店里面就只有常备药。标准化、合规的技术体系基线化能力，只能解决通用的基线化安全问题，难以有针对性地解决企业自身的特有问题。

在企业安全体系建设中最常见的错误，就是拿着原本用来对信息系统安全状况进行测评的等保、ISO/IEC 27001当中的安全能力检查项，作为建设安全体系的依据。这种错误的后果，就好比学生拿着试卷当教材一样，除了能应付合规检查，根本无法起到体系化建设安全能力的效果。只参照等保中的安全能力要求建成的安全体系，就好比在药店里什么药卖得最好，就去买什么药，而不是有什么病，买什么药，显然实现不了预期的治病效果。

3.3.2　安全管理体系中的ISMS与EA

安全管理体系中比较重要的概念，包括ISMS（Information Security Management System，信息安全管理体系）对应的方法论和ISO/IEC 17799/27001标准体系，以及最近几年很热门的基于EA视角的安全管理体系建设。

1. ISMS 与 ISO/IEC 17799/27001

ISMS是机构整体管理体系的一个部分，是机构在整体或特定范围内建立信息安全方针和目标，以及完成这些目标所用方法的体系。基于对业务风险的认识，信息安全管理体系包括建立、实施、操作、监视、复查、维护和改进信息安全等一系列的管理活动，并且表现为机构结构、策略方针、计划活动、目标与原则、人员与责任、过程与方法、资源等诸多要素的集合。

ISMS的目标是经过必要的处理过程，输出满足需求和期望的信息安全产品，也就是说，即使发生违背信息安全的行为，也不会给组织带来严重的经济损失或干扰，会有训练有素的人员通过适当的程序尽量减少其影响。

由于ISMS体系如此重要，许多国家和国际组织都出台了相应的信息安全管理标准体系。ISO/IEC JTC1 SC27信息安全分技术委员会是制定和修订ISMS标准的国际组织。目前在国际上最广泛采纳的信息安全管理体系是ISO和IEC联合推出的ISO/IEC 17799及ISO/IEC 27001标准。

上述两个标准都源于BS 7799。BS 7799是BSI（British Standards Institute，英国标准协会）于1995年2月制定的信息安全管理标准，分两个部分，其第一部分于2000年被ISO采纳，正式成为ISO/IEC 17799标准。该标准于2005年经过最新改版，发展成为ISO/IEC 17799:2005标准。第二部分经过长时间讨论修订，也于2005年成为正式的ISO标准，即ISO/IEC 27001:2005标准。ISO/IEC 17799:2005《信息安全管理实用规则》中包含11个主题，定义了133个安全控制项；ISO/IEC 27001:2005标准是建立信息安全管理体系的一套规范，指导相关人员怎样应用ISO/IEC 17799，详细说明了建立、实施和维护信息安全管理体系的要求，指出实施机构应该遵循的风险评估标准。它的最终目的在于帮助企业建立适合自身需要的信息安全管理体系，并能最终通过BSI的认证。

目前，ISO正在不断地扩充和完善ISMS系列标准，使之成为由多个成员标准组成的标准族。

目前我国已正式转化的信息安全管理国际标准有：

- GB/T 19716—2005《信息技术　信息安全管理实用规则》（修改采用国际标准ISO/IEC 17799:2000）；
- GB/T 19715.1—2005《信息技术　信息技术安全管理指南　第1部分：信息技术安全概念和模型》（等同采用ISO/IEC TR 13335-1:1996）；

- GB/T 19715.2—2005《信息技术　信息技术安全管理指南　第2部分：管理和规划信息技术安全》（等同采用ISO/IEC TR 13335-2：1997）；
- GB/T 22080—2008《信息技术　安全技术　信息安全管理体系 要求》（等同采用ISO/IEC 27001:2005）；
- GB/T 22081—2008《信息技术　安全技术　信息安全管理实用规则》（代替GB/T 19716—2005，等同采用ISO/IEC 27002:2005）。

　　其中最重要的还是ISO/IEC 27001，该标准是用于指导建立和维护信息安全管理体系的标准，它要求通过PDCA的过程来建立ISMS框架。重点关注的问题包括：确定体系范围，制定信息安全策略，明确管理职责，通过风险评估确定控制目标和控制方式。新信息安全管理体系一旦建立，机构应该按照PDCA周期来实施、维护和持续改进ISMS，保持体系运作的有效性。此外，ISO/IEC 27001非常强调信息安全管理过程中文件化的工作，ISMS的文件体系应该包括安全策略、适用性声明（选择与未选择的控制目标和控制措施）、实施安全控制所需的程序文件、ISMS 管理和操作程序，以及组织围绕ISMS开展的所有活动的证明材料。

　　ISO/IEC 27001将安全管理要求具体分为过程方法要求和安全控制要求两种。

- 过程方法要求：机构根据业务风险要求而建立、实施、运行、监视、评审、保持和改进文件化的信息安全管理体系规定。
- 安全控制要求：为机构选择可以满足自身信息安全环境要求的控制措施而提供的最佳实践集，当然，机构也可以根据自身的特定要求对安全控制措施进行补充。

　　ISO/IEC 27001采用PDCA模型来建立、实施、运行、监视、评审、保持和改进一个单位的ISMS过程。

　　在ISO/IEC 27001中，对PDCA模型的4个环节说明如下。

- 计划：建立ISMS，指根据组织的整体策略和目标，建立与管理风险相关的ISMS策略、目标、过程和程序，改进信息安全期望结果。
- 执行：实施和运行ISMS，指实施和运作ISMS的策略、控制、过程以及程序。
- 检查：监控和审核ISMS，指评估和度量哪些过程的性能与ISMS的策略、目标及实践经验相违背，并报告给管理层复审。
- 处理：维护和改进ISMS，指基于内部ISMS审计、管理层复审结果及其他相关信息，采取纠正和预防动作，实现ISMS的持续改进。

PDCA循环实际上是有效进行任何一项工作的合乎逻辑的工作程序，在质量管理中得到了广泛的应用，并取得了很好的效果，因而被称为质量管理的基本方法。PDCA之所以被称为"循环"，是因为这4个环节不是运行一次就结束，而是周而复始地进行。一个循环结束了，可能还有其他的问题尚未解决，或者又出现的新的问题，则再进入下一次循环，如此反复，各环节之间密切衔接，体现了安全管理的持续性。

总之，信息安全管理是组织整体管理的重要、固有组成部分，它是组织实现其业务目标的重要保障。在信息时代，信息安全问题已经成为组织业务正常运营和持续发展的最大威胁，组织需要信息安全管理，有其必然性。

2. EA 的用途和价值

所有的ISMS对应标准，与ISO/IEC 27001一样，都只是提供了一个大而全的普适性框架，而具体实施则需要安全负责人根据企业实际情况、结合具体技术来进行。针对这类需要，利用EA这个信息管理领域的概念，可以解决如何把管理体系映射到具体技术体系的问题。

EA是通过使用模型和其他表现形式来全面描述和查看企业的实践。EA囊括了复杂企业包含的所有领域，包括安全性、策略和性能、业务、数据、基础设施和应用程序。架构模型提供不同企业系统的视图。这些视图显示了这些实体之间的重要关系。

EA的最终目标是尽可能全面地描述一个企业，如下具体说明。

从企业业务演进的角度，EA可根据组织的需要提供当前状态视图、目标状态视图以及从现状到目标的演进路线图。所有这些工作都遵循某些EA原则，如可伸缩性和尽可能地重用以消除重复、浪费。

EA主要从以下四个视角对企业结构进行描述。

- 业务体系结构。业务体系结构是对业务功能的架构性描述，定义机构内部所有业务系统的结构和内容，包括系统处理的信息和提供的服务功能。
- 信息体系结构。信息体系结构是通过数据模型实现对信息功能的架构性描述，定义机构内部所需要和使用的信息结构（包括相互依赖关系），涉及机构信息的结构和用途。根据机构的战略、战术和业务方面的要求，机构可对信息体系结构加以调整。

- 解决方案体系结构。解决方案体系结构是对业务应用系统的解决方案和功能的架构性描述，是关于软件系统、指导机构的体系结构类型的重要决策集合。
- 信息技术体系结构。信息技术体系结构是对信息技术的基础设施和功能的架构性描述，定义了整个信息系统中的技术环境和基础结构的平台，包括网络、操作系统、数据库、存储器、处理器、安全基础建设、系统运维等技术模块。信息技术体系结构是IT人员较为熟悉的部分。

随着信息化的不断深入，当系统变得越来越复杂时，组织就必须借助EA工具来控制信息化需求，并做出有效的决策。对EA的认识和利用水平决定了一个组织的信息化成熟度。美国国会立法要求所有美国联邦政府必须使用EA。世界500强的部分企业也已经在使用EA来指导信息化建设。

在进行安全管理体系设计时，EA是用来帮助机构理解其自身的构造及运作方式的一种管理工具。机构在应对日益增长的复杂性时，一般用EA来不断优化机构所拥有的技术资源。从安全角度考虑，EA的建立有助于机构深入地了解和认识机构内部的每一个子系统、子系统之间，乃至与其他机构之间的交互和安全影响，例如系统间信息数据流的输入/输出情况的安全影响。作为一个信息管理的工具，EA提供了一个抽象描述大型企业、复杂信息体系的多视角的框架，能更有效地把信息安全的问题引入这个多视角的框架里，便于不同部门的人员沟通、了解并得到更符合实际需要的分析。EA既是大型机构进行改革的一个系统性过程，也是一种方法论，将EA应用于信息安全领域时，着重从 EA 体系框架的多层架构/视角进行分析和探讨。

过去20年，无论国内还是国外，EA方法论在引导与推动大规模、体系化、高效整合的信息化建设，支撑各行各业科学地展开业务运营等方面起到了至关重要的作用。

关于EA架构的定义与标准化，NIST于1989年发布企业架构模型（NIST EA Model），于1999年发布联邦企业架构框架（Federal Enterprise Architecture Framework），于2003年发布国防部体系架构框架（Department of Defense Architecture Framework）等。同时，在企业机构和一些标准化组织中，也涌现出一些具有影响力的框架，例如开放组织结构框架（The Open Group Architecture Framework）。还有IBM使用的组件化业务模型（Component Business Model），美国情报体系使用的联合架构参考模型（Joint Architecture Reference Model）等。这些都是业界实践后抽取出来的标准方法论。

总之，通过 EA的管理框架，机构可以合理有序地把安全考虑加入信息系统开发生命周期里，在机构的组织结构和内部流程中，自然实现信息系统的安全目标分析、安全风险评估、安全保护等级确认、安全保护措施选择、安全区域职责划分、安全事件处理、安全责任追究等功能，为建设更贴近企业业务实际要求的信息安全管理框架、建立融入企业业务流程的对应安全技术措施，提供方法论和分析工具。

3.3.3　正向/逆向安全运营活动

机构日常的安全运营活动包括逆向检查和正向建设两个部分。逆向检查包括各种合规安全检查、测评、演练、审计等。安全的逆向检查活动，是指从机构运营流程外部的视角来测试、审计、检查机构的安全能力的一系列活动。由于安全测评、评估手段具有限制，很难量化反映机构安全能力建设的水平，也无法预测机构在具体的安全风险条件下的安全性。

随着安全体系结构的发展，人们认识到更为有效、更重要的是，根据机构的业务架构与流程的要求，正向建设安全体系。正向建设是指企业运营流程中的安全要求所驱动的各项安全保障活动。对于成熟的、已经建立起规范的流程体系的机构，可以依托现有的流程（如研发中的IPD［Integrated Product Development，集成产品开发］流程、企业管理中的EA流程体系等）建立对应的安全保障要求。如果没有规范的流程体系，也可以参照NIST IPDRR的通用方法论，重新定义对应的安全保障活动。

安全运营活动必须依照机构自身的实际情况来设计，很难进行简单的项目间的复制。

3.3.4　"双轮驱动"的运营流程

"双轮驱动"是指安全运营流程有两个驱动力来源：一个是机构的组织运营流程，另一个是安全运营活动。前者定义了要达到什么样的安全目标，通过哪些手段达到安全目标，需要用到哪些技术手段支撑安全目标；后者决定了围绕安全目标，有哪些风险，有哪些负向因素，应对的日常活动是什么，需要通过哪些流程调用哪些技术。

举个例子，为了做一件衣服，裁缝需要通过"量、画、裁、缝、熨"等各种流程，把布料加工成衣服。上述流程决定了需要尺子、画粉、剪刀、针线、熨斗等各种工具。为什么不把锤子卖给裁缝？虽然锤子很便宜也很重要，但对于做衣服这个目标来说，流程里用不到。

运营流程相当于一个接口，向上要通过标准化的流程来满足运营管理的要求，向下要明确这些流程中需要调用的技术能力和技术工具都有哪些。因此，是安全管理与流程体系决定了技术体系的建设，而不是当前的技术体系水平决定了建立哪种安全管理与流程体系。

|3.4　韧性技术体系的构成|

本节主要介绍韧性技术体系的组成维度以及分工的依据。

3.4.1　体系目标

韧性技术体系是由韧性架构中的管理与流程所决定的。韧性架构从概念到技术都是非常复杂的。简单来说，韧性技术体系的目标有以下两方面。

- 能够支撑整个韧性架构，提供支撑安全运营流程所需的各种技术工具，具备防御失败后保证安全的各项技术能力，有能力建立一个可信任的安全网络环境，而非逐一对抗威胁。
- 基于安全理论和安全的第一性原理，建立能够指导未来技术发展的安全技术全集，合理划分技术维度，指明每个技术维度的目标、驱动力与演进的方向。

1. 建立可支撑韧性架构的安全技术框架

2011年12月，美国国家科学技术委员会发布《可信网络空间：联邦网络空间安全研发战略规划》（*Trustworthy Cyberspace: Strategic Plan for the Federal Cybersecurity Research and Development Program*），参照该文件中的内容，设法建立一个能够在风险条件下对业务提供确定性行为保障的可信环境，比逐一对抗威胁更重要，即人们希望能建立一个违法行为难以生存的安全治理环境，而不是让全世界都站满警察。

针对此目标，NIST已经启动了一个"可信网络计划"，该计划致力于"与行业合作伙伴合作，推进必要技术的研究、标准化和采用，以提高网络系统的安全性、隐私性、韧性和性能，包括解决现有和新兴关键网络基础设施中的系统漏洞，并推进潜在破坏性技术开发，以提高未来网络的可信度。NIST创新并应用必要的测量科学，为可信网络建立技术基础"。该计划包括域间可信路由、高可信域、安全DNS/可信邮件/零信任、AI检测、威胁与可信度检测、复杂系统的测量、虚拟化网络服务健壮性、物联设备大规模部署的安全性与健壮性、美国政府大规模部署IPv6行动计划等。

该计划的存在表明建立可信网络，是美国致力于解决安全问题的一个努力方向，也是当前安全体系结构的演进目标。

通过建立可信网络来保障安全的思想，表明美国在安全体系建设中的基本思路发生了变化，又向系统化迈出了一步。安全保障从关注以威胁为中心的对抗体系，转向试图建立一个能够有效避免攻击对业务功能产生影响的可信环境。

举个例子，我们有两种避免房间发霉的方法：一种是分析房间中可能存在的霉菌，并且针对每一种霉菌研发对应的抗生素（据统计，常见的霉菌有45 000种之多）；另一种是把窗户打开，经常通风，常晒太阳，必要时也可以购买紫外线消毒灯，消除霉菌滋生的环境。两种方法最后可能都能实现除霉的目标，但是明显后一种方法成本更低、效果更好，它可以理解为通过建设可信网络来进行安全保障。

由于安全体系结构的建立是个持续的过程，而NIST CSF/IPDRR、NIST SP 800-53、NIST SP 800-160（卷2）、NIST SP 800-207等相关的规范，都是美国基于自身情况制定的，其中所描绘的安全目标、设计准则，乃至具体的控制项，都能对应美国现有的其他规范以及技术体系。但相应的技术基础在我国并不存在，因此对于上述规范中所定义的技术内容，我们不能照搬，必须基于其他的安全模型，对韧性技术体系中的技术项进行重新整理。

2. 基于安全的第一性原理整理安全技术全景

我们怎么能在现在就看清一个涵盖未来发展的安全技术全集呢？其实，只要明确了安全技术演进的方向，掌握了安全技术发展的脉络和趋势，是有可能做到的。换句话说，如果了解到安全之道，就可以理解包括过去、当前、未来的安全现象与技术。《道德经》中提到"既得其母，以知其子"，《大学》中也提到"物有本末，事有终始。知所先后，则近道矣"，它们都揭示了无穷的现象和技术并不是根本，只有真正理解了安全的原理，才能解释各种安全现象，了解所有的安全技术，可以做到"但得本，不愁末"。

威胁是无穷无尽的，安全技术也一样。新的安全理论和安全技术还在不断涌现，想要穷举安全技术全景是不现实的，但是无论安全技术如何变化，因为安全的本质不会变、第一性原理不变，整个安全体系建设的技术维度和演进路径就是明确且清晰的。这就给我们描绘安全技术的全景提供了理论上的依据。就好比由于有了元素周期表，科学家就可以了解世界上的元素全集一样。

又比如，虽然我们不知道未来的战争何时爆发，敌人有多少，会从哪里来，以何种方式发动攻击，但我们很清楚地知道国家的战略要地在哪里。现在的战场从空间上分类，无非就是"陆、海、空、天、网"，从方位上区分，无非就是"东、西、南、北、中"，因此国家可以据此来建立完备的国防体系来对抗各种潜在风险。同理，也可以根据这样的思路设计、规划有效的信息安全保障技术体系。

如今在韧性技术体系的规划和技术维度划分中，我们也会使用类似的思路，从安全之道出发，基于不同的韧性体系保障维度，描绘出一个安全技术全景图。

3.4.2 技术分类

无论NIST CSF还是NIST SP 800-53、NIST SP 800-160，都定义和引用了大量的安全机制与安全技术。以不同的视角可以对这些技术进行无穷种类的分工。实际上，世界上所有的涉及现在、未来的安全技术，都可以被纳入韧性技术体系当中，因为韧性技术体系不是由攻击威胁现象所驱动的，而是从安全的业务本质中产生的。但我们还是需要从韧性技术体系建设的角度，识别出与韧性架构最相关的技术，根据这些技术的特性，分为原子技术与基础技术两类，分别定义如下。

原子技术是指那些能够用于建立其他安全技术，而又无法被其他安全技术所构建的安全技术。比如，认证的基础是加密算法，加密算法并不能被其他安全技术所构建或者替代，因此加密算法就是原子技术。在韧性技术体系中，目前识别出的类似技术包括可信硬件、加密算法、可信开发、业务建模算法、基本算力等。原子技术又被称为根技术，因为这些技术可以生长、转化为其他的技术。

基础技术是指韧性架构的技术基础，必须凭借对应的技术才能建立韧性架构，脱离了这些技术，韧性架构就无法在技术上实现落地。韧性架构的特征是致力于保障系统业务行为的确定性，而非尽力而为地对抗各种各样的威胁。因此，韧性架构也必须基于确定性的技术而存在。目前确定性的安全技术，是指那些存在理论基础，安全性可以证明和验证的安全技术，包括加密算法、可信计算、确定性理论、网络防御性信息欺骗、动态目标防御等。这些技术有一个共同的特点，就是技术的有效性都不能依赖于威胁检测这种结果不确定的技术，因为只要用到了检测技术，就一定有漏报和误报的可能，就不具备确定性的基础。

3.4.3　分工维度

由于现有的国际标准对应的技术体系和条件与国内情况不同，因此我们需要一种可以不考虑现有技术约束、更通用的安全技术分类方法来指导韧性技术体系的建设。

基于OODA对抗方法论的指导，为了能构建系统化竞争力，必须从多个维度来构造安全对抗体系，而传统的威胁防御体系只有威胁防御一个维度，因此只通过安全防御技术，显然无法构建韧性架构。

韧性架构到底分成几个技术维度最合适？是否有对应的标准？在本书中，我们选择高度抽象的韧性管理框架来识别韧性架构中所需包含的安全能力维度。

之所以选用韧性管理框架而不通过其他的安全模型，是因为韧性管理框架是纯理论的，能够直观地解释韧性概念的内涵和特点，而不受限于特定场景，不带技术属性，没有商业背景，最为通用。

在图3-4中，最粗的那条横线代表了一个系统与其设计相符的正常行为状态，即系统设计中的安全状态。我们可以把它映射到现实生活中鱼缸上的一块玻璃板；最上面的圆形，代表了系统所面临的内、外攻击威胁，我们可以想象它是一块将要掉落到玻璃板上的石头。系统遭受攻击的过程，就像石头掉落到玻璃板上的过程。石头足够重，玻璃板就会被砸破。从图上看，即代表"系统安全状态"的横线被打破了，玻璃板出现了下陷缺口。

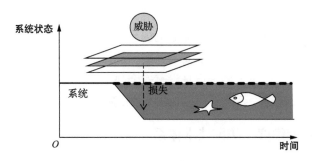

图 3-4 纵深防御体系

对常规的纵深防御体系来说，只能通过威胁防御这一个维度来保证系统的安全。就好比，在石头掉落到玻璃板之前，一定要把它挡住，不然玻璃板就可能被砸破。但是威胁防御并不一定总能成功，如果威胁强度超过了纵深防御体系的防御能力，或者出现了未知的无法被检测的威胁，业务系统此时必然会因为威胁而遭到损失。好比因为石头太大而挡不住，或者因为热胀冷缩等其他预料之外的不确定风险而造成玻璃板破裂。

在传统的只有一个安全维度的纵深防御体系下，只要威胁防御失败了，系统必然会遭受破坏，这就是为什么在威胁防御思想下，防御失败一定意味着安全底线失守。

但是在韧性体系下，通过韧性管理框架，可以通过至少三个维度来实现对业务的安全保障，即内生可信维度、威胁防御维度、动态运营维度，此时即使威胁防御这个维度失败了，系统依然有办法通过其他两个维度的技术来保证业务安全，也就是我们所说的，威胁虽然防不住，但是安全底线依然守得住。

这三个维度的安全技术体系具体介绍如下。

1. 内生可信维度：信任技术体系

首先从业务自身安全建设的角度出发，增强业务系统的可信性，明确业务系统内的合法功能与行为，从而增强业务自身在攻击下的安全强度。

拿玻璃板举例，我们可以通过增加玻璃板的厚度、降低玻璃板的膨胀率等手段，增强玻璃板的牢固程度，比如把玻璃板的强度从可以抵抗10千克重物的撞击提升到可以抵抗100千克重物的撞击等。同时需要明确，什么样的物体可以与玻璃板接触，什么条件一定要避免。具体到某个业务，就是要明确业务内所有的正常、可预期行为规则，以及对正常/异常行为的判定原则。

对应到安全上，就是通过增强业务的内生安全能力，降低系统的脆弱性，提升系统行为的确定性，提高系统的安全强度，从系统内部尽量消除造成安全风险的"基因缺陷"。假设一个系统自身没有安全缺陷，即使有外部攻击到达系统，也无法对系统造成破坏，系统不会担心此类攻击威胁。

2. 威胁防御维度：防御技术体系

威胁防御本身依然是关键的安全手段，纵深防御体系依然有重要的安全价值。在韧性体系中，同样需要保留并加强针对威胁的防御能力。通过增加更全面、更准确、功能更强的"黑名单"威胁检测与"白名单"业务行为异常检测手段，可以极大降低系统在攻击中受损的概率，从而能够尽力而为地保障系统的安全。

3. 动态运营维度：运营技术体系

虽然系统自身的内生安全性得到了增强，也提供了完善的威胁防御机制，但在各种不确定风险面前，没有系统能保证自己不会在攻击中受损，此时就需要建立一套对系统的安全状态进行实时监测和动态运维的安全保障机制，随时感知系统功能偏离正常设计的不安全状态，并能及时把系统恢复到与设计相符的确定性安全状态。

通过运营管理手段来保证安全，这就好比虽然无法对玻璃板进行安全加固和安全防护，但是能随时对玻璃板进行监测，一旦发现玻璃板出现了裂缝或者破损的情况，就马上进行修复与更换，当鱼缸上的玻璃产生裂缝和破损时，若修复及时，水不会漏光，鱼缸里的鱼也就不会受很大的影响，具体如图3-5所示。

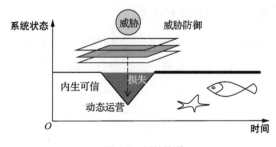

图3-5　韧性体系

通过上述三个维度，可以做到在威胁防御失败时，通过另外两个维度的安全功能，及时让系统恢复到安全状态，从而有效避免了攻击损失，达到了在高强度威胁下保证系统安全的目标。

可以从安全的第一性原理出发，验证当前三个维度划分的合理性。基于安全的确定性理论，韧性架构的目标是保障系统业务行为的确定性，而确定性的保障同样可分为三个维度。从确定性推导出的三方面安全能力，与基于韧性管理框架识别的三个维度完全一致。从确定性保障的角度推导出的三方面安全能力分工如下。

- 系统行为确定性的定义：通过可信技术，定义系统行为的确定性，建立系统的确定性行为基线。对应信任技术体系。
- 系统行为不确定性因素的消减：通过对抗威胁，消减引发系统产生不确定行为的诱导因素，避免威胁对系统行为的确定性造成影响，从而保护系统的确定性行为基线。对应防御技术体系。
- 系统行为确定性的保障：及时发现系统行为异常，并及时纠偏，保证系统行为符合确定性行为基线，从而让系统在生命周期内动态地处于安全状态。对应运营技术体系。

基于安全的第一性原理识别出的安全三维度可以与基于韧性管理框架识别的三个技术维度严格对应（如图3-6所示），这并不是偶然的，说明通过"内生可信、威胁防御、动态运营"三个维度，足以建设韧性架构，三个维度的划分是合适的。

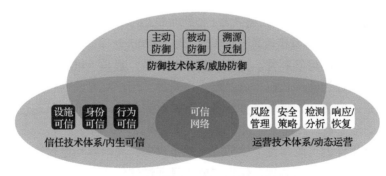

图3-6 安全三维度与韧性技术体系严格对应

虽然在韧性技术体系中，安全技术被划分成了不同的维度，但是无论哪个维度，技术发展的目标都是相同的，都是从自身的维度建立可信任的网络环境。

|3.5　架构对应的原子技术|

原子技术也可称为根技术，是指那些能够用于建立其他安全技术，而无法被其他安全技术所构建的最基本的安全技术。下面进行具体介绍。

3.5.1　可信硬件

可信是安全的基础，硬件则是可信的基础，无论多复杂的系统，最终都要依赖哪怕是最简单的可靠硬件来保证系统最终的可信与安全。

在现今的安全体系中，首先需要保障的是信息和数据，它们会受到系统内各种安全机制的层层保护，但最终能确保它们的安全与可信的，是硬件。因为无论软件的安全功能多强大，其逻辑都是易于被修改、被复制，并且难以被感知和被追踪。即软件自身的可信与安全无法由软件来保护，最终必须要靠硬件。当前最经典的计算机安全模型就是应用软件保护关键数据，系统软件保护应用软件，而系统软件的安全最终要靠硬件逻辑来保护。

当前无论多复杂、多重要、规模多庞大的信息系统，其安全性的最终基石都是逻辑可信的硬件。硬件可信，也是安全体系结构在理论上的最终依靠，这是由软、硬件各自的物理特性所决定的。

1.　软件自身的不可信特点

虽然软件系统的功能越来越强大，但软件最大的特点是具有可复制性和可改写性，这也造成了软件自身逻辑易于被修改，软件逻辑无法保证其自身可信与安全。

首先是软件的可复制性。无论多复杂的软件，都是一堆代码，代码无论被复制多少份，通过软件代码本身是看不出来的，用户更是没有技术手段可靠地感知代码是否被复制，复制了多少份，都扩散到何处。因此，只通过软件自身所具备的安全逻辑，无法保证软件自身不被复制。

其次是软件的可改写性。软件本身就是代码，其内容和逻辑可以随时被修改，这是软件灵活性的体现，但也造成了只通过软件代码本身，无法保证自己不被修改。用户只通过软件本身，无从知道手中的版本是否被修改过。

上述两个原因造成了软件无法自我保护。软件不能保证自己的功能逻辑不被泄露，也无法确认其原始的功能逻辑没有被篡改。

在当今的安全体系中，为了防止信息和数据被盗取、篡改，需要通过加密算法等安全应用对其进行保护，而各种应用的安全又要通过底层操作系统的权限控制等机制来进行保障。但无论是数据、应用还是操作系统，归根结底都是软件。软件的物理特性决定了最终无法用软件来保证软件的安全。

那么靠什么手段才能对软件提供可信与安全保护呢？只有硬件，这也是由硬件自身的物理特性决定的。

2. 硬件的物理特性，使其在安全体系中不可被取代

可信硬件是整个信息系统的安全基础，因为硬件的物理特性决定了其能够实现不通过触碰等物理手段，就无法对受到硬件保护的数据和逻辑进行访问与修改这一目标，而只要硬件被触碰，就会留下痕迹。因此有可靠的技术手段（如物理封条、封装技术、保密涂料等）让用户确认手中的硬件是否是未经篡改的，是否是持续可信的，进而可以凭借可信的硬件对软件逻辑提供可靠、可信的安全保护。即硬件因其物理特性，有技术手段可以杜绝信息和功能逻辑的无感知泄露、无感知篡改的问题。

首先，从可复制性上看，如果是通过软件的用户名和口令保证安全，当前口令是否被泄露、扩散了多少份、都扩散给了谁，用户根本无从查起。但如果是一把物理钥匙，虽然钥匙也可以复制，但无论是被盗还是被借，用户都会知道钥匙曾经从物理上离开了自己的控制，从而会清楚地知道钥匙有可能被复制。通过追查钥匙是否失窃、到底借给了谁、有谁持有被复制的钥匙，就能清楚地了解到机密的扩散范围和影响。这就是为什么一些高安全等级的系统，一定要求使用基于"硬件持有物"的强鉴别手段，因为再复杂的算法逻辑也无法代替最简单的物理学特性。

其次，从可改写性上看，虽然软件可以通过签名算法来检查数据代码是否被篡改，但是签名也是一串软件数字，如果签名本身也一同被篡改了，用户就无从判断数据是否被篡改。而硬件逻辑在出厂时已固定，要想改变硬件逻辑，必须通过返厂、打开开关、跳线等一系列物理操作，用户通过对物理手段的控制，可以明确地感知和控制硬件逻辑的改变。

下面是两个真实的案例。

一个简单的硬件跳线可以对抗复杂的安全攻击。1998年的CIH病毒是第一种可以破坏BIOS程序的病毒，当系统遭到攻击、被破坏后，可以采用的修复方法只有更换或者重刷BIOS，它在全球范围内造成了2000万～8000万美

元的损失。但是有一部分计算机却可以不受CIH病毒的影响，原因是这些计算机的主板要求用户必须手动操作主板上的一个跳线，才能让BIOS处于可写入的状态。因为CIH病毒是在没有经过用户许可的情况下试图偷偷通过软件逻辑改写BIOS的，用户并不会配合拨动跳线开关，这就造成CHI病毒破坏BIOS的企图失败。

使用硬件令牌防止权限被盗用。谷歌公司表示，在谷歌遭到"极光"APT攻击后，其公司员工从2017年年初开始使用硬件安全密钥进行双重身份认证。此后8.5万名职工的工作账号就未再遭到泄露，这充分说明物理安全的作用是不可替代的。

总之，再复杂的软件系统，最终也需要哪怕是最简单的硬件来提供保护。

3.5.2 加密算法

加密算法之所以重要，是因为它是实现安全与信任关系传递的基础技术。如果我们要想把基于硬件构建的安全与信任关系传递到整个系统，实现对软件与数据的安全保护，必须要通过加密算法。

与威胁检测等技术不同，现代加密算法的安全性是确定性的，是可信赖、可证明的。只要密钥长度满足要求，在某一时刻，加密结果就一定是安全的。这是由现代加密算法的技术特点和理论基础所决定的。

现代加密算法有如下特点：
- 加密算法的算法逻辑是公开的，算法保密性依靠对密钥的保密来实现；
- 加密算法的强度只与密钥的长度有关；
- 对密钥的保护和使用需要基于硬件等可信手段来提供保护；
- 加密算法本身基于业界公认的数学难题，比如"大素数不可分"之类，因此攻击者对算法的攻击，相当于在解答公认无解的数学问题；
- 对加密算法的有效攻击方法，理论上只有暴力破解一种方式，目前符合要求的算法，都是按照现有算力下，把密钥穷举到世界末日都不可能破解的要求来设计的，因此现代加密算法在理论上是可靠的。

1. 现代加密算法的分类和功能简介

目前常用的加密算法主要分成以下三类：
- 对称加密算法；

- 非对称加密算法；
- 消息摘要算法。

信息防护主要涉及两个方面：信息窃取和信息篡改。对称/非对称加密算法能够避免信息窃取，而消息摘要算法能够避免信息被篡改。

（1）对称加密算法

这是使用对称密码编码技术的加密算法，特点是文件加密和解密使用相同的密钥，即加密密钥也是解密密钥。

对称加密算法是应用较早的加密算法，技术成熟。在对称加密算法中，数据发送方将明文原始数据和加密密钥一起经过加密算法处理，使其变成复杂的加密密文。接收方在收到密文后，若想解读原文，则需要使用相同的密钥及相同的算法对密文进行解密，才能使其恢复成可读明文。在对称加密算法中，使用的密钥只有一个，发收双方使用这个密钥对数据进行加密和解密，这就要求解密方事先必须知道加密密钥。

对称加密算法的优点是效率高，算法简单，系统开销小，适合加密大量数据；缺点是进行安全通信前，密钥交换必须事先以安全的方式进行，因此在大规模使用对称加密算法时，密钥管理的安全性和效率存在很大问题。

（2）非对称加密算法

该算法常用于对加密密钥的加密。它使用了两个具有数学关系的不同密钥来加密和解密数据，分别称为公钥和私钥，合称为密钥对。如果用公钥进行加密，只有对应的私钥才能解密；如果使用私钥进行加密，那么只有对应的公钥才可以解密。

非对称密码算法的特点是较为复杂，因而加解密速度没有对称加解密的速度快。在对称密码体制中，只有一种密钥，并且是非公开的，如果要解密，就得让对方知道密钥，所以保证其安全性就是保证密钥的安全。而非对称密码体制有两种密钥，其中一个是公开的，可以在不要求通信双方事先传递密钥或者共享任何秘密信息的情况下完成保密通信，并且密钥管理方便，可防止假冒和抵赖，因此非常适合网络通信中的保密通信要求。但是该算法加解密速度都很慢，不太适合加密大量数据。

（3）消息摘要算法

该算法也被叫作哈希算法、散列算法、杂凑算法。

消息摘要算法目前是密码学中的一个重要分支，通过对所有数据提取指纹信息以实现数据签名、数据完整性校验等功能，由于其具有不可逆性，常被用作敏感信息的签名。该算法首先要保证两点：内容不同的原始数据必然会产生完全不同的签名值；在世界上出现两个签名值相同而内容不同的数据的概率，无限接近于0。

2. 我国密码体系的发展成果与现状

我国的密码体系基本与国际同步。当前，我国建立了完全可替代国外算法的国内密码体系。其中，商用密码算法是国家密码局认定的国产密码算法，又称为国密。国密算法家族主要包括消息摘要算法（杂凑算法）SM3，对称加密算法SSF33、SM1、SM4、祖冲之算法，非对称加密算法SM2以及属性基加密算法SM9等。目前，中国的商用密码算法SM2、SM3、SM4、SM9等已经成为国际算法标准。

现代加密算法的特点是：算法逻辑是公开的，机密性依靠保证密钥安全来实现；算法强度只与密钥长度有关，只存在暴力破解一种攻击方式。"量子加密"也在加密算法的范畴内，区块链可以被认为是一种分布式的加密技术，两者都将数学作为理论基础。

密码学经过长期的发展，到今天已经演变成完全的科学，密码学的理论基础就是数学，方法论就是数论等数学理论。我们希望整个网络安全也能像密码学一样早日演进到科学阶段。

3.5.3　可信开发

可信开发是指在软、硬件系统开发流程中，应用可信的技术工具与开发流程，保证开发过程的安全可信，即保证经过可信的开发过程所生成的目标系统，在功能上与设计严格相符，不存在设计之外的各种隐藏逻辑，以及不存在造成系统产生不可预期行为的触发条件。

可信开发是一种融入产品开发流程的基本工程化能力，是构造安全可信的产品，以及保证系统内生安全的必要技术措施。

可信开发的目标是通过固定的流程以及工程化的开发方法，保证所产生的软、硬件和目标系统获得可满足设计要求的安全质量。即系统自身的功能逻辑严格按照设计实现，内部没有在开发过程中引入非故意的隐藏逻辑和安全漏洞。

可信开发是个过程，需要将可信与安全融入产品全生命周期的开发管理流程中。在华为的实践中，可信开发深度融入产品的IPD流程，在IPD流程中，所有的阶段和对应TR（Technical Review，技术评审）点都有相应的可信开发任务与对应的质量管理动作，如图3-7所示。

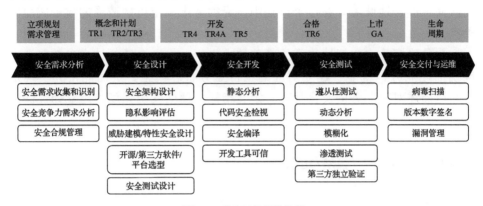

图 3-7 华为可信开发流程

华为可信开发流程包括了五个主要阶段：安全需求分析、安全设计、安全开发、安全测试、安全交付与运维。可信开发流程就是要把华为的安全可信要求"内生"到产品全生命周期中去，要求实现从需求设计、编码实现、独立验证、安全发布、漏洞管理、三方管理到全生命周期维护的全流程安全可信，即在产品的所有开发阶段都能做到"过程可信、结果可信、任何问题皆可溯源"。

可信开发是构建内生安全的基础，如果一个机构不具备可信开发流程就去讨论内生安全，那就是在空谈。

3.5.4 业务建模

韧性架构与传统威胁防御架构的最大区别，在于安全目标的转变：从以威胁为中心的防御，转变为以合法业务功能为中心的确定性保障。对应的核心技术，也从检测威胁转变成感知当前的业务状态是否正常的行为确定性保障。

要想实现对业务状态的异常检测，必须设法对系统正常的业务行为建立模型，而所谓的业务建模，就是通过描述与业务自身状态相关的技术参数，而非描述安全威胁的参数，对业务的行为进行描述，并且通过各种参数的具体数值，来判断当前系统业务行为是否偏离了正常的基线范围，从而识别异常的系统业务状态。

比如，我们要对一个网络传输业务建立行为模型，就需要通过与业务相关的若干网络参数对业务行为进行描述，如传输速率、响应时延、差错率、平均报文长度、协议类型、服务种类、连接时长、并发连接数、报文密度、时间区间、连接地域等。在这个过程中，无须考虑系统可能遭受的攻击威胁的种类。

业务建模是建立韧性体系的基础技术之一，找到合适的技术参数集合来准确描述业务，就能够建立对应的正常业务状态模型，进而能用其"确定性"地描述对应业务的安全状态，定义指标，评估安全强度，建立韧性保障体系。

3.5.5 基础算力/算法/知识

无论是何种安全技术和安全能力，最终比拼的都是算法的功能和效率。为了提高算法的效率并且提升效果，对应知识的自动学习、生成、积累是必不可少的，而算法越复杂，功能越强大，业务范围越广阔，知识越丰富，则意味着系统最终需要消耗的算力也会是无穷无尽的。

对任何功能系统来说，基础算力/算法/知识都是业务的基础，也是我国当前所欠缺的根技术之一（如图3-8所示）。虽然在正常情况下很难让人感受到根技术的欠缺对安全有直接的影响，但是在特定条件下，比如随着IPv6的广泛使用，或者出现BCM风险时，算力/算法等基础能力缺失会让现有的安全体系产生崩溃等非常严重的后果。

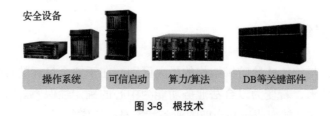

图3-8　根技术

| 3.6　信任体系基础技术 |

本节主要介绍韧性架构中信任体系的组成以及基础技术。信任体系是韧性架构的基础，定义了韧性架构的安全底线。

3.6.1 可信的目标与价值

韧性架构中信任体系的目标和价值，就是设法降低系统内功能的不确定性，保证系统的可信，建立系统的确定性行为基线（如图3-9所示）。

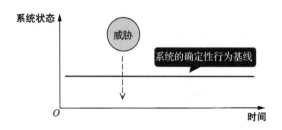

图 3-9　系统的确定性行为基线

从安全的第一性原理角度来看，安全就是系统的功能与设计相符，行为可预期、可验证的状态；不安全就是系统的功能与设计不符，产生了不可预期的行为。在韧性架构中，信任体系的目标就是从系统内生可信的维度来明确某个系统的正常行为状态，建立确定性行为基线，并通过内生安全能力加以保障，即定义业务可信行为基线，同时完善系统内部应当具备的系统可信保障机制。

信任体系为系统的安全保障提供了可信参考依据以及评价指标，明确定义了系统出现的哪些状态是可以接受的，建立评价依据与标准，评估系统是否处于可信任安全状态，并通过一系列的安全技术机制对系统的确定性安全状态进行规范与保障。

3.6.2 演进方向与驱动力

信任体系作为韧性技术体系的一部分，其发展的方向是建立一个可保证所有实体行为都可预期、可验证、可信任的网络环境，而不是逐一对抗所有潜在的威胁。信任体系的驱动力源于业务系统自身功能设计中的功能确定性保障要求，而非外部威胁。

安全研究人员很早就意识到，通过无休止的威胁对抗是无法在可接受的成本下保证系统安全的，因为人们永远无法以有限的安全成本来对抗无穷的攻击威胁。因此在20世纪90年代末期，人们另辟蹊径，从可信的维度陆续提出了可信计算的主要思想，试图不再去对抗各种威胁事件，而是通过建立一个可保证所有实体行为都可预期、可验证、可信任的"白"环境，并基于这个环境对运行中的所有应用和用户提供安全保护。好比一个安全的社会环境，并不是到处都站满了警察的环境，而是一个设法保证所有的人都不会干坏事、人人都能相互信任的环境。

国外通过可信维度的技术思路来建设可信网络的设想，早在20世纪90年代就开始了，并且30多年间一直朝着这个目标努力、规划，其中的可信计算、可信身份、"零信任"可信行为都是信任体系在演进中的重要阶段。

图3-10示出了信任体系相关技术发展中的一些历史事件，信任体系的演进也是以建立可信网络为最终目标的。

图 3-10　信任体系相关技术发展的历史

2003年，TCG（Trusted Computing Group，可信计算组织）成立，并定义了可信计算概念。美国政府在2004年前后正式将其用于COTS（Commericial Off-The-Shelf，商用货架产品）系统中，以保证应用系统的可信与安全。我国的可信计算产业基本是同步发展，并且有自己的特色。在2017年生效的等保2.0系列规范中，我国首次纳入了"可信计算"相关的要求。

2011年，美国发布《网络空间可信身份国家战略》（*National Strategy for Trusted Identities in Cyberspace，NSTIC*），计划用10年左右的时间，通过政府推动和产业界努力，建立一个以用户为中心的身份生态体系。我国2017年实施的《中华人民共和国网络安全法》中，同样明确了"国家实施网络可信身份战略"。

2022年，美国正式发布《联邦零信任战略》（*Federal Zero Trust Strategy*），要求在2024年之前达到规定的标准和目标。我国对零信任概念的理解虽然与美国不同，但也非常重视，TC260也已经在制定相关标准。

通过信任体系建设的有关历史，我们可以了解到，类似零信任这样的技术热点并不是偶然出现的，而是信任体系演进到一定阶段的必然产物。当前，即使没有出现零信任这样的安全概念，也一定会涌现对应的替代技术；零信任并不是不信任，更不是对信任体系内可信计算等可信技术的颠覆，而是以先前阶段的可信技术为基础的信任体系的发展阶段；零信任更不是信任体系演进的终点，能成功建立起一个可信任的网络环境，才是信任体系发展的最终目标。

零信任属于行为可信，是"设施可信、身份可信、行为可信……"演进路径中的重要一环。我们可以对零信任之后可能涌现的技术做一个预测，行为可信的下一步应该是意图可信。因为对可信网络环境这一"好人"社会来说，"好人"和"坏人"的最根本区别，不是出身（设施可信），也不是身份（身份可信），甚至不只是行为（行为可信），最终决定"好、坏"行为差异的是"意图"（意图可信）。

3.6.3　信任体系技术沙盘

信任体系的驱动力是试图从可信维度建立可信任的网络环境。根据30多年来信任体系相关技术演进的规律，可以把现有的信任体系内的技术，划分为"设施可信、身份可信、行为可信"三个阶段，每个阶段既可以单独体现可信保障价值，又可成为下一阶段可信能力的建设基础，共同形成完善的系统的确定性行为基线。

为了能理解"设施可信、身份可信、行为可信"，我们可以用建立一个基于"好人"的可信社交环境来打比方。首先要注意，一个可信的社会环境并不需要建立在"熟人"的基础上，而必须是由"好人"构成，因为"熟人"并不一定是"好人"。社会上对"好人"的定义，就是一个人的行为符合社会行为准则，不做违法的事。人们怎么判断张三是不是"好人"呢？首先，张三一出生就有出生证，证明他就是张三这个自然人，而不是由来路不明的某个人冒充的；其次，张三有合法的身份证，证明他是个公民，并且他的所有行为都可以追溯到身份证这个唯一的身份标识上；最后，通过对张三当前和历史上尽可能全面的行为进行追溯，证明他过去、现在都没有干过坏事，目前是符合"好人"对应的行为规范的，因此我们可以认为，张三现在就是个"好人"。

与上述过程一样，在网络空间中，设施可信相当于出生证，通过可信计算等技术，可以保证软硬件产品自身是可信的，没有被仿冒，不是来历不明的高风险软、硬件产品；身份可信对应身份证，系统具备基于数字证书、硬件标识等可靠的身份标识、认证、授权机制，能够证明系统内的所有实体都有一个可信的身份，系统内所有的行为都是可被追溯的；行为可信对应行为规范验证，系统通过零信任等动态行为评估技术，证明某个实体当前的行为是合规的，是符合信任关系定义的，因此该实体当前的行为可被证明是合法的。只有通过上述三个阶段的可信过程，才能完整地判断某个实体当前是否是可信的，它当前对应的行为是否符合确定性行为基线，是否是安全的。

信任体系技术沙盘如图3-11所示。

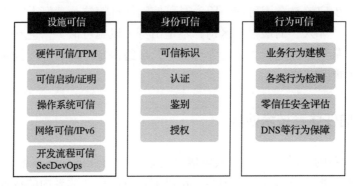

注：TPM 为 Trusted Platform Module，可信平台模块。

图 3-11　信任体系技术沙盘

3.6.4　可信计算

安全的基础是可信，可信计算是可信保障中的基础技术，而可信计算又必须以硬件、加密算法为基础。可信计算是业界信任体系建设迈出的重要一步，也是今后逐步构造"设施可信、身份可信、行为可信"的基础技术。

1．可信计算的概念与对应技术体系

随着信息系统的结构、来源、应用日益复杂，谁也不知道系统中的部件是否安全可靠，系统的安全性无从保证，因此产生了可信计算。

在20世纪70年代末，可信计算的早期奠基人尼巴尔第对安全的理论问题进行了思考，他认为：信任是安全的基础，信任问题的本质是实体行为的可预测性和可控制性。从1997年开始，IT产业界联合起来，试图从工程上为信息系统的可信找到一个解决方案，为电子商务、信息服务等应用提供可信支持。于是微软、英特尔、IBM等190家公司于1999年成立了TCPA（Trusted Computing Platform Alliance，可信计算平台联盟）组织，该组织于2003年

被TCG取代。TCG对可信的定义是："一个实体在实现给定目标时，若其行为总是如同预期，则该实体是可信的。"这个概念强调了行为的可预期性。

可信计算并不追求根除威胁，它可以通过保证任务运行环境的可信，确保完成任务的必要逻辑能够按照预期执行，防止逻辑缺陷被攻击者应用，使得未知的、不确定的威胁无法对系统造成实质破坏。

可信计算的基本思想是：先在计算机系统中构建一个可信根，可信根的可信性由物理安全、技术安全和管理安全共同确保；再建立一条信任链，从可信根开始到软、硬件平台，到操作系统，再到应用，一级度量认证一级、一级信任一级，把这种信任扩展到整个计算机系统，从而确保整个计算机系统的可信。

TCG提出的可信计算技术规范以硬件安全芯片为信息系统安全的硬件基础，构建可信计算平台，通过建立从硬件层到应用软件层的信任链来解决信息系统的可信问题。

业界所定义的可信计算概念非常复杂，我们主要通过用户可感知的TPM、可信软件栈、TNC，简单介绍如何从一个硬件可信根开始，把可信保障从硬件板卡传递到应用软件，再到可信的网络连接，以及它们各自能解决的问题。

（1）可信平台模块：基于硬件的可信根

TPM是TCG定义的可信计算平台的核心基础部件，现已发布TPM 2.0规范。TPM通常以硬件的形态存在，提供系统完整性度量功能及完整性度量信息的存储和报告功能，同时提供密码运算、密钥生成和管理、数据封装等功能。

TPM是一个具备多种密码支持部件、安全功能部件和存储部件的小的片上系统。它完成了可信存储根和可信报告根的功能。TPM主要包括输入/输出、非易失性存储器、PCR（Platform Configuration Register，平台配置寄存器）、AIK（Attestation Identity Key，身份认证密钥）、程序代码、RNG（Random Number Generator，随机数生成器）、SHA-1引擎、密钥生成器、RSA引擎、选择进入和执行引擎。

基于TPM上的可信根，信任链的建立以可信度量根为起点，建立的过程包含完整性的度量和存储。完整性的度量是指任何想要获得平台控制权的实体，在获得控制权之前都要被度量。完整性的存储指实体完整性的度量值将被可信平台模块TPM保存，该过程的度量事件同时存入内存或硬盘日志中。完整性报告是指可信平台模块提供其保护区域中完整性的度量值、日志中的度量事件和相关的证书，质询的一方可以通过完整性报告判断平台的状态。

TPM作为安全锚点，是整个安全的基础，其中一个重要的价值就是通过可信度量，提供判别硬件逻辑以及系统固件是否被篡改的方法。

硬件篡改问题是传统的安全技术无法解决的。此类攻击包括UEFI Rootkit篡改、MBR Rootkit篡改、Linux系统Image篡改等。

部署了可信计算的通信设备则有条件避免此类篡改攻击。设备在加载固件之前，可以通过可信启动过程，使用TPM上的可信根对固件进行完整性检查。由于TPM是可靠的硬件，其上的密钥和算法无法被篡改，此时如果固件发生了篡改，它就无法通过TPM的签名检查，因此系统会拒绝加载有问题的固件。

（2）可信软件栈：信任链向软件层面的传递

TBSS（Trusted Basic Supporting Software，可信基础支撑软件）是可信计算平台支撑体系中的基础软件部分，能够保障信任链在软件系统的传递，保证系统软件的可信性，为应用开发提供必要的标准编程接口，管理可信计算平台的可信资源。可信基础支撑软件是可信计算的核心。

可信基础支撑软件运行于可信平台模块之上，由TSB（Trusted Software Base，可信软件基）、TSS（TBSS System Service，可信基础支撑软件系统服务）和TAS（TBSS Application Service，可信基础支撑软件应用服务）三部分组成，向可信计算平台上层应用提供具备完整性、数据保密性和身份认证管理功能的标准接口。

标准接口使得TCG软件栈的任何一种实现都能够与任何一种TPM进行正确通信。

基于TCG软件栈开发的可信软件有发布签名，可信软件一旦被病毒感染或被篡改，则此软件在启动时无法通过签名校验，无法在系统中执行。

（3）可信网络连接：信任链向网络的传递

可信网络连接是指从终端连接到被保护网络的过程，包括用户身份鉴别、平台身份鉴别、平台完整性校验三个步骤。

终端在接入网络前，需要对其进行用户身份鉴别、平台身份鉴别和平台完整性校验，只有满足安全策略的终端才被允许接入网络中，使得具有潜在威胁的终端不能直接接入网络，这是一种主动的、预先防范的方法。

TNC架构是可信计算体系架构的一个重要组成部分，是具有可信平台控制模块的终端接入计算机网络的架构，目的是使信任链从终端扩展到网络，将单个终端的可信状态扩展到互联系统。

TNC架构主要包括3个实体、3个层次和若干个接口组件等。TNC中的实体包括AR（Access Requestor，请求访问者）、PEP、PDP（Policy Decision Point，策略决策点），其基本运行模式是请求访问者提出访问请求，策略决策点和请求访问者之间进行可信认证，可信认证通过后由决策者通知策略执行点控制对被保护网络的访问。

值得注意的是，TNC思路动态扩展后，就形成了当前的零信任网络的概念。

2. 国外可信计算的适用范围与特点

虽然最初可信计算是作为一个安全概念提出的，但是在实际应用中，国外对于可信计算（TCG：TPM/TSS/TNC）的使用，存在明确的使用范围和约束条件。可信计算并不能被用来在不受限环境下解决所有安全问题，而是明确用于解决COTS使用中的安全问题。

美国政府接受可信计算概念与标准的初衷，是解决联邦政府中大量使用COTS所造成的复杂的安全问题，该问题本质上是供应链安全问题，美国早在2000年的时候就已经注意到供应链问题的严重性。

美国人发现，在政府、军队等要害部门中，各种信息化产品的供应商来源复杂，产品的开发水平也参差不齐，谁也不敢保证里面有没有安全后门或者漏洞。而且，无论是从供应链上把这些不可靠的供应商剔除，还是要求开发商自行提升产品安全质量，或者设法对所有COTS系统进行可靠的威胁防御，全都是不可能的，这推动了可信计算技术的使用，即要求所有供应商都遵循可信计算规范，从而保证COTS系统的安全可信。

必须要注意，在可信计算这个概念中，美国政府不信任的是各种系统集成商、系统生产商和杂七杂八的应用系统开发者，而对于英特尔/微软这样的基础硬件、系统软件平台供应商还是充分信任的。本着"谁的平台谁做主"的原则，国外商用操作系统、通用CPU的安全性是由商业信誉保证的，在极端情况下难免会引入未披露的漏洞或者后门，给我国关键信息系统造成潜在的安全隐患。因此，照搬美国对可信计算的使用模式，是不能解决我国的安全问题的。

3. 国内可信计算的特殊性与实现

大家可能注意到，在可信计算中，国外最基础的可信部件叫TPM，而国内叫TPCM（Trusted Platform Control Module，可信平台控制模块），为什么要多一个"C"？其实这就是为了应对国内所使用的CPU、操作系统这样的底层技术部件不可信的现实问题。

TPCM要比TPM复杂得多，TPM只是一个可信根、一个硬件标识、一个可靠的密钥管理装置，但是TPCM却是一个最小规模的可信计算机，里面不但要有TPM的能力，还必须要有基础的计算功能。原因就是，凡是基于不可信的通用CPU、操作系统的计算逻辑，统统被认为是不可靠、不可信的。而且在使用中，TPCM必须优先于计算机系统启动，必须能够控制计算机的启动和系统加载过程，目标就是基于TPCM这个可信的小系统，来对计算机这个不可信的大系统进行可信的控制，而TPCM中的C就代表"控制"。

本书主编于2003—2005年曾经负责过一个"十五"国家重点型号项目——计算机系统安全控制器。这个项目是基于TPCM之外的另一种技术，实现了对不可信的计算机系统进行可信的控制。该项目的研发思路可以对国内可信计算工作的特殊性进行较清晰的阐述。

项目中开发了基于某款嵌入式CPU所构造的安全控制器嵌入式系统，其上配备了千兆网口、SATA硬盘口，以及国产加密芯片。该系统通过PCI-E总线插入普通的不可信的关键计算机系统中，接管了原有系统的硬盘、网络等关键的数据I/O接口，让用户把硬盘和网线连接到这个安全控制器上，从而可以对原计算机的所有的硬盘访问、网络访问进行审计、检测、控制，还能在原有计算机系统无感知的情况下进行存储加密、网络加密、完整性验证、远程证明等各种安全操作。

这个专用的安全控制器不受原有计算机系统的管理控制，只需通过PCI-E接口从计算机主板上取电，同时通过PCI-E总线驱动，让原有计算机的操作系统把安全控制器识别为常规的网卡和硬盘卡。通过这种方式，安全控制器就可以在原有计算机系统无感知的情况下，把其重要的硬盘设备、网络设备以及对应的数据I/O全都接管、控制起来，再基于安全控制器上严格的应用和行为"白名单"机制，就可以禁止原有计算机执行任何不可信、不合规的磁盘数据访问、网络数据外发、隐蔽通道访问等行为。此时不管原有计算机内存在多少间谍软件、操作系统后门、CPU后门，安全控制器都可以通过对所有数据I/O通道的严格管控，杜绝发生关键数据泄密事件。

上述功能和使用方式实现了基于一个可信的简单小系统，对一个不可信的复杂大系统进行可信控制的要求。这也是国内可信计算的核心思想。

3.6.5　内生安全与供应链

内生安全能力决定了产品和系统能够达到的"安全底线"。

　　内生安全是指"内生"到产品和系统的内部（包括定义、设计、实现、交付全生命周期中）的安全与可信技术。内生安全/内生可信的目标，是通过产品的开发过程，消除系统和部件内的安全"基因缺陷"，致力于彻底消除安全问题产生的根源，而不是对安全问题进行防御和修复。

　　在实践中，我们反对把内生安全的概念进行泛化。现在业界很多安全厂商，由于自身在业务系统的设计和建设中处于弱势，试图把一切来源于业务系统的功能设计、架构设计、流程设计的安全功能、安全产品和安全性设计，统统划归到内生安全的范畴，这样必然会造成理解上的混乱。因为安全原本就是业务的属性，是随同业务同步设计与建设，融入业务流程和架构当中的，没有业务就没有安全，没有业务架构就没有安全体系。如果按照泛化的内生安全划分原则，所有的安全技术无疑都应该被划入内生安全范畴，内生安全的概念就失去了原本的价值。

　　本书所指的内生安全概念要具体得多：只有能消除系统内的安全"基因缺陷"的技术，才是内生安全技术。打个比方，有的人生来就有易得糖尿病的基因。虽然依靠日常生活中的控制饮食、吃降血糖药物等手段，也可以使人不发病，但这些防病、治病的手段都不能算内生安全，因为得病的根源还在，让人生病的"基因缺陷"还在。只有通过基因编辑等手段，彻底消除造成糖尿病的基因缺陷，才能让这个人无论在什么风险条件下都不会再受糖尿病的困扰，这才是我们所说的，通过内生安全从根本上解决问题。即常规安全技术通过消除威胁来保证安全，相当于是扬汤止沸，而内生安全则是通过消除能对系统产生破坏的根本原因，来保证系统安全，是釜底抽薪。

　　内生安全用于增强系统自身与产品自身的安全与可信。通常情况下，内生安全是看不到独立的安全产品和解决方案实体的，因为安全能力、技术和安全流程已经内生在产品与流程架构当中了。

　　内生安全/内生可信的理想目标，就是保证系统内所有部件的功能和行为始终与设计一致，在各种外部条件下，都不会出现偏离设计的不可预期行为，从而保证彻底的安全。

　　由此出发，内生安全主要的技术包括产品自身的可信计算、芯片级安全启动、安全操作系统、开源及第三方软件管理、安全的开发流程、CleanCode编码、独立的安全评估等。

　　华为定义的内生安全能力介绍如下。

1. 硬件设备基础可信计算

可信根： 采用自研CPU芯片，硬件可信根固化在CPU内部，初始化后写入通道物理上被熔断，无法再次写入，保证可信根无法被篡改。

可信启动： 安全Boot完成最基础的启动验证，验证引导程序完整性；整个启动过程均由硬件可信根逐级向后校验，确保启动过程中的信任链完整。

安全效果： 防止高级黑客在反编译代码后加入后门程序重新编译，将带有后门的系统重新安装到设备中，在客户毫不知情的情况下实现渗透和攻击。

2. 操作系统安全与安全加固

防提权： 如手机Root提权就是一种典型的篡改手段。出厂前，产品直接去Root，从根本上解决设备版本被Root劫持的风险。

防注入： 注入攻击是利用代码漏洞注入恶意代码，并跳转执行的攻击。通过系统级设置代码段等区域内的防篡改（只读属性），防止恶意代码注入；通过内存基址（程序加载虚拟地址、堆栈基址等）随机化管理，让攻击者难以找到要攻击的入口。例如，Window XP的程序堆栈基址曾经是固定的，每次运行的栈基址固定，黑客攻击非常容易实现，新的Windows版本已经改进。

3. 可信需求定义

按照安全设计原则和规范，实施产品安全架构和特性设计，识别安全威胁并制定规避措施。

4. 可信开发

产品内生安全设计开发过程。

5. 开源及三方软件管理

建立可信的、可持续供应的开源供应链，是实现软件E2E（End to End，端到端）可信的重要举措。而绝大部分安全友商对开源没有形成体系化管理机制，一次选型，终身使用，基本不再维护。

6. 开展 CleanCode 编码

达到开发能力标准，产品代码满足无漏洞风险的要求。

7.　建立独立的可信安全评估中心

华为的ICSL（Internal Cyber Security Lab，内网安全实验室）是国内首家通过美国A2LA（American Association for Laboratory Accreditation，美国实验室认可协会）认可的ISO/IEC 17025安全实验室。ICSL制定了严苛的安全红线标准，华为每一款产品在正式发布前都要经其严格安全评估，没有通过测试的产品不允许发布。

如果我们想有效应对SolarWinds、XCodeGhost的二次打包、NSA固件篡改、NSA加密算法后门等各种供应链攻击，除了建立完善的内生安全/内生可信能力，别无他法。从对抗供应链攻击这个角度来说，内生安全在整个安全体系中是不可替代的，内生安全/内生可信的强度决定了整个系统的安全底线。

3.6.6　IPv6与可信网络

近年来，国家多个部门都在通过政策法规大力推动IPv6的建设。2017年11月26日，中共中央办公厅、国务院办公厅印发了《推进互联网协议第六版（IPv6）规模部署行动计划》。2021年7月8日，工信部、网信办印发了《IPv6流量提升三年专项行动计划（2021—2023年）》（工信部联通信〔2021〕84号）。2021年7月12日，网信办、国家发展改革委、工信部联合发布《关于加快推进互联网协议第六版（IPv6）规模部署和应用工作的通知》（中网办发文〔2021〕15号）。

自1993年IETF IPng工作组成立以来，IPv6实现了长足发展。IPv6的价值也从最初的解决IP地址不足转变为全面解决IPv4的顽疾，包括安全问题。可以说，IPv6之所以重要，是因为IPv6带来了"实现网络安全自主，建立可信网络，全面解决网络安全"的可能性。

首先，部署IPv6有助于在网络管理上不再受控于人。由于IPv6基础设施不受某一机构或政府的控制，比如：IPv6会聚地址构造，路由在根据约定分配IP地址时已经确定，不再需要权威机构指定；IPv6有25个根DNS服务器，其中4个（1主3辅）在中国，而IPv4的DNS根全部在美国。借着IPv6规模部署的机会，我国有希望实现网络自主。其次，基于IPv6可以提供可信的基础网络。IPv4地址易于伪造，不可信任，无法溯源，造成攻击泛滥，网络防御成为无底洞；在IPv6下，所有地址都是可信/可溯源的。这就好比邮政要求寄件实名制一样，极大地遏制了攻击者对网络的滥用。最后，IPv6的发展，将有助于促进产业的信息化升级，推动5G、物联网、广电、电子政务、云计算等的发展。

总之，IPv6在网络治理和安全性上的改进，将有助于推动中国的网络空间安全治理工作，扭转当前网络安全面临的严峻形势。

1. IPv6 相对 IPv4 的两方面重要改进

IETF IPng工作组从1994年开始制定IPv6，重点解决IPv4在以下两方面的问题。

一个是地址空间。与IPv4相比，IPv6把IP地址的空间从2^{32}个扩展到了2^{128}个。举个例子，现在的蠕虫病毒把所有IPv4地址空间整个扫描一遍大概需要30分钟，但若以同样的方法扫描完整个IPv6地址空间，需要花费数亿年。

另一个是网络安全。IPv6通过地址的管理和路由机制，使得IP层的溯源与可信验证成为可能。举例来说，IP就好比网络中的邮递员，用户只要把填好发件人地址、收件人地址的邮件包裹交给邮递员，邮递员就会尽最大努力把邮件送达收件人，而收件人也可以根据邮件中的发件人地址让邮递员把应答邮件发回。在IPv4下，对源地址与目标地址是没有可信验证机制的，就好比邮递员对收件人地址和发件人地址没有任何真实性要求，因此坏人可以通过邮递系统寄送违禁品甚至发动恐怖袭击，只要使用虚假的发件地址，就无法被追查到；但在IPv6下，所有的源地址和目标地址都是可信任、可溯源的，这就好比邮局要求用户寄件必须实名制，这就大大减少了攻击者滥用邮政系统的机会。同理，在IP地址可信、可溯源的IPv6网络内，攻击者滥用IP网络发动攻击的行为也会被极大地遏制。这就是为什么业界普遍认为，IPv6一旦广泛部署，会极大改善现有网络安全形势。

中国对IPv6的推广使用有两个重要时间点：第一个是在2011年之前，部署IPv6 Ready网络以应对IP地址不足的问题；第二个就是2017年11月26日，中共中央办公厅、国务院办公厅印发了《推进互联网协议第六版（IPv6）规模部署行动计划》，这一次的出发点是希望借助IPv6在安全性上的改进，推进中国的网络空间安全治理工作，扭转当前网络安全面临的严峻形势。

简言之，IPv6技术是实施网络空间安全治理的基础性技术。

2. IPv6 可以解决的网络安全问题

IPv6基于它的极大IP地址空间以及对应的协议栈安全设计，可以从根本上解决IPv4网络所面临的扫描泛滥、攻击不可追查、易遭受DDoS攻击、IP Spoofing攻击无法从根本上杜绝等顽疾。IPv6可以解决的网络层攻击问题如下。

（1）实现IP地址管理与源地址检查，解决IPv4下地址不可靠的问题

由于IPv6地址构造是可会聚的、层次化的地址结构，因此IPv6的路由策略在协议定义中是固化的，不再需要逐条在核心路由器上配置，从而简化了路由配置，消除了权威机构把控核心路由对国家安全造成的风险。

IPv6在RFC 2827中规定了准入过滤的概念，可以阻止绝大多数伪造源IPv6地址的行为；IPv6在协议层面提供了源路由检查功能，可根据需要开启反向路由检测功能，防止源路由篡改和对应攻击。

IPv6地址很长，不可能再通过人工分配IP，而必须基于自动化的IP地址管理技术。比如，IPv6提供CGA（Cryptographically Generated Addresses，加密生成地址）等将地址与用户证书绑定的地址验证机制，可以避免IP地址伪造带来的安全问题。

总之，由于IPv6下地址的分配使用严格受控，难以进行地址伪造，易于进行点对点溯源，因而IPv6可以解决IPv4下基于IP地址伪造的各种攻击，攻击活动更易被追查。

（2）消除IPv4下针对复杂IP报头的攻击

IPv6数据包头由基本头不同类型的扩展头组成，扩展头包括：逐跳选项报头、目的选项报头、路由报头、身份认证报头、有效载荷安全封装报头、最终目的报头等。基本头和扩展头功能明确，长度固定，不允许分片，解决了IPv4下针对报头的碎片攻击。

（3）防范基于IPv4广播机制的网络放大攻击

对于类似Smurf这样的攻击类型，在RFC 2463中已经有禁止机制阻止此类攻击的发生。ICMPv6（Internet Control Message Protocol version 6，第6版互联网控制报文协议）在设计上不会响应组播地址和广播地址的消息，不存在广播。所以，只需要在网络边缘过滤组播数据包，即可阻止由攻击者向广播网段发送数据包而引起的网络放大攻击。

（4）防止已知的碎片攻击

IPv6对碎片机制具有严格的限制。比如，IPv6认为MTU小于1280 Byte的

数据包是非法的，处理时会丢弃MTU小于1280 Byte的数据包（除非它是最后一个包），这有助于防止碎片攻击。

IPv6对IPv4下的分片ID的生成机制进行了安全性约束，使得分片ID不能被攻击者预测，从而使得攻击者通过预测分片ID发送伪造碎片报文以发动攻击的方法在IPv6下不再有效。

（5）可有效抵御网络蠕虫攻击

基于网络扫描的传播方式在IPv4下普遍存在而且传播非常迅速，当前典型的基于随机扫描的算法可以在30分钟内扫描完整个IPv4网络。但这种基于地址穷举的蠕虫传播方式在无穷大的IPv6地址空间中变得不再适用，以同样的方法扫描完整个IPv6地址空间，需要花费数亿年。网络蠕虫等病毒通过盲扫描和随机选择IP地址的方式在IPv6网络中传播将会变得很困难。

（6）对DNS域名服务等网络关键基础设施的安全性提供扩展

基于IPv6的DNS系统可作为PKI系统的基础设施，有助于PKI架构在IP网络中的部署，可有效防御网络上的身份伪装与偷窃。DNSv6中定义了DNS安全扩展协议，提供认证和完整性保障，能有效应对网络钓鱼、DNS中毒等攻击，避免域名被篡改。

（7）IPSec提供网络层安全通信保障机制

根据RFC 4301中的定义，IPSec（Internet Protocol Security，互联网络层安全协议）是IPv6中的一个可选部分。IPSec在IPv6中的用途主要是保证IPSec协议栈自身的安全性，使得IPSec可以为诸如OSPFv3、RIPng等提供无缝的加密和认证，从而提高整个IPv6网络抗攻击的能力。

当IPv6的用户使用IPSec为用户应用提供安全服务时，用户的使用模式与在IPv4下使用IPSec完全相同。

（8）有效防御基于IP的"中间人"等基于IP地址欺骗的攻击方式

IPv6有较为健全的认证机制，如果充分利用，有能力在第一跳阻止恶意设备。如果启用IPv6内增强的端到端鉴别机制，可以最大限度预防中间人攻击，否则中间人攻击依然有效。

（9）在IPv6下提供NPT，代替IPv4下的NAT，避免基于NAT后的不可溯源

对于需要在IPv6下隐藏内网地址的用户，可以使用IPv6 NPT（Network Prefix Translation，网络前缀转换）协议（RFC 6296）隐藏内部IPv6地址。IPv6 NPT技术限制了原本在IPv4 NAT（Network Address Translation，网

络地址转换）中1：N的地址翻译，只允许1：1的地址隐藏。NPT协议可以保证外部非授权用户无法直接对真实IPv6地址建立连接，同时避免IPv4下由于传统NAT阻断网络端到端的连通性、IP溯源困难而产生的安全隐患。

3. IPv6 无法解决的网络安全问题

IPv6作为网络层协议，并不能解决所有的网络安全问题。比如，IPv6本身不能解决任何由应用层漏洞所引发的攻击，包括：

- 应用层欺骗攻击；
- 恶意用户发起的攻击；
- 木马间谍类攻击；
- 漏洞或误用类攻击。

由于IPv6提供可靠的地址验证与溯源机制，因此可以在上述攻击发生后及时溯源处置，实现高效的信息安全治理。

4. IPv6 自身存在的安全问题

尽管IPv6解决了IPv4中已经识别的安全问题，但在定义IPv6协议栈时，依然会引入部分新出现的安全风险。总体来说，IPv6在安全性的考虑上要比IPv4周全。

当前已知的IPv6协议中存在的安全问题主要有以下几方面。

第一，协议栈规定的原子碎片处理机制可能引起DDoS攻击（RFC 8021）。

第二，远程耗尽NDP（Neighbor Discovery Protocol，邻居发现协议）中的缓存（RFC 6583）。在IPv6的NDP不受额外保护的情况下，攻击者通过恶意构造邻居发现协议的宣告报文，可以耗尽对应服务器的缓存，从而对NDP服务器发动DoS（Denial of Service，拒绝服务）攻击。

第三，远程触发Black Hole（RFC 5635）。BGP（Border Gateway Protocol，边界网关协议）允许用户"宣告"一个用于接收或者发送流量的IP地址或者子网，攻击者可以利用这个特性，结合指定的网络阻断设备，实现对网络转发策略的控制。

第四，Type 0 Routing Header漏洞（RFC 5095中废除Type 0）。路由头的Type 0类型会引起网络中的放大攻击。为解决此问题，相关标准化组织已经在RFC 5095中废除Type 0类型，并要求现网设备对此类型的IP报文进行过滤。

第五，组播安全问题。IPv6取消广播机制，类似Smurf等采用广播风暴方式进行的网络攻击将会消失，基于组播的网络攻击行为可能增加。例如，IPv6地址FF05::3为所有的DHCP服务器，就是说，如果向这个地址发布一个IPv6报文，这个报文可以到达网络中所有的DHCP服务器，所以可能会出现一些专门攻击这些服务器的DoS攻击。对于组播地址的情况，若在传输中出现错误，可能会返回多个错误消息，引发、放大DoS攻击。

第六，IPv6邻居发现协议的安全威胁。IPv6中，ARP（Address Resolution Protocol，地址解析协议）被基于ICMPv6的NDP（RFC 4861）代替，NDP中存在如下安全问题。

- NDP保留ARP的一次交互的协议模式，NDP报文仍然缺少认证机制。
- ARP已有漏洞（中间人、地址伪造、泛洪攻击等）都被NDP继承。
- NDP承载功能扩大，承担无状态地址自动分配功能，存在RA（Router Advertisement，路由器通告）被冒用的风险。
- NDP更加复杂，需要维护状态机、多属性值，这导致NDP更易遭受攻击。

第七，IPv4-IPv6过渡技术引发的安全问题。IPv4-IPv6的3种主要过渡技术是双栈、隧道、地址翻译。继续保留IPv4，会引入原有IPv4的安全问题，过渡技术在IPv4和IPv6中间充当翻译角色，这种过渡技术本身就会中断端对端的网络连接，会给网络系统引入更加复杂的安全问题。就像翻译人员在做中英文翻译的过程中，可能会引入新的问题。

5. IPv6 实现中已经发现的漏洞和安全问题

当前IPv6还没有实现大规模商用，因此CVE（Common Vulnerabilities & Exposures，通用漏洞披露）所报告的IPv6下的漏洞和攻击事件较少。但是，因为IPv6比IPv4定义更复杂，根据每500行代码产生一个漏洞的统计，IPv6协议栈实现过程中会出现较多的漏洞。当前已经识别到的IPv6工程实现中的问题如下：

- Cisco IOS/IOS XE IPv6监听拒绝服务漏洞（CVE-2015-6279）；
- Windows 7 SLAAC（StateLess Address AutoConfiguration，无状态自动地址分配）机制，使用NAT-PT（Network Address Translator-Protocol Translator，附带协议转换的网络地址转换）时，可用于发动DDoS攻击。

6. IPv6 给关键安全技术带来的挑战

对于地址空间扫描算法、黑白名单、威胁情报、知识积累、流量检测模型等原理上不再适用于IPv6场景的安全机制，需要进行算法上的创新，这部分功能有较高的技术门槛。

IPv6下由于SCTP（Stream Control Transmission Protocol，流控制传输协议）、SRv6（Segment Routing IPv6，基于IPv6的段路由）等各种新协议的使用，这使得在使用业务链、APN（Access Point Name，接入点名称）后带来新的安全特性，中间有定义新技术特性的机会。

由于IPv6地址空间无穷大，在IPv6上规模后，会带来性能上的巨大挑战，最终可能会颠覆当前的网络处理模式和计算架构，促使CPU硬件处理平台和配套算法等根技术产生变革（从软件驱动变成硬件配合软件优化），目前我国在这方面的技术准备度较差。

在IPv6下，可以通过类似定义CGA，以及利用IPv6会聚地址构造、原地址验证等IPv6特性，建立全新的、安全可靠的安全网络标识解析体系，替代现有的"百病缠身"的DNS，实现颠覆性的创新。

7. 华为所具有的 IPv6 安全优势

华为作为主流和安全网关供应商，无论是在"IPv6/IPv6+"标准的引领方面，还是产品与解决方案的竞争力方面，都处于业界领先地位。华为在IPv6标准领域积累深厚，如IETF IPv6发布了50篇RFC，提出了SRv6，其已经是在IPv6领域成长最快的IETF标准贡献厂家。

华为安全产品与解决方案全面支持端到端IPv6网络演进。华为下一代防火墙、DDoS防御系统、入侵防御等产品基于成熟稳定的VRP（Versatile Routing Platform，通用路由平台），获得国际通用的IPv6 Ready认证，具备全面的IPv6能力。这些产品和方案既可以部署在纯IPv4或IPv6网络中，也可以部署在IPv4与IPv6共存的网络中，充分满足网络从IPv4向IPv6过渡的需求，使得用户侧应用与终端在无感知的情况下，实现从IPv4网络到IPv6网络的演进升级。

在信任体系中，IPv6是一种用以构造可信网络的关键技术，也是当前构建可信网络过程中最接近实用的技术，IPv6在整个安全体系的建设过程中不可或缺。

3.6.7　零信任与可信

当前，几乎人人都知道零信任的理念是永不信任、始终验证，但是很多人对这句话的理解是错误的。零信任并不是"无须信任"，更不是对信任的否定或者脱离了信任范畴。零信任是信任体系的完善和发展。零信任的提出标志着系统的信任模型从基于IP地址等静态属性的默认信任转向基于动态行为的可验证信任。

零信任无疑是当前最热门也最混乱的安全概念。在系统安全中，不能因为用户持有合法的用户名/口令登录凭证，就默认用户是安全的，因为"熟人"并不等于"好人"。用户还须通过可验证的行为可信过程，证明其安全性。"默认信任"到"可验证信任"的转变，才是零信任概念的核心。

零信任架构是否具有安全竞争力，关键在两点。首先是安全风险评估的生成策略，算法是否准确，能否满足业务的安全要求；其次是不同的业务安全控制功能，是否基于零信任统一策略来实现对业务的安全控制。只有安全风险评估方法有效，可以广泛应用于业务安全控制功能，零信任架构才是有效的。

零信任不是凭空产生的，它不是所谓的颠覆性安全技术，更不是"银弹"，它在安全体系中有明确的范围和定位，代表了信任体系发展的必然阶段。近30年间，信任体系的发展依次经过了设施可信/可信计算、身份可信/可信身份、行为可信/零信任三个阶段。而信任体系发展的目标，是要建立一个内生可信的网络环境，增强网络自身面对攻击的韧性，从而保证关键业务的安全。零信任概念的提出，正是为了达到上述目标所做的阶段性努力。

从技术上讲，零信任是可信计算中TNC架构的延续和扩展，就好像SDN（Software Defined Network，软件定义网络）由传统网络发展而来一样。如果大家熟悉TNC规范，可以明显感受到，NIST SP 800-207《零信任架构》规范中对零信任核心部件的命名与在TNC中一脉相承。完善的零信任也必须以设施可信、身份可信为基础。

1.　零信任的理论基础与价值

零信任的理论基础是：设备和身份可以被仿冒，登录凭证和合法权限可能被盗用，但是攻击意图和恶意行为不可能一直被隐藏！假设攻击者进入系统后一直隐藏意图，从不进行攻击活动，依然可以认为该用户行为就是合法的，系统也是安全的。行为验证是确认实体状态是否安全的最可靠手段。

零信任的价值，是在发生凭证窃取、身份仿冒、权限盗用等事件后，能够通过监测实体的静态安全基线，以及动态行为可信验证等手段，保证实体当前没有发生恶意行为。一旦在行为可信验证中发现实体的恶意行为，则应当马上阻止或限制实体在系统中的活动。

2. 零信任的功能表现与混乱认识

当前，随着零信任概念的流行，业界对零信任的认识虽各不相同，但几乎所有厂商都宣称自己的产品和方案符合零信任定义。IAM（Identity and Access Management，身份识别和访问管理）厂商认为集中认证授权和配套的应用改造就是零信任；NAC和防火墙认为动态执行访问控制策略才是关键；浏览器、VPN（Virtual Private Network，虚拟专用网）厂商参照BeyondCorp，认为零信任就是软件定义边界；终端、数据安全公司认为以身份为中心的精细化应用和数据保护机制才是零信任；还有人认为MSG（Micro-Segmentation，微分段）技术不信任网络边界，天然就是零信任……

上述观点都是似是而非的，原因是它们讨论的都是零信任在具体场景下所呈现的功能，而非零信任架构本身。零信任本身是一个可以广泛应用的、明确的概念。

国内有一些厂商，根据NIST的报告和Forrester提出的零信任扩展框架，把SDP（Software Defined Perimeter，软件定义边界）、IAM、MSG，定义为业界公认的零信任三大关键技术，目标是让提供相关技术的厂商受到资本追捧。这其实就是典型的关于零信任的"人云亦云"与"刻意解读"。

NIST的本意是：SDP、IAM、MSG在边界接入、增强的身份验证、内网安全三个典型场景下，推荐与零信任架构对接的安全技术，这三种技术与零信任概念叠加，可以实现1+1>2的安全竞争力。按照相同的维度，Forrester的零信任扩展框架从场景角度定义了7类能够被纳入零信任架构的安全技术。这些技术本身不是零信任的特征技术或者关键技术。就好比飞机上装有发动机，但我们不能认为"会飞"就是发动机的固有特征一样。不能因为SDP、IAM、MSG能够被纳入零信任架构，就认为它们绑定了零信任，只能说在特定场景下，它们是零信任架构需要用到的关键技术。

必须要把零信任适用的场景和技术本身区分开。反过来，如果说上述三种技术是零信任的关键技术，那么业界又有哪个零信任方案可以同时用到这三种关键技术？如果某个动态认证授权的方案没有用到这三个关键技术，是否可被称作零信任方案？

3. 零信任产生的动机

2010年，Forrester副总裁兼首席分析师约翰·金德维格首先提出了零信任概念，这个概念产生的动机是网络安全的三大变化：

- 不能再以一个清晰的边界来划分信任或不信任的设备（云计算）；
- 不再有信任或不信任的网络（无线网络/移动计算）之分；
- 不再有信任或不信任的用户（内网攻击/权限滥用）之分。

约翰·金德维格认为，基于传统信任关系的安全架构会产生致命的风险，系统不能再接受通过一次认证之后的"隐式信任"，必须定义一种新的访问控制原则。

在零信任概念被广泛接受之前，针对上述安全挑战，业界也在不断努力。

谷歌在2011年开始实施BeyondCorp项目，目标是让员工在不受信任的网络中不使用VPN就能安全工作。谷歌当时并没有提到零信任，但最终谷歌的BeyondCorp被认为是业界第一个零信任SDP实践。

2013年，美国国防信息系统局为了使应用程序所有者能够在需要时部署安全边界，以便将服务与不安全的网络隔离开来，设计了"黑云"架构，后来云安全联盟将其发展为SDP。

直到2019年NIST发布SP 800-207《零信任架构》规范之后，业界才对零信任的概念、架构、应用场景进行了规范定义。

可以说，是约翰·金德维格提炼并且定义了零信任概念，而不是他发明了零信任。零信任是信任体系建设道路上必然要经过的一环。

《零信任网络：在不可信网络中构建安全系统》的作者之一道格·巴斯对零信任的描述如下："默认情况下不应该信任企业网络内部和外部的任何人/设备/应用，需要基于认证和授权重构访问控制的信任基础。"

零信任架构的必要性基于以下几个基本假设：

- 网络时刻处于危险之中，任何接入或访问的流量在认证前都不可信；
- 网络自始至终存在外部或者内部威胁；
- 网络的位置不足以决定可信程度；
- 所有设备、用户和网络流量都应当经过认证和授权；
- 安全策略必须是动态的，并且要基于尽可能多的数据源来计算。

所谓零信任，实际是一种建立信任关系的思想。最初默认对系统内任何实体都不信任，经过对访问逐次验证、动态授权、持续评估、动态调整信任关系，最终达成安全平衡的信任。

4. 到底什么是零信任

无论是SDP，MSG，还是AAA（Authentication Authorization and Accounting，认证、授权和计费）、IAM、应用安全代理等，都不是因零信任而出现的技术，也不是零信任本身的必备技术，更不是零信任的特征技术，只是可以配套零信任架构使用，可以和零信任架构对接而已。

根据NIST SP 800-207中零信任的定义，零信任架构提供一系列概念、理念、组件及交互关系，以便消除针对信息系统和服务进行精准访问判定所存在的不确定性。

零信任是一种架构与流程框架，它并没有发明或者替代其他安全技术，而是在现有的鉴别/认证/授权技术之上，增加了一个灵活的策略控制平面。在零信任架构之下，多种技术可以灵活组合以实现不同的功能。

零信任概念本身，既不该在具体的场景下被固化，也不该在不同的场景中被泛化。一方面，零信任不应该被特定的应用场景所限制。零信任可用于从云端数据保护到物联网设备准入等各种场景，实现不同的功能，这些与场景相关的功能特点都不是零信任架构的特点。另一方面，零信任本质上是一种建立实体间信任关系的方法，并不提供应用安全、数据保护、网络访问控制等安全功能。

零信任把现有的基于实体鉴别和默认授权的静态信任模型（非黑即白），变成基于持续风险评估和逐次授权的动态信任模型（动态平衡）。零信任架构本身不解决除了建立信任之外的其他安全问题，也不能替代其他安全技术。

5. 零信任的参考架构

图3-12是NIST SP 800-207所描述的零信任架构，零信任架构也要求功能和策略解耦，划分了数据平面和控制平面。

策略引擎根据每一次访问，基于业务要求，根据身份鉴别、安全基线、已知风险等多维信息对访问相关实体的信任关系进行评估，根据评估结果决定对访问的授权策略；再通过策略管理器模块把策略发给数据平面的策略执行点进行访问控制操作。策略执行点要记录历史访问行为，反馈给策略引擎，策略引擎根据反馈持续评估信任关系，从而实现一个从默认不信任到建立动态平衡信任关系的闭环。

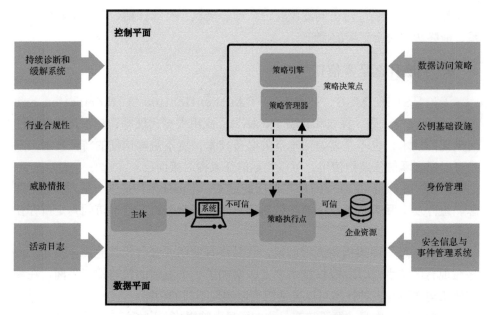

图 3-12 NIST SP 800-207 所描述的零信任架构

- 零信任架构的核心：新增的控制平面，其目的是能对各种系统内的信息进行综合评估，提供能满足业务要求的、灵活的安全评估机制。
- 零信任架构的外延：各种传统安全技术所能提供的信息与安全控制功能，包括能向PDP提供哪些有用数据（终端、网络、用户认证信息等），以及能有多少类安全设备（终端安全、网络安全、数据安全等）与PDP对接。

零信任架构能够基于业务的要求，持续评估每次访问中实体间的信任关系，决定是否授权，如图3-13所示。与传统的静态认证授权框架相比，这种架构可以实现更强、更细、更灵活的安全防护功能。

传统的鉴别/认证/授权机制，可基于实体自身属性（IP地址/设备类型）和知识（用户口令/证书）完成实体鉴别，建立信任关系，信任实体的行为"隐性默认"都是可信的。面对合法用户执行非法操作、令牌被盗用、身份认证后又被植入木马等情况，系统无能为力。

而基于零信任的持续信任评估就可以解决上述问题。假设终端感染木马或者令牌被盗后，零信任的策略引擎能够基于终端、网络安全行为基线发现异常行为，能及时改变授权策略，让风险实体不再受信任，从而保护系统安全。

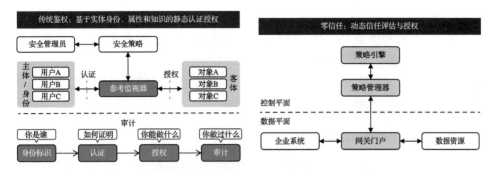

图 3-13　零信任架构是一种动态自适应的信任评价与授权架构

6. 零信任的典型适用场景与可发挥的功能

零信任架构不能独立于应用场景而存在。在不同场景下，零信任架构对接认证、网络安全、数据安全、加密隧道等不同的技术，可以实现数据访问精细化控制、网络动态准入、SDP、SASE（Secure Access Service Edge，安全访问服务边缘）、内网安全等不同的安全功能，形成不同的零信任解决方案。

当前，业界零信任的应用场景和实现功能具体如表3-3所示。

表 3-3　零信任的应用场景和实现功能

应用场景	实现功能	数据源	对接的安全能力	典型方案举例
安全访问平台	基于身份的应用/数据细颗粒度访问控制	终端数据＋网络事件＋用户行为	可信接入代理，可信 API（Application Program Interface，应用程序接口）代理，可信数据网关等	数据安全访问平台
设备接入认证	基于设备标识的802.1X 动态准入	终端数据＋资产信息＋用户权限	接入网关/网络控制器等	园区准入
哑终端接入与控制	基于哑终端行为基线的安全准入	网络事件＋资产信息＋用户权限	接入网关/防火墙/微隔离机制等	生产网设备准入
内网访问控制	对内网资源访问的差异化控制	资产信息＋网络事件	交换机/微分段防火墙	数据中心动态安全访问控制
基于场景的差异化访问	不同的互联网设备接入场景，具备不同的资源访问权限	终端数据＋资产信息＋用户权限＋网络行为	防火墙/接入控制服务器等	思科 DUO
支持零信任的 SDP	基于实体安全状态决定是否接入可信网络环境	终端数据＋用户权限	安全隧道/终端安全	谷歌 BeyondCorp

零信任解决方案的竞争力表现在以下两方面。

- 安全策略动态评估算法可支持的数据类型，以及安全评估的准确性，如综合评价可信的数据维度以及算法的准确性。
- 零信任架构对接的安全能力的种类。策略管理器模块对接的安全能力越多，零信任解决方案的功能就越强。

7. 零信任解决方案举例

零信任架构需要在具体场景中才能形成可实施的解决方案。零信任架构实现的关键是决定选用何种设备来实现安全策略动态评估模块、策略管理器模块的功能，以及需要对接哪些安全功能执行模块，还要定义各部件间对接的接口协议，以及安全信任评估方法与授权策略下发的流程。

具体场景下的零信任架构应用方案举例如下。

（1）华为零信任数据安全访问平台：基于身份，保证应用与数据安全

华为零信任安全访问通道可以基于对用户的强身份鉴别与环境感知结果进行信任评估，针对用户访问不同的应用/数据的行为，根据安全等级进行精细化授权和细颗粒度访问控制，从而有效保证应用和数据的安全。

在华为零信任安全访问通道中，应用需要进行配套改造，与策略管理模块对接；数据需要得到安全治理，设置不同等级的安全标签。

如图3-14所示，在零信任架构中，华为大数据安全分析平台承担了安全策略评估的功能，可以基于终端环境感知数据、对用户访问行为进行信任评估；IAM实现策略管理器模块的功能；可信接入代理、应用前端等安全设备作为PEP与PA对接，以执行允许/拒绝用户特定访问的策略，从而实现对不同应用与数据的精细化访问控制，有效缩减受攻击面，保证应用和数据的安全。

华为大数据安全分析平台的信任评估算法，考虑了用户基于证书的身份鉴别结果以及终端安全基线数据，如有必要，可以增加基于网络行为以及用户行为的异常检测数据。

（2）华为工业互联网零信任方案：基于设备风险的差异化准入

华为工业互联网零信任方案，是用于解决半导体工厂等高端制造行业的各种设备被渗透、仿冒后，接入关键生产网所造成的严重安全问题。与零信任安全访问通道方案不同，该方案不需要对设备和应用进行改造，无须在设备上新增访问代理，通过把现有的NAC、网络防火墙等安全设备与零信任架构对接，可以发现、定位、阻止被入侵的不安全设备接入网络。

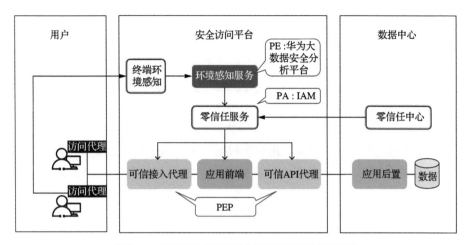

图 3-14　零信任安全访问平台与零信任架构间的映射

　　华为工业互联网零信任方案是整个华为工业互联网安全解决方案的重要组成部分。

　　如图 3-15 所示，传统安全技术，对于哑终端等设备，只能基于 IP 或者设备类型进行"非黑即白"的访问控制，无法阻止不安全的合法设备接入网络。

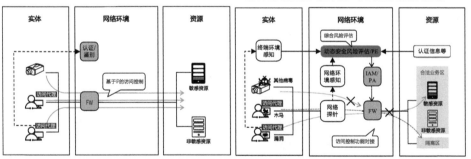

图 3-15　基于零信任架构对传统网络安全的改造

　　华为工业互联网零信任方案同样基于华为大数据安全分析平台承担的安全策略评估功能。华为网络探针会把网络行为数据上传 PE，PE 会基于网络安全行为基线来评估设备的安全性，一旦 PE 检测到设备行为异常，即可根据业务安全要求，调用 NAC、防火墙等设备执行"拒绝接入、阻断、重定向、隔离"等操作，阻止不安全的设备接入网络，保证生产网络的安全。

（3）华为SASE，边缘云安全接入解决方案

Gartner对SASE的定义：SASE是一种基于实体的身份、实时上下文、企业安全/合规策略，以及在整个会话中持续评估风险/信任的服务。实体的身份可与人员、人员组（分支办公室）、设备、应用、服务、物联网系统或边缘计算场地相关联。

SASE是一个解决方案，也是一种软件和硬件工具的框架，可确保以云服务形式提供的应用程序、服务、用户和机器对云和网络资源的安全访问。

SASE的目标是让用户安全、高效地通过边缘云访问云资源。SASE不是一个独立系统，而是包含多项跨界技术：从SD-WAN（Software Defined Wide Area Network，软件定义广域网）和CASB（Cloud Access Security Broker，云访问安全代理），到安全Web网关、ZTNA（Zero Trust Network Access，零信任网络访问）、FWaaS（Firewall as a Service，防火墙即服务）、MSG等在内的综合性解决方案。

在SASE中，边缘服务、零信任网络，都是SASE解决方案中的重要组成部分。从零信任的角度，我们可以认为SASE是零信任架构在边缘云服务访问场景下的一个应用。

从安全体系的角度，Gartner设想SASE采用CARTA策略，从而可以持续监控会话。如果发现任何设备信任不足，SASE使用自适应行为分析，可以跟踪并更改安全级别和权限。

根据华为对SASE的理解，SASE是由"零信任ZTNA+SD-WAN高效网络接入+安全资源池/云化安全服务"所构成的一个具体解决方案。华为SASE解决方案的部署可参见5.4.3节。

（4）谷歌BeyondCorp：基于可信计算的零信任

谷歌在2011年到2017年期间，启动BeyondCorp项目，实现了不区分内外网，让员工不借助VPN就可以在任何地方安全地工作。BeyondCorp的核心思想是不信任任何实体，无论该实体是在边界内还是在边界外，遵循"永不信任、始终验证"的原则。相传谷歌开展这个项目与其2009年遭受极光行动导致Gmail邮箱和源代码被APT组织入侵有关。

谷歌的BeyondCorp是基于"泰坦"芯片的可信计算以及强身份鉴别的可信身份建立的，也从工程上证明了零信任是信任体系的延伸。

谷歌BeyondCorp的建立基于以下3条原则：

- 发起连接时所在的网络不能决定用户可以访问的服务；

- 服务访问权限的授予基于对用户和用户设备的了解；
- 对服务的所有访问都必须通过身份验证、获得授权并经过加密。

如图3-16所示，BeyondCorp的特点，是把安全边界下沉到用户浏览器App和服务端Web应用上。让用户侧的安全浏览器与数据中心的Web服务端都内置访问控制功能与SSL隧道，从而建立虚拟安全边界，最大化缩减受攻击面，试图把各种恶意软件/网络攻击都阻拦在虚拟边界之外。只有经过强身份鉴别和复杂信任关系检查的可信用户才能通过SSL隧道接入虚拟边界，以此保证建立一个可信的计算环境。

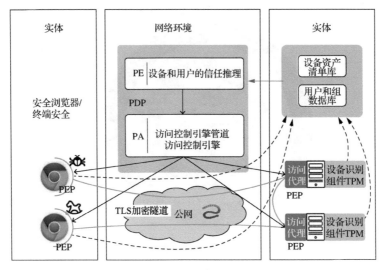

注：TLS 为 Transport Layer Security，传输层安全（协议）。

图 3-16　BeyondCorp 的功能实现与零信任架构间的映射

谷歌的信任推理引擎与访问控制引擎要基于用户、用户所属的组、设备证书以及设备清单数据库中的信息来决定是否授权。如有必要，访问控制引擎还可以实施基于位置的访问控制。

8. 零信任在安全体系中的定位与未来演进趋势

（1）零信任是当前信任体系的重要组成

从安全体系结构的角度分析，零信任属于内生信任体系的范畴，是一种动态的实体鉴别/认证/授权框架。

作为安全规划和咨询领域的权威机构，Gartner在2017年安全与风险管理峰会上发布CARTA模型，并提出零信任是实现CARTA宏图的第一步。

CARTA是自适应安全架构的3.0版本，强调通过持续监控和审计来判断安全状况，没有绝对的安全和百分之百的信任，寻求0和1之间风险与信任的平衡，并提出"完整的保护=阻止+检测与响应""完整的访问保护=运行访问+验证"等观点。

如图3-17所示，Gartner的CARTA模型将自适应访问控制和攻击防御体系相结合，形成了持续自适应风险与信任评估的动态安全体系。而零信任架构是这个动态安全体系中建立平衡信任关系的关键。

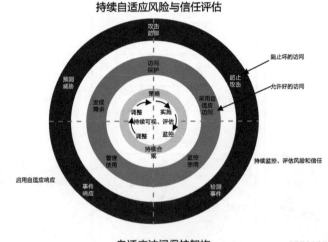

图3-17　CARTA 的安全体系与零信任在自适应访问控制上的应用

零信任架构是一种动态的信任评估与授权框架，需要根据业务要求对访问进行持续性信任评估，即时验证授权，评价结果和授权策略要根据业务变化动态调整。

零信任概念具有广泛的适用性，部署可以很复杂，也可以很简单，不同方案的安全功能也不同。零信任解决方案的竞争力，是由决定信任评价结果的数据与算法强弱，以及动态授权机制能对接的安全功能种类所决定的。

（2）零信任不是信任体系演进的终极形态

零信任是否是信任体系演进的终点？零信任之后又会出现什么技术？从信任体系发展的目标、规律与驱动力角度看，零信任不是凭空产生的，也绝不是信任体系演进的终点。只要理想中的可信任的网络环境这一"好人"社会没有真正建立起来，信任体系就会持续演进。

信任体系的发展，经过了设施可信、身份可信、行为可信三个阶段，越来越接近从根本上区别"好人"和"坏人"，其中零信任解决了"熟人"不等于"好人"的问题。那么"好人"和"坏人"之间的最根本区别是什么？根源在于意图，"好人"与"坏人"正是因为意图不同，才会造成行为上的差别。因此在信任体系建设中，可以预测，零信任行为可信的下一步，应该就是基于意图可信的启发与安全验证技术。

3.6.8　自主可控与BCM

BCM风险是能够对用户业务造成最大破坏的风险。其他风险可能只会影响业务的运行状态，而BCM风险却可以摧毁业务本身。从安全角度看，如果不能解决BCM风险，系统行为确定性的定义和保障也就无从讲起。在当今世界不确定性剧增的环境下，所有重要的组织都需要考虑BCM问题。

1. BCM 风险的案例

2001年，美国遭到"9·11"恐怖袭击，引发了金融行业的BCM风险。在袭击中，纽约银行数据中心全毁、通信线路中断，一个月后关闭部分分支机构，数月后破产清盘；与之对应，德意志银行调用4000多名员工及全球分行资源，短时间内在距离纽约30千米的地方恢复了业务运行。可见，数据和ICT系统是企业最核心的资产，每个企业都要对核心数据和ICT系统资产做好备份和风险管理。

2000年3月，飞利浦公司第22号芯片厂突发火灾，几百万手机芯片无法供货，此突发事件引发了连锁反应。爱立信行动迟缓，应对无措，市场份额降至9%，损失4亿美元的销售收入，9个月后退出手机市场；与之相对，诺基亚执行B计划，1个月内解决了问题，份额提升，成为行业领导者。通过此案例可知，供应商的风险管理至关重要，多供应商策略可以最大限度地化解突发事件造成的断供问题。

2019年7月，日本停止向韩国出口三种高科技材料，若发展至最糟情况，韩国半导体行业将损失45万亿韩元，日本损失1700亿韩元，韩国是日本的270倍。韩国269家受禁令影响的半导体企业中，有59%的公司无法长期承受日方的制裁，最多只能支撑6个月。

类似的事件还有，2019年5月，美国商务部禁止中国华为和华为旗下的70家企业在美国的销售和采买行为，很多美国企业紧急以书面形式通知华为，断绝与华为的一切商务合作。随后，美国又陆续把包括华为在内的几十家中国高科技企业、高端制造企业与重要机构都纳入"实体清单"。

当前世界形势动荡，贸易、政治性风险增加，不确定性显著加强，黑天鹅事情频频发生，每个企业都应该考虑业务连续性管理。

2. 什么是业务连续性管理

业务连续性管理是识别企业的潜在威胁，分析这些威胁一旦发生对业务运营可能带来的影响，通过有效的应对措施保护关键业务活动、建设业务恢复能力的管理过程。

业务连续性管理涉及应急管理、ICT灾难恢复、供应链管理、危机公关等，要与现有管理体系融合和集成。

BCM其实不是一个新话题，它起源于20世纪70年代的美国。标志性事件是1979年，IT公司SunGard在美国费城建立了SunGard Recovery Services，通过灾难备份和恢复对计算机设施实行BCM。

随后，美国、英国、澳大利亚、新加坡等国陆续发布本国业务连续性管理标准。其中英国标准协会于2007年推出第一版BCM标准BS 25999，得到业界广泛应用，正式吹响现代BCM的号角。2012年，ISO以BS 25999为基础发布了ISO 22301标准。

3. 如何解决 BCM 风险

BCM是个系统化问题，必须系统化建立业务连续性管理体系，才能保障关键业务连续。因此需要在研发、采购、制造、物流、全球技术服务、财经、IT等领域，建立端到端的业务连续性管理机制，通过有效的管理组织、制定突发事件应急预案和业务连续性计划、开展培训演练，提升业务连续性意识和应对突发事件的能力，才能有效保证业务连续性。

从技术层面上讲，解决BCM风险必须要依靠关键部件的多来源以及自主可控。而对于芯片等关键基础部件，也只有自主可控这一条路可走，只有全产业链实现了自主可控，关键部件的BCM风险问题才可能得到解决。

| 3.7 防御体系基础技术 |

本节主要介绍韧性架构中防御体系的组成及其基础技术。该防御体系直接对应纵深防御的理念，是韧性架构的重要组成。

3.7.1 防御的目标与价值

韧性架构中防御体系的目标，是消减各种攻击威胁给系统带来的不确定性风险，通过对抗威胁，尽量避免系统的确定性被攻击威胁所干扰，从而保护系统的确定性行为基线，如图3-18所示。

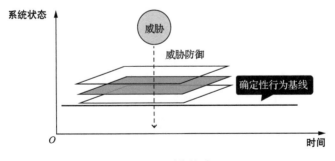

图 3-18 防御体系

在韧性架构中，防御体系的目标，是从威胁防御的维度，尽力而为地预防、识别、消除各种可能对系统的确定性行为基线造成破坏的威胁，即针对系统业务的脆弱性以及外部威胁，尽力而为地消除风险，保证威胁不对系统的确定性行为基线造成破坏。

防御体系防御的对象是可能让系统产生不可预期行为的威胁，防御体系的目标是尽力而为地避免各种威胁对业务系统产生影响。

防御体系的建设是和系统内的脆弱性以及系统外的攻击威胁类型直接相关的。防御体系的价值是让各种威胁无法攻击业务，或者在其对业务造成破坏性影响之前消除威胁，或者消减威胁的破坏性。在韧性技术体系当中，只有防御体系是针对威胁的，是由攻击威胁驱动的。

3.7.2　演进方向与驱动力

防御体系的目标与信任体系是相同的，两者的差别在于达到目标的技术维度不同，采用的技术手段不同。

防御体系是从威胁对抗的维度来保证系统的确定性。防御体系的驱动力是威胁以及威胁背后的攻击链理论，防御体系试图尽力而为地检测并消除所有威胁。

与一般人的感知不同，防御体系的思想与相关技术的出现，要比信任体系更晚一些。可信的概念至少在20世纪70年代就出现了，而防御体系相关理论与技术，是在计算机病毒等恶意攻击活动泛滥之后才被人们认识到的，而相对完整的方法论和对抗模型的出现则到了1998年之后。

威胁防御概念产生的背景，源于20世纪90年代前一直困扰专家的疑问：为什么在"核大战"这种严酷条件下都能够生存下来的高安全性的网络（TCP/IP网络的前身是ARPANET，其设计初衷是能在核战争中大部分基础设施都被摧毁时依然能实现通信功能），却在黑客攻击面前显得如此不堪一击？为此专家在常规的安全性概念下，进一步区分了健壮性与安全性，进而针对人为恶意的安全攻击，提出了"威胁防御"的概念。

图3-19给出了防御体系相关技术发展中的一些历史事件。

图3-19　防御体系相关技术发展中的一些历史事件

　　1983年，随着计算机病毒等单项威胁的日益泛滥，开始出现各种有针对性的单项安全防御技术。比如针对病毒有杀毒软件，针对网络攻击开始有防火墙、入侵检测，针对系统安全漏洞出现了扫描器。这些技术的思路基本上是"有矛才有盾"。

　　1998年，随着TBM以及PDR动态防御模型的建立，威胁防御走向体系化，多种安全手段可以配合使用，有效形成防御体系，比如漏扫、入侵检测、防火墙可以配合使用，在攻击者突破保护策略之前就对系统进行防护。

　　2003年，IATF 3.0正式发布，防御体系的发展达到顶峰，纵深防御的理论已经成熟，十多年来被广泛使用，直到今天，防御体系也没有过时，依然是指导防御体系建设的最佳参考。

　　通过对防御体系的发展历史以及对应驱动力的分析，我们知道攻击与防御之间的对抗永远不会停止，只要有威胁存在，就一定需要对应的威胁防御技术。防御体系需要从威胁对抗维度持续努力，做好自己的事情。

3.7.3　防御体系技术沙盘

　　防御体系的驱动力是威胁技术的发展。防御体系试图从威胁对抗维度，基于纵深防御思路，有效消减威胁"攻击链"对系统功能的破坏性影响；并通过消减威胁所引发的不确定性风险的方法，保卫可信任的网络环境，保证业务系统确定性行为基线的稳定。在韧性架构的防御体系中，确定性的安全防御技术是基础，凡是有利于缓解攻防不对称、能够实现低成本威胁防御的技术，才是关键技术。

1. 攻击链视角下的威胁防御过程

　　基于威胁"攻击链"理论和"纵深防御"思想，我们可以把安全技术按照攻击链对系统的影响阶段，分成"事前、事中、事后"三个阶段。

　　如图3-20所示，对威胁来说，"事前"就是攻击链在进入业务系统之前的攻击活动，包括信息收集、工具准备等；"事中"则指攻击链到达业务系统，正在对业务系统进行攻击活动，包括载荷投递、漏洞利用等；"事后"是指攻击链已经进入目标系统，在目标系统内进行释放载荷、建立通道等一系列操作，从而达成目标，对目标系统造成影响。

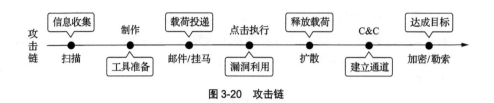

图 3-20　攻击链

2. 对应的纵深防御体系与关键技术

从纵深防御的角度，同样需要根据攻击的"事前、事中、事后"部署不同类型的安全技术和流程对抗威胁的"攻击链"。

事前以预防为主： 需要在系统遭到攻击之前通过风险排查、缩减受攻击面、部署主动安全技术等一系列安全手段为可能到来的攻击做准备。这时候，会不会遭到攻击、什么时候遭到攻击、遭到何种类型的攻击，都是不确定的。

事中以检测为主： 尽量发现系统正在遭受的攻击，并尽力消减攻击威胁。在此阶段，的确是"要想防御威胁，必须先能看到威胁"，对攻击的成功防护是以成功的威胁检测为前提的。

事后以应急响应为主： 在发现了攻击对系统造成的各种破坏后及时处置修复，进行攻击溯源。如阻止攻击的扩散活动，切断攻击者建立的隐蔽通道，恢复被破坏的数据，以及调查取证等。

基于对"（攻击）事前、（攻击）事中、（攻击）事后"阶段的划分，我们也把所有的威胁防御技术按照"主动安全、被动安全、溯源反制"重新进行了分类。主动安全技术，是指那些不依赖于威胁检测，在攻击发生之前就可部署实施的安全防御技术，包括缩减受攻击面、攻击模拟、主动诱捕、白名单防御、网络防御性信息欺骗、动态目标防御、拟态防御等。这些技术的基本特点是，安全防御效果都不依赖于威胁检测的结果。被动安全技术，是指那些在攻击威胁发生的过程中，依赖成功的威胁检测才能发挥防御价值的技术，包括传统的入侵检测、杀毒、DLP（Data Loss Prevention，数据防泄露）、未知威胁沙箱检测、基于流量分析的未知攻击识别等。这些技术的特点是必须在攻击发生后才能进行检测，并基于检测的结果采取安全防护活动。溯源反制技术，是指必须在攻击过程发生后才能采取的安全活动，包括调查取证、IOC技术反制识别、法律反制等。

防御体系技术沙盘如图3-21所示。

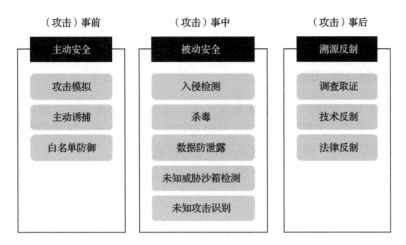

图 3-21　防御体系技术沙盘

　　韧性架构的特点是以确定性的安全技术为基础，而任何以事中威胁检测为前提的安全技术，由于检测中的漏报/误报不可避免，因此都不属于确定性的安全技术，不是韧性架构的重点，也不在本书的讨论范围内。

　　根据OODA对抗方法论，只有比攻击者更早介入安全防护过程，更快完成安全对抗闭环，才可能成功地对抗攻击活动。因此对应于攻击"事前"阶段的主动安全技术，才是决定防御体系能否有效应对攻击威胁的关键，这也是韧性体系指导下的防御体系与传统的以PDR模型为指导的传统动态防御体系之间最主要的差别。传统PDR模型的核心是D，即各类威胁检测技术；而韧性架构中防御体系的核心，是不以威胁检测为目标的主动安全技术。

　　要强调的是，传统的以威胁检测为前提的安全技术依然是非常重要的。本书没有基于韧性架构来否定传统的纵深防御体系以及以威胁检测为基础的传统安全防御技术的价值，更不是用韧性技术体系和对应的安全技术来代替纵深防御以及传统安全技术。恰恰相反，韧性架构正是在纵深防御思想以及传统的安全防御技术之上扩展而来。

3.7.4　网闸与安全网关

　　网闸以及防火墙、入侵检测等安全网关，是最为常见与广泛使用的"被动式"网络安全防御手段。但即使是如此常见的安全手段，也经常会被不当使用，从而无法取得预期的安全防御效果。

1. 网闸与物理隔离

现在有一种观念，认为网闸是用来实现网络之间的物理隔离的；防火墙等安全网关，是用来实现网络间的三层隔离或者逻辑隔离的，网闸的隔离要比防火墙的隔离更彻底。其实这种观念是完全错误的。

物理隔离网络是指不同的网络必须基于完全独立的网络硬件基础设施来构造，不同的网络基础设施之间不能有任何形式的连接链路（包括物理网线、无线链路等）。

网闸的用途，是在原本物理隔离的网络之间，打通一条可靠的数据单向传输路径，使得网络能在继续保持物理隔离的条件下，实现有限的数据转发功能。即网闸的用途是数据交换，而非物理隔离。

网闸的基本功能，相当于人工使用U盘在两个不存在网络连接的独立网络之间复制数据，只是网闸通过复杂的技术过程使得这种数据交换变得快速、自动、单向。网闸可以保证攻击者无法利用底层网络协议漏洞夹带攻击，同时保证数据只能单方向传输。网闸虽然可以通过数据摆渡的方式杜绝利用底层网络协议漏洞的风险，却不能抵御恶意载荷的攻击，即如果通过网闸来传输一个无法被检测的病毒，网闸没有任何防护效果。据传，NSA很早就使用"袋鼠"等攻击工具从物理隔离的网络中窃取数据，基本原理就是把非法信息混杂在允许外传的数据中向外合法传输。

2. 网关与逻辑隔离

网络间的逻辑隔离不是"三层互通"，而是指基于相同的一套网络基础设施构造多个相互独立的网络，不同的网络通过IP路由、MPLS（Multi-Protocol Label Switching，多协议标签交换）、VLAN（Virtual Local Area Network，虚拟局域网）、VPN、Overlay Network，以及SDN/VM（Virtual Machine，虚拟机）等网络虚拟化技术实现独立组网以及互相隔离。这种网络间的隔离，是通过协议和策略配置来保证的，多个网络在物理层面实际上是连通的，只需要通过网络配置而无须调整物理组网，原本互通的网络就能实现隔离，因此这种相互隔离的网络也被称作逻辑隔离网络。

无论是物理隔离还是逻辑隔离网络，都可以通过防火墙实现三层互通，并且管理员可以基于防火墙的安全策略，实现各种灵活的网间访问控制功能。

3. 网闸与网关的区别

网闸和防火墙等网关设备在功能与使用上是完全不同的。网闸并不是一个通用的网络安全连通设备，只能用来传输特定格式的数据；而防火墙原本也不是专用的数据传输设备，只是在防火墙经过精细化的策略配置，通过安全策略限定了网络数据的传输内容与传输方向之后，可以实现接近网闸的功能。

网闸基于不同的器件原理，可分为基于电子开关的传统网闸（即电闸），以及基于光传输部件的光闸两种。无论是哪种网闸、防火墙，在保证数据的单向传输以及隔离网络之间的常规通信上，功能是相同的，但在极端条件下的安全强度完全不同。

电闸/光闸，可以基于部件的物理特性，保证物理隔离与数据的单向传输。比如，电闸基于单向传输的电子开关，光闸基于分光器的单向传输原理，都能可靠保证数据传输的单向性。即使电闸/光闸设备本身遭到了入侵，攻击者也无法改变电子开关/分光器的物理限制，也就无法破坏电闸/光闸的单向传输机制。

而防火墙就完全不同，防火墙只是通过安全策略来保证网络的通信隔离以及数据的单向传输，防火墙如果被入侵，攻击者完全可以通过策略的改变放通防火墙上的安全策略，实现对网络的自由访问，此时是非常危险的。

防火墙、电闸、光闸的区别如图3-22所示。

- 攻击者可以通过标准协议攻击防火墙；
- 防火墙是个智能部件，可以被从而修改策略，造成单向功能失效。

防火墙

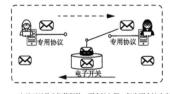

- 电子开关是非智能部件，不会被入侵，行为不会被改变；
- 如果前后置机同时被入侵，发动共谋攻击，有可能改变电子开关的行为，也可以破坏电闸的单向逻辑。

电闸

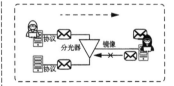

- 基于分光器的单向特性，即使控制系统被入侵，内外攻击者共谋，也无法破坏分光器的单向特性，可以保证内网数据不向外网渗透。

光闸

图3-22 防火墙、电闸、光闸的区别

总之，网闸与网关都是重要的网络安全边界防护设备，但必须要正确使用才能获得预期的防护效果。

3.7.5　行为分析与建模

行为分析是建立系统业务行为模型，识别系统行为异常的重要技术。行为分析可以分为软件系统行为、网络流量行为等多种不同类型。行为分析的目标，是通过对实体各种行为采用基线建立、基线对比等方法，判断当前实体的行为是否与正常状态相符，从而判断当前系统的安全状态。

能够进行行为分析的部件，包括软件行为分析沙箱、网络行为分析NTA（Network Traffic Analysis，网络流量分析）设备。

1.　行为分析沙箱

沙箱可以根据恶意代码的行为而非特征来识别其是否恶意，因此可以有效检测病毒库中没有记录的未知恶意代码和病毒，基于相同的原理，沙箱也可以基于行为来判断当前实体行为是否正常，是否表现出不可预期的行为，从而判断被检测对象当前是否安全。

沙箱可以执行静态的启发式扫描，以及动态地虚拟执行程序或代码，可以透明地对网络传输报文中的Window/Linux可执行程序和Web Script脚本中的代码进行行为检测，从而判断其安全状态。

2.　NTA 设备

NTA设备可以基于对网络流量的行为分析，检测未知的网络攻击，包括扫描、暴力破解、网络隐蔽控制通道等，可以有效识别潜伏在内网中的木马等恶意程序。基于同样的技术原理，NTA设备也可用于检测网络行为的异常，可以基于网络行为分析对实体的安全状态进行判断，进而定位在攻击中失陷的网元设备。

3.7.6　RASP与API安全

RASP（Runtime Application Self-Protection，运行时应用自保

护）与API安全都不是传统的以威胁检测为基础的技术，它们的共同特点，是从Web服务以及功能API的角度出发，健全安全机制，明确合法的调用行为，从而缩减业务系统的受攻击面。在威胁无穷无尽的现实条件下，有效缩减受攻击面所取得的威胁防御效果，要远比检测和对抗现实中存在的攻击威胁更有效。

1. RASP 安全

RASP是近几年来新兴的一种Web安全防护技术。一方面，与WAF相比，RASP工作于应用程序内部，可以获取更多的程序运行细节，从而可以解决很多WAF误报的问题；另一方面，通过与应用程序关键函数挂钩观察程序行为，也可以解决基于签名的WAF产生的拦截绕过问题，所以RASP在拦截黑客攻击方面强于WAF。

RASP当前已有带语法解释器功能的商用产品以及开源工程。在用户需要对WebServer进行增强保护的时候，可考虑部署RASP对Web进行自免疫保护。

2. API 安全

（1）什么是API

API是一组用于构建和集成应用软件的定义和协议。在《API驱动数字化转型的5大趋势》中，对API的价值有如下描述："数字化转型依赖于企业的整合能力，即将其服务、能力和资产打包到可重复利用的模块化软件中。每个企业都在其系统中储存了有价值的数据，然而要利用好这些价值，就要通过 API 的能力打破数据孤岛，让数据在不同环境中使用，包括将其与合作伙伴及其他第三方有价值的资产结合起来……即使一些系统从未设计互通能力，API也能让开发人员轻松访问并组合不同系统中的数字资产，从而更好地实现整体协同。API是软件和软件之间进行'对话'的最基本形式，如果将开发人员的经验融入API的设计中（而不是像定制的集成项目那种，经验不可被复制），它们将变得非常强大，从而使开发人员能重复使用数据和系统功能来开发新的应用程序……"

API传输格式有多种多样，比如当前较流行以及产品需要遵守的OpenAPI规范。

API网关是承载API安全能力的实体。API网关可以提供高性能、高可用、高安全的API托管服务，能快速将企业服务能力包装成标准API服务，借助API网关，可以快速地实现内部系统集成、业务能力开放。

API网关负责将客户端的各种请求路由到相应的服务，然后向请求者发送回复。API网关在客户端和微服务系统之间维护安全连接，并管理公司内外的API流量和请求，包括身份认证、权限控制、安全检测、负载均衡等，同时还需要提供API的生命周期管理。

随着业务的发展，API网关也集成了越来越多的功能，主要的功能如下。

- API生命周期管理：包括API的创建、发布、下线和删除的全生命周期管理功能。API生命周期管理功能可以快速、高效地开放成熟的业务能力。

- 用户授权及访问控制：访问控制包括对访问API的用户进行身份验证和授权检查，网关可以使用众多开放标准来确定消费者的身份或有效性，如OAuth、JWT、API Keys、HTTP Basic Auth等，也可以使用非标准方法在消息标头或有效负载中查找凭据。访问控制策略可以限制API的调用来源IP，可以通过设置IP地址或账户的黑白名单来允许/拒绝某个IP地址或账户访问API。

- 响应转换：响应转换是API网关的重要功能，它充当信息的转换者，包括协议的转换、格式的转换。比如前端可能是HTTP（Hypertext Transfer Protocol，超文本传送协议），到后端服务器就采用私有协议，前端为JSON格式请求，到后端转换为XML格式请求，以及请求URI的转换等。

- 流量控制及负载均衡：针对不同的业务等级、用户等级，可实施对API的请求频率、用户的请求频率、应用的请求频率和源IP的请求频率进行管控，用于保障后端服务的稳定运行，并可针对后端服务提供负载均衡的能力。

- API安全检测及防护：API为对外提供业务的接口暴露在外，必然会面临各种各样的安全问题，包括API误用、API滥用、API漏洞入侵、数据泄露等，需要有API安全检测和防护模块提供相应的安全保障。

（2）主要API安全问题

国际性组织机构OWASP（Open Web Application Security Project，开放式Web应用程序安全项目）总结了API安全风险Top 10，如表3-4所示。

表 3-4 OWASP API 安全风险 Top 10 （2019 年）

API1：失效的对象级别授权	API 倾向于公开处理对象标识符的端点，从而产生广泛的攻击表层访问控制问题。在依据用户输入访问数据源的每个函数中，都应考虑对象级授权检查
API2：失效的用户身份验证	身份验证机制的实现往往不正确，使得攻击者能够破坏身份验证令牌或利用漏洞临时／永久地盗用其他用户的身份。破坏系统识别客户端／用户的能力，损害 API 的整体安全性
API3：过度的数据暴露	依赖通用方法，开发人员倾向于公开所有对象属性而不考虑其各自的敏感度，依赖客户端在向用户显示数据前执行数据筛选
API4：资源缺乏和速率限制	API 通常不会对客户端／用户可以请求的资源的大小或数量施加任何限制。这不仅会影响 API 服务器的性能，导致拒绝服务，而且还会为诸如暴力破解等身份验证缺陷敞开大门
API5：失效的功能级授权	具有不同层次结构、组和角色的复杂访问控制策略，以及管理功能和常规功能之间不明确的分离，往往会导致授权漏洞。通过这些漏洞，攻击者可以访问其他用户的资源和／或管理功能
API6：批量分配	将客户端提供的数据（例如 JSON）绑定到数据模型，而无须基于白名单进行适当的属性筛选，通常会导致批量分配。无论是猜测对象属性、探索其他 API 端点、阅读文档或在请求负载中提供其他对象属性，攻击者都可以修改它们不被允许修改的对象属性
API7：安全配置错误	安全配置错误通常是由不安全的默认配置、不完整或临时配置、开发云存储、配置错误的 HTTP 头、不必要的 HTTP 方法、允许跨域资源共享和包含敏感信息的详细错误消息造成的
API8：注入	当不受信任的数据作为命令或查询的一部分发送给解释器时，就会出现注入缺陷，如 SQL（Structured Query Language，结构化查询语言）、NoSQL、命令注入等。攻击者的恶意数据可诱使解释器在未经恰当授权的情况下执行不可预期的命令或访问数据
API9：资产管理不当	与传统 Web 应用程序相比，API 倾向于公开更多的端点，这使得恰当的文档编制和更新变得非常重要。正确的主机和已部署的 API 版本清单对缓解弃用的 API 版本和公开的调试终端节点等问题也起着重要的作用
API10：日志记录和监控不足	日志记录和监控不足，加上与事件响应的集成缺失或无效，使得攻击者可以进一步攻击系统，保持持久性，转向攻击更多的系统，得以篡改、提取或销毁数据。对大多数违规行为的研究表明，检测违规行为的时间超过 200 天时，违规行为通常由外部方而不是内部程序或监控发现

随着API不断变化、应用越来越广泛，API的安全问题也变得越来越重要，基于API的攻击不断变化，相应的API安全检测防护技术也在不断变化。

　　API管理平台通常依赖于传统的安全防护方式，例如身份验证、授权、加密、消息过滤和速率限制等。虽然这些都是重要的基础安全功能，但在保护API方面却远远不够。经统计，96%的漏洞发生在经过身份验证的API上，所以API安全是API业务重要的组成部分，API安全需要重点关注以下几个方面。

- API的发现：可持续地对API使用情况进行监测，除了发现未被注册/登记的API外，还可发现被滥用、误用的API。
- Bot识别及防护：Bot不仅可以探测API，爬取数据，还可以通过暴力破解、撞库等直接非法侵入，甚至还可以通过自动化扫描，发现漏洞，进而入侵；以及发起DDoS攻击等。
- API入侵检测：检测利用API漏洞的攻击，包括API业务平台的Web服务器及中间件漏洞。
- API的数据泄露检测：检测通过API传输的敏感数据、隐私数据，防止数据泄露。

　　威胁检出只是其中的关键功能，还需要考虑API的发现和获取（尤其在当前API几乎都是加密传输的情况下），以及检测出攻击、异常后的实时阻断能力。

3.7.7　网络防御性信息欺骗技术

　　网络防御性信息欺骗技术，是目前最成熟、实用性最好的低成本主动安全技术，也是近几年攻防演练中用户体验最好的主动安全技术。

　　基于网络防御性信息欺骗技术，安全界首次做到让威胁防御成本低于攻击成本。业界较为有名的相关系统包括2002年美国空军的Net Decoy、Specter、Honeyd和ManTrap等。诱骗技术也是2017年Gartner公布的十大安全技术之一。

　　2002—2005年期间，本书主编发明了"网络防御性信息欺骗"技术，该项目在国内立项。这是国内第一个独立于国外研究项目的自主实现，首次把攻击常用的信息欺骗思想应用于网络防御，并且取得了成功。2005年，该项目的成果实际应用于中国某安全试验网。通过网络防御性信息欺骗系统，可以很好地理解网络防御性信息欺骗技术的原理和价值。

1. 网络防御性信息欺骗技术产生的背景

　　网络防御性信息欺骗技术立项的初衷，是解决一直困扰业界的，入侵检测系统中严重的误报、漏报、高成本等问题。

为了描述问题以及解释网络防御性信息欺骗的价值，我们设想了一个场景："如何能够准确地把混入羊群的狼识别出来？"针对此问题，基于不同场景，提出了以下三种不同的方法。

第一种，基于特征的检测。即如果能认出狼的样子，就可以把狼从羊群里找出来。这就是最为传统的入侵检测技术。但是在实践中，攻击者很容易采用加扰、混淆、伪装等手段来逃避这类检测。问题类似于：如果狼披上了羊皮怎么办？

第二种，基于行为的分析。假设狼披上了羊皮，那么再想基于特征进行识别，难度就会非常高（相当于在对抗各种逃逸技术）。不过狼是一定会去咬羊的，只要识别到咬羊这个行为，就可以把狼找出来了。但是，这么一来，由于检测发生在攻击之后，在成功检测到咬羊的恶意行为时，已经有羊被咬伤或者被吃掉了，即损失已经发生。而且对咬羊的行为分析也很困难，会有较高的误判率和很高的成本。那么，还能有别的更好的方法吗？

第三种，基于意图的行为启发。仔细思考一下，不考虑狼和羊在特征、行为等各种现象上的差异，什么是狼和羊之间最本质的区别？答案是意图！羊进羊圈是为了吃草，而狼进入羊圈是为了吃肉，两者最大的不同并不是行为，而是初衷与意图。攻击者和正常用户，即使行为相同，意图也一定不同。那么能否基于不同的意图进行准确、低成本的检测呢？可以，方法就是设诱饵，如果拿肉做诱饵，只有狼会上钩而羊不会，因为羊对肉不感兴趣，这样就从根本上解决了检测中的误报问题。

正是通过对攻击者、正常用户根本性差异的思考，基于意图差别的思路，网络防御性信息欺骗技术应运而生。这也可以看作从安全之道出发来识别未来安全技术的一个案例。

2. 网络防御性信息欺骗的概念

网络防御性信息欺骗技术摆脱了传统"兵来将挡，逐一对抗"的防护思路，是传统战争中"隐真示假"原则在当前网络环境下的具体技术实现。网络防御性信息欺骗的思路不是简单地预防特定攻击手段，修补特定系统漏洞，或者在攻击过程的某个环节阻断攻击者的攻击活动，而是设法向攻击者提供虚假的信息，隐藏系统的真实情况，把攻击者引入歧途，消耗攻击者的资源与精力，暴露攻击者的企图，从而保护系统中真实的信息资源不受攻击破坏。该技术有以下两方面的作用。

第一，隐藏真实信息，保护真实系统：使攻击者无法了解真实系统的情况，无从发现并利用真实系统中的安全漏洞进行有效攻击。

第二，提供虚假信息，诱骗攻击活动：提供虚假信息，诱导攻击者对虚假资源发动攻击。将攻击引入歧途，消耗攻击者的资源与精力，促使其暴露，从而在攻击造成实质破坏前尽早发现攻击者。

网络防御性信息欺骗技术的基本工作原理是：使用少量信息资源模拟存在大量计算系统的假象。模拟特定计算机、操作系统、网络服务和安全漏洞的网络行为，对攻击者以及自动化攻击工具的信息刺探等网络攻击进行虚假的反应，从而对攻击活动隐藏系统的真实信息，保护真实系统，欺骗攻击活动，将攻击者引入歧途。

3. 网络防御性信息欺骗系统的结构

网络防御性信息欺骗系统由"高交互蜜罐"与轻量级的"启发式诱捕器"所构成。其中诱捕器可广泛部署在网络中的安全网关、边界路由器、内网交换机上，对网络外部、内部发生的网络攻击活动进行诱骗，并把攻击流量重定向到"高交互蜜罐"内。该系统具体如图3-23所示。

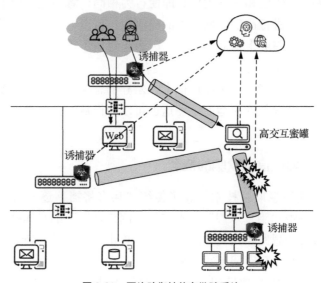

图 3-23　网络防御性信息欺骗系统

（1）高交互蜜罐

蜜罐是最早出现的诱骗技术。作为一种安全资源，蜜罐伪装成真实的目标系统来诱骗攻击者对其进行攻击。蜜罐的主要目标是容忍攻击者入侵，记录并学习攻击者的攻击工具、手段、动机和目的等行为信息，尤其是未知攻击的行为信息，从而调整网络的安全策略、提高系统的安全能力。同时蜜罐还具有转移攻击者注意力、消耗其攻击资源和意志的作用，因此可以间接保护真实的目标系统。目前，常见的蜜罐包括BackOfficer Friendly、Specter、Honeyd和ManTrap等。

使用蜜罐作为网络诱骗技术，不依赖任何检测技术就能判定攻击者的行为，因此可减少网络攻击的漏报率和误报率，而且能够收集新的攻击工具和攻击方法，不像目前的大部分入侵检测系统只能检测已知的攻击行为。

蜜罐的最大问题是数量太少！高交互蜜罐也是高成本的技术，一台蜜罐要实现对业务的仿真，成本甚至要比真实系统贵得多。基于概率计算，蜜罐和真实系统的比例要达到2∶3才能起到防护效果，否则蜜罐是否能被攻击者访问就要听天由命了。在实际使用中，花大力气部署的蜜罐迟迟没有被攻击者发现是常态。

（2）启发式诱捕器

启发式诱捕器是方案中最关键的部分，它除了负责构建虚假资源之外，还可以把访问虚假资源的流量重定向到网络中的"高交互蜜罐"内，从而让访问源无感知。此功能可以极大提高蜜罐在网络中的逻辑部署密度，极大增加攻击者访问蜜罐的概率。

启发式诱捕器需要实现的功能如下。

- 同时模拟多台虚拟机，获取广大虚拟网络空间：使用一个低性能运算设备，可以模拟254台甚至65 535台虚拟计算机。每个虚拟计算机的网络行为都如同真实的计算机系统，可对常见的网络探测活动进行响应。
- 实现对特定操作系统的协议特征的模拟：通过底层网络编程技术，使虚拟机的网络行为可以仿真特定操作系统的协议特征，从而可以欺骗Nmap、Xprobe和Strobe等通过TCP、ICMP的网络协议特征来识别操作系统类型的扫描器工具。
- 实现对网络服务的模拟：可使用网络技术在虚拟机上实现对典型TCP、UDP（User Datagram Protocol，用户数据报协议）网络服务的模拟，足以欺骗端口扫描器。
- 实现对拓扑结构的模拟：允许使用单一网络信息欺骗设备，构造树形结构的网络拓扑。指标为254个C网段或者两级路由。
- 混合组网功能：在同网段内，允许将虚拟机与真实计算机进行混合组网，此时网络信息欺骗设备可以在虚拟网络中为真实计算机保留IP地址，不能影响真实计算机的正常功能。
- 有效迟滞扫描器、蠕虫等网络自动化攻击程序的攻击与扩散速度：可以欺骗Nmap等常见的网络扫描器，向"蠕虫"的信息收集活动提供虚假信息，从而使自动化攻击工具无法获得正确系统信息，迫使攻击者大量采用人工操作，增加攻击所需的时间，降低攻击效率，提高攻击成本与攻击者暴露的风险；同时使用TCP连接延迟技术，在协议规定的范围内最大限度地拖延攻击程序的攻击时间。

4. 网络防御性信息欺骗技术的特点

网络防御性信息欺骗技术的下列特点表明，该技术是一种可以使用最低成本获得最佳防御效果的安全防御技术。

第一，将低成本的信息欺骗技术用于系统安全防御，扭转了传统安全技术与攻击技术相比过于复杂且成本昂贵的局面。

网络防御性信息欺骗技术通过隐藏真实信息、散布虚假信息的方式对信息系统真实资源进行保护，从运算复杂性与社会工程学的角度来看，选择使用的技术都很低廉。

使用网络防御性信息欺骗技术进行网络防御时，防御一方只需要伪造并发送特定的网络数据包响应攻击者的攻击活动，就可散布大量虚假信息，有效诱骗攻击活动。而攻击一方要想不被欺骗，必须设法从网络防御性信息欺骗技术提供的虚假信息中识别出有价值的真实信息，由此必须承担收集网络数据、分析网络信息、识别信息真伪等巨大的技术难度与工作量。攻击活动对攻击者来说，技术复杂、成本很高、开销巨大。因此，网络防御性信息欺骗技术相对攻击来说，处于低成本的一端，可以使用最小的成本给攻击活动造成最大的困难，使攻击者的攻击成本呈指数级增加。实际部署后，可以有效改善当前信息攻防成本之间的不对称局面。

第二，摆脱了逐一对抗特定威胁的特异性思路，对网络攻击普遍有效。

以往的安全技术只对特定的某些攻击手段有效，对新出现的攻击无能为力。与此不同，网络防御性信息欺骗技术的防御思路不是试图修补所有安全漏洞，而是设法使攻击者无法发现并利用这些漏洞；不是试图对抗每种攻击手段，而是设法使攻击无法对系统造成实质破坏；不是单纯试图避免攻击活动的发生，而是对攻击活动进行诱导，使其在造成实质危害前暴露。因此，网络防御性信息欺骗技术对所有已知或未知的网络攻击具有普遍的防御效果，从而实现防御不会滞后于攻击。

第三，基于简单的实现技术，部署与维护成本低。

网络防御性信息欺骗技术的作用机制，如同常规战争中的电子欺骗战术。与先前"蜜罐""虚拟机"等需要完整模拟真实系统功能的常规诱骗系统不同，网络防御性信息欺骗技术只需要对敌人获取信息的侦察手段进行有针对性的干扰和欺骗。如同第二次世界大战中，在诺曼底登陆前，盟军仅用320个报务员制造"无线电佯动"，以及通过涂了金属反射层的上万个气球和木制模型，就使德国的电子监听部队、雷达探测部队和侦察部队相信对岸有盟军的40个师。网络防御性信息欺骗技术仅需要对某些计算机系统的网络应答特征进行模拟，而无须考虑对计算机系统其他部分的仿真。因为在实际情况下，网络攻击活动接触到的也仅是系统的网络特征，将欺骗技术的实现集中于攻击者可以见到的网络特征上，能够以最小成本获取最佳的防护效果。

网络防御性信息欺骗技术原理精简，功能明确，实现技术简单。仅使用低廉的嵌入式计算设备就可以构造分布式大规模欺骗网络，使用极低成本就可向网络系统提供足够的安全防护深度与强度，用最少量资源就可对网络中大量有价值信息资源提供有效的保护。

在实际开发过程中，信息欺骗程序的技术复杂性与最简单的网络入侵检测程序相当，而运行成本却要比网络入侵检测程序低得多。

第四，网络防御性信息欺骗技术在运行中所占用的系统资源极少，可以在低速计算设备上顺畅运行。

以往的防火墙、防病毒、入侵检测等技术为了发现攻击，必须对系统中的所有相关数据都进行处理，即使没有攻击活动发生，也要消耗大量系统资源。因此，系统中安装的安全应用就越多，系统也就越慢。防火墙、入侵检测等安全技术对设备平台的计算能力要求很高，计算能力越强越好。

与此不同，网络防御性信息欺骗技术不会对用户正常合法的活动进行监控与响应，也就不会在未发生攻击的情况下占用任何网络与计算资源。只有在非法的攻击活动发生时，网络防御性信息欺骗系统才会工作，所占用的资源与攻击活动的活跃程度成正比。

即使在攻击频繁、信息欺骗技术可利用的处理能力很低的情况下，网络防御性信息欺骗系统也会以较慢的速度响应攻击者的网络活动。这会使攻击者误认为正在入侵一个网络连接或者响应速度较慢的系统，并不会对欺骗技术的防护效果产生不良影响。响应速度的降低反而可以起到迟滞攻击者的攻击活动的作用。

在高速网络环境下，人为降低网络防御性信息欺骗技术的响应速度可以迟滞攻击活动，避免出现真实系统中"网速越高，蠕虫传播越快"的情况。

第五，网络防御性信息欺骗技术不会因为追踪新出现的攻击种类而造成自身蜕化。

随着新攻击手段越来越多，传统的特异性安全技术为了能对抗每一种已知攻击，只能通过增加系统复杂性以及扩充知识库来应对，从而出现安全性蜕化的后果。而网络防御性信息欺骗技术不同于特异性安全技术，在机制上无须追踪特定攻击技术的发展，只需模拟TCP/IP协议栈有限的网络行为。因此网络防御性信息欺骗技术无须通过增加安全技术的复杂性来应对新出现的攻击手段，不会随着攻击技术发展出现系统日趋复杂、成本不断增加、性能不断退化的情况。

第六，网络防御性信息欺骗技术是能够有效防御自动化攻击工具与信息武器的新技术手段。

网络防御性信息欺骗技术可使扫描器、"蠕虫"等自动化攻击程序的信息收集机制失效，使其无法发现并利用系统的真实缺陷造成实质破坏，从而失去实际攻击效能。同时，通过诱骗"蠕虫"攻击虚拟资源，网络防御性信息欺骗技术可以与现有安全技术相结合，在虚拟网络中提取其行为特征，从而建立针对"蠕虫"的自动检测与响应机制。

5. 网络防御性信息欺骗技术的部署案例

网络防御性信息欺骗技术的实现与部署非常简单，但其防护效果却很明显。图3-24为真实的网络结构：一台真实的Windows计算机（UTOPIA）与一台运行网络防御性信息欺骗系统的欺骗计算机。

运行网络防御性信息欺骗系统后，攻击者通过扫描器所探测到的是欺骗系统构造的虚拟网络拓扑，如图3-25所示，包括两级路由、7个C网

图3-24　真实的网络结构

段、1792台计算机，每台计算机系统类型不详。攻击者将选择其中之一开始攻击尝试。

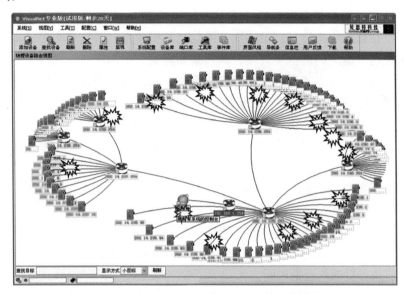

图 3-25　运行网络防御性信息欺骗系统后，攻击者所看到的虚拟网络拓扑结构

通过计算可知，当前真实系统遭受首次攻击的概率降为原来的千分之一，预警时间增加896倍。按照诱骗网络中每台虚拟机迟滞攻击者1分钟计算，在真实系统遭到攻击前，用户可以获得将近15小时的预警时间，几乎可以肯定，在系统遭到实际破坏前，攻击者已经暴露。如网络防御性信息欺骗系统模拟一个B网段（65 535台虚拟机），理论上可获得超过22天的预警时间。

攻击者会以为自己攻击了一个拥有大量资源的网络，实际上，几乎所有的攻击流量都被导入"蜜罐"进行分析，在这15小时当中，攻击者的攻击意图早已暴露无遗。

6. 网络防御性信息欺骗技术的安全防护功能

在计算机系统中使用网络防御性信息欺骗技术，可以在以下几个方面直接发挥安全防护效果。

（1）隐藏真实系统信息

使真实系统免受有针对性的攻击威胁，包括隐藏真实系统的漏洞分布、数量、系统类型、服务种类和网络拓扑等信息，使攻击者无从攻击，诱导攻击者针对错误的对象发动攻击，防范有针对性的攻击。

（2）分散攻击威胁，减小真实系统受攻击的概率

一个信息欺骗设备就可建立多达$2^8 \sim 2^{24}$个IP地址空间的复杂虚拟网络结构，可以在系统中构造具有足够深度的信息防御体系。将数量有限的真实服务器隐藏在这个庞大的虚拟空间中，其效果如同将一把米混在一堆沙子中一样，从而可以有效减少真实系统遭受攻击的概率。攻击者要想在这个庞大的地址空间中识别出真实系统，将耗费极长的时间与极大的代价。

（3）迟滞网络攻击速度，增加系统安全预警时间

网络防御性信息欺骗技术通过提供虚假信息使扫描器等自动化攻击手段失效，迫使攻击者返回手动操作，降低其攻击效率，大量消耗攻击者精力与时间，从而提高攻击者暴露的风险。

同时，使用网络防御性信息欺骗技术具备的"粘住"攻击的技术，可以利用虚拟机最大限度迟滞自动化攻击程序的攻击扩散速度，并基于虚拟网络对其破坏机制与传播模式进行分析，尽快获得有效的防护措施，从而在系统遭受实质破坏前获得足够的预警时间。

所谓"粘住"攻击者，就是在符合协议规范的前提下，最大限度拖延每个会话的建立时间。通常，每TCP连接需要2秒，扫描C网段需要8分钟；如果每TCP连接拖延至20秒，扫描C网段需要85分钟，理论上每TCP连接最多可拖延至189秒，扫描C网段需要13个小时。

假设用户有1台服务器，使用信息欺骗技术虚拟出一个C网段对其进行保护，此时这台真实服务器隐藏在256台虚拟机中。若每台虚拟机可以拖住攻击者30秒的攻击时间，按照平均概率，真实系统首次遭受攻击前的预警时间为1.06小时；如果模拟一个B网段共65 535台虚拟机，预警时间则可增至11天9小时，如表3-5所示。如果特意虚拟出特殊的网络拓扑结构，攻击者消耗的时间将会以指数级增长。在攻击者重复进行这么长时间攻击活动的过程中，系统中的其他安全防御技术早已发现攻击活动，可以赶在攻击者造成危害前阻止其攻击活动。

表 3-5　虚拟网络规模与预警时间

虚拟网络规模	按照平均概率，真实系统首次遭受攻击前的预警时间
C 网段：256 台虚拟机	1.06 小时
B 网段：65 535 台虚拟机	11 天 9 小时

（4）可以容忍真实信息系统中存在安全漏洞，使信息系统在有漏洞的情况下安全运行

网络防御性信息欺骗技术的原理是使攻击者无法获取系统真实信息，无法定位系统漏洞，从而无法使攻击者具备成功进行攻击的必要条件。使用网络防御性信息欺骗技术保护信息系统时，无须弥补系统中所有的安全漏洞，而是通过隐藏受保护系统的真实情况，阻止攻击者发现并利用这些已知或未知的漏洞。因此，即使信息系统中存在特定的漏洞，攻击者也无法了解其真实的分布情况，也就无法利用存在于系统中的漏洞进行破坏与入侵。

（5）可有效对抗自动化攻击工具

网络防御性信息欺骗技术可以干扰"扫描器""蠕虫"等攻击程序的信息获取能力，使其不能获取真实系统信息，从而迫使攻击者大量返回手动操作，增加攻击成本与暴露风险。

总之，网络防御性信息欺骗技术是当前最实用、效果最好的主动安全技术，可用极低成本大大增加原有信息系统的防护深度。将该技术与入侵检测、防火墙等传统安全技术相结合，可以实现在信息战情况下对信息武器与攻击活动采取战略预警与战术保护，有效增强网络系统在信息战等极端条件下的生存能力。

3.7.8　动态目标防御

动态目标防御技术是业界为数不多的，可以让时间成本站在防御者一方的安全技术。

通常情况下，随着时间的推移，攻击者收集的系统信息会越来越全面准确，因此攻击也会变得准确和有效。而MTD技术正好相反，基于MTD技术的攻防战中，攻击者收集的系统信息越多，获得的诱导性假消息就越多，从而越容易犯错误而暴露，越感到无从下手。

2011年12月，美国国家科学技术委员会发布《可信网络空间：联邦网络空间安全研发战略规划》，阐述了MTD技术，并认为该技术是用以支撑"可信网络空间"的重要技术。

美国国土安全部的网络安全科资助了MTD相关的项目，MTD的目标和价值如下：

"在当前环境中，构建了在相对静态的配置中运行的信息技术系统。例

如，地址、名称、软件堆栈、网络和各种配置参数在很长一段时间内保持相对静态。这种静态方法是信息技术系统的遗留物。然而，这些系统的静态特性为攻击者提供了令人难以置信的优势，因为对手能够花时间并在闲暇时计划攻击。

"为了应对这种威胁，需要开展MTD项目，该项目旨在开发改变游戏规则的能力，动态改变攻击面，使攻击者更难发动攻击。MTD 项目还寻求开发能够在受到攻击时继续运行的韧性系统。

"动态目标防御是跨多个系统维度控制变化的概念，用来增加攻击者的不确定性和明显的复杂性，减少其机会窗口并增加其探测和攻击工作的成本。

"MTD假设完美的安全性是无法实现的。基于这一起点，以及所有系统都将受到威胁的假设，MTD的研究重点是在受损害的环境中实现持续的安全运行，并构造可防御而不是完全安全的系统。"

可见，MTD对于安全的理解与诉求，与NIST SP 800-160韧性网络设定的目标完全相同，可以认为MTD是用来构建韧性网络的技术之一。

早在2003年，美国军方在APOD（Applications that Participate in their Own Defense，参与自身防御的应用程序）项目中就已经提出了基于端口和地址跳变的混合跳变防御策略，类似军事通信中经常使用的跳频技术，这些项目都采用了类似MTD的思想。

Gartner对MTD正式的定义是：MTD通过使用系统多态性来防止未知和0Day攻击，以不可预测的方式隐藏应用程序、操作系统和其他关键资产目标，导致受攻击面大幅减少，安全运营成本降低。MTD可以应用在网络和应用层面。

MTD不同于以往的网络安全研究思路，它旨在部署和运行不确定、随机动态的网络和系统，让攻击者难以发现目标。动态目标防御改变了网络防御被动的态势，改变了攻防双方的"游戏规则"，真正实现了主动防御。

美国政府和美军将MTD作为网络安全研究的重点。自从美国提出MTD的概念以来，MTD已经成为网络安全理论研究的热点和技术的制高点。国际上许多网络安全研究机构都正在研究基于动态目标防御的理论和技术，比较知名的有美国SCIT实验室、IBM公司沃森实验室、美国麻省理工学院、堪萨斯州立大学、加利福尼亚大学、弗吉尼亚大学、卡内基-梅隆大学、哥伦比亚大学以及乔治·梅森大学。

在理论模型方面，相关研究主要从攻击者和防御者策略对抗的角度出发，基于攻击面构建攻防博弈模型，对动态目标防御机理和效能进行探讨。

在技术实现方面，动态目标防御技术涵盖了信息系统的网络、平台、运行环境、软件和数据等各个方面。美国研究机构综合运用现有动态目标防御技术，已经先后开发出螺旋式变形防护系统、变色龙软件系统、MTD指挥与控制框架等原型系统。

基于动态目标防御技术所开发的变形网络、自适应计算机网络、自清洗网络等也取得了一系列原型技术成果。其中，限制敌方侦察的变形网络设施（MORPHINATOR）是2012年美国陆军授予雷声公司研制的项目，总投入310万美元，目标是研制具有"变形"能力的计算机网络，用以在敌方无法探测和预知的情况下，实现管理员对网络、主机和应用程序的有目的的动态调整和配置，从而达到预防、延迟或制止网络攻击的目的。自适应网络是2012年5月美国堪萨斯州大学为美空军科研办公室研究的项目，重点研究和量化动态目标防御对计算机网络的影响。将研究计算机网络通过自动改变自身设置和结构来对抗在线攻击的可行性，并开发有效的分析模型，以确定动态目标防御系统的有效性。

MTD不是一种特定的方法，而是一种主动防御原则。它可以应用于不同的系统属性，如IP地址、服务端口号、协议、运行平台等，这导致了多种MTD机制。例如，如果将MTD应用于IP地址，那么各种IP地址的变异方法应运而生；应用于平台，各种动态平台技术应运而生。

1.　软件动态防御技术

软件动态防御技术是指动态更改应用程序自身及其执行环境的技术。这种更改可包括更改指令集、内存空间分布以及更改程序指令或其执行顺序、分组或格式等。相关技术主要有地址空间布局随机化技术、指令集随机化技术、就地代码随机化技术、软件多态化技术以及多变体执行技术等。

2.　网络动态防御技术

网络动态防御技术是指在网络层面实施动态防御，具体是指在网络拓扑、网络配置、网络资源、网络节点、网络业务等网络要素方面，通过动态化、虚拟化和随机化方法，打破网络各要素静态性、确定性和相似性的缺陷，抵御针对目标网络的恶意攻击，提升攻击者网络探测和内网节点渗透的攻击难度。相关技术主要有动态网络地址转换技术、网络地址空间随机化分配技术、端信息跳变防护技术以及基于Overlay网络的相关动态防护技术等。

（1）动态网络地址转换技术

在传统NAT技术的基础上，为进一步扩展网络节点标识变化的范围和机制，提出了动态网络地址转换技术，用于抵御攻击者对内网和节点的信息采集。该技术的核心理念是通过改变终端节点固定编址，提供相应的机制和方法，不断地改变终端节点标识。通过对网络数据分组头部中与主机标识相关的信息进行加密等加扰处理，并将密钥引入按时间或网络属性进行动态更新，在数据分组进入网络前启动转换、进入主机前还原变化，这种周期性变换通信协议字段的方法可用于防御攻击者对内网的扫描等攻击活动。

（2）网络地址空间随机化分配技术

网络地址空间随机化分配技术是指网络上的主机能够随机获得网络地址的技术和方法。例如：基于DHCP实现的网络地址空间随机化分配技术，用于防范基于IP地址列表进行蠕虫传播和攻击。这种方法要求修改DHCP服务器，使其足够频繁地改变主机IP地址，其本质是IP地址跳变技术，使得预先获得的IP地址列表在病毒扩散和发动之前变得无效，达到阻止攻击的目标。

（3）端信息跳变防护技术

端信息跳变防护技术是指在端到端的数据传输中，通信双方或一方按某种协定伪随机地改变端口、地址、时隙、加密算法甚至协议等端信息，从而破坏敌方攻击与干扰，实现主动的网络防护。按照跳变参与者的类别，端信息跳变可以是服务器的单方面端信息跳变，也可以是对等主机的双方面端信息跳变。

早在2003年，美国军方在APOD项目中就已经提出了基于端口和地址跳变的混合跳变防御策略，同期国内研究机构也提出过类似的技术机制。

（4）基于Overlay网络的相关动态防护技术

基于Overlay网络的相关动态防护技术的核心思想是：每个Overlay网络可以建立自身的可信机制，构造各自的内容分发路径、重新配置节点，并对链路或节点的动态变化及时做出响应。攻击者需要同时攻击数千个对应的虚拟节点才能达到对真实物理资源的攻击效果。另外，通过对Overlay网络中分发的内容进行数字签名，网络中的每个节点都可以确认节点的真实性，防范内容篡改。

3. 平台动态防御技术

传统平台系统设计往往采用单一的架构，且在交付使用后长期保持不变，这就为攻击者进行侦察和攻击尝试提供了足够的时间。一旦系统漏洞被恶意攻击者发现并成功利用，系统将面临服务异常、信息被窃取、数据被篡改等严重危害。平台动态防御技术是解决这种系统同构性固有缺陷问题的一种有效途径。平台动态防御技术通过构建多样化的运行平台，动态改变应用运行的环境来使系统呈现出不确定性和动态性，从而缩短应用在某种平台上暴露的时间窗口，给攻击者造成侦察迷雾，使其难以摸清系统的具体构造，从而难以发动有效的攻击。相关技术主要包括基于动态可重构的平台动态化、基于异构平台的应用热迁移、Web 服务的多样化以及基于入侵容忍的平台动态化。

4. 数据动态防御技术

数据动态防御技术主要是指能够根据系统的防御需求，动态化更改相关数据的格式、句法、编码或者表现形式，从而加大攻击者的复杂度，实现提高攻击难度的效果。相关技术主要包括数据随机化技术、N 变体数据多样化技术、面向容错的 N-Copy 数据多样化以及面向 Web 应用安全的数据多样化技术等。

3.7.9　拟态防御技术

拟态防御几乎是目前唯一一种能够在系统风险不确定条件下基于不可信部件获得近似可信功能的技术。它在韧性技术体系中依然具有重要价值。

根据公开资料，拟态防御是中国工程院邬江兴院士根据拟态章鱼仿生学原理，构思出的一套可防御未知漏洞威胁的网络空间内生安全防御体系架构。拟态防御的核心框架为动态异构冗余架构。基于此框架重构目标信息系统，使得信息系统在结构层面具备内生性安全防御能力，突破了传统安全防御以网络、系统边界为防御要地的局限。"拟态"的研发团队针对网络空间不确定性威胁等重大安全问题，开展基于拟态伪装的主动防御理论研究并取得重大突破，所提出的动态异构冗余架构，能够将基于未知漏洞后门的不确定性威胁或已知的未知风险变为极小概率事件。"拟态防御"入选2013年度中国十大科技进展。

以上对于"拟态"的描述，还是很难让人理解拟态防御到底是什么，原理是什么，价值是什么。这些的确不是一两句话可以说得清楚的。

2016年，本书主编在上海参加了"863计划"重点项目研究成果"网络空间拟态防御理论及核心方法"的鉴定会。会上，邬江兴院士详细讲解了拟态防御的思路，以及落地系统的情况，极大开阔了听众的思路。下面通过本书主编的理解，对拟态防御技术进行解释。

1. 拟态防御的独特价值

安全面临的现实问题，就是用户当前所使用的系统中一定存在安全漏洞，但是漏洞在哪里，漏洞什么时候被触发，漏洞被触发后是什么后果，全都是不知道也不确定的。在这种情况下，系统中就存在各种各样的不确定风险。这种风险不见得是在针对性攻击中被恶意触发的，更有可能在系统的正常使用中被无意触发，从而系统会随机表现出不确定的行为，这种不确定行为一旦出现在控制系统等关键系统中，就会造成非常严重的后果。

邬江兴院士把这种在关键系统中可能随机出现的不确定风险视作系统功能的可靠性风险，并把可靠性保障中经常使用的异构冗余体制引入安全中，从而创造性地提出了拟态防御这一安全技术思想。

从韧性视角来看，拟态防御的思路和韧性架构中的确定性保障的思路完全吻合，拟态防御可以成为韧性技术体系中的典型技术。

2. 拟态防御的技术原理

拟态防御的系统结构很复杂，下面通过一个简单的小例子来讲解其概念和原理。

设想有一个小学生要答一份试卷，但是他自己一道题都不会做，那么他会如何获得题目的正确答案呢？他会去找至少3个来自不同学校、不同班级的小朋友来替他答题。为什么要找3个小朋友？因为如果只找1个，弄不清他的答案对不对；找2个，如果他们答案不一样，还是无从判断谁对谁错；只有找3个的时候，才可以进行2：1的投票，相同答案是准确答案的概率更大。那又为什么要找不同学校、不同的班级？因为如果是同年级、同一个班的，他们可能容易犯同样的错误。保证这3个人做一道题时不会犯相同的错误，可以更容易获得正确答案。

建立起这样的答题机制之后，就可以开始做题了。

第一题是："一加一等于几？"这时候所有的小朋友都回答"2"，那么"2"应该就是正确答案。

第二题是："一加二等于几？"这时候一号小朋友回答"8"，二号、三号小朋友都回答"3"，那么"3"应该是标准答案，一号小朋友估计是做错了。

第三题是："一加三等于几？"这时候一号小朋友回答"4"，二号、三号小朋友都回答"8"，那么这个小学生认为，"8"应该是标准答案。

第四题是："一加四等于几？"这时候一号小朋友回答"4"，二号小朋友回答"5"，三号小朋友回答"6"，此时小学生还是无法判断正确答案是什么。

上述答题过程如图3-26所示。图中的圆圈表示漏洞，黑底圆圈表示两个不同系统中的同源漏洞。同源漏洞是指系统中出现的原因相同、行为相同的逻辑错误。

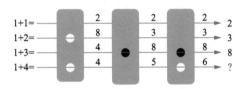

图 3-26　问题输入与各系统的输出、汇总情况

在上述答题过程中，第一题、第二题代表了最常见的情况，在绝大多数情况下，通过拟态防御可以实现正常的安全保障；第三题代表不同系统中的同源漏洞被触发的情况，此时系统安全问题不可避免；第四题则代表了一个外部条件同时触发了多个系统内漏洞的情况，此时系统内的安全问题仍旧不可避免。

3. 拟态防御的架构与功能约束条件

通过上面的例子就可以了解拟态防御的工作原理和系统结果。3个帮忙的小朋友，对应拟态防御架构（如图3-27所示）中的"异构执行体"，提问题的小学生，对应"多模裁决器"。执行体当中有可能存在漏洞从而触发错误，因此执行体的输出不总是正确的；裁决器需要通过对所有执行体的输出结果进行分析，来判断最符合系统正常功能的正确输出是哪一个。

可见，保证拟态防御能够正确工作有以下3个理论基础：

- 执行体中出现错误、触发漏洞，其发生概率远远小于系统正常工作，是偶发事件；
- 多个执行体中不能存在同源漏洞被触发的情况，即漏洞被触发的条件和输出结果不能相同；
- 不能出现有一个外部输入同时触发不同执行体中存在的漏洞的情况。

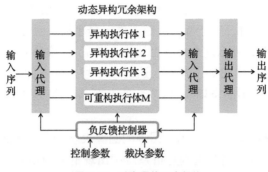

图 3-27　动态异构冗余架构

拟态防御所采用的逻辑也不是万能的，对应用场景有如下限制条件。

- 只能应用于具备"确定"输出结果的系统。即用拟态防御来判断数值计算的结果是否正确是合适的，但是用它来验证语言翻译的结果是否准确就很困难了。

- 只能避免系统实现中所引入的漏洞，而不能解决逻辑设计上原有的错误。比如，对于协议定义中原本就存在的错误，拟态防御机制就判断不了。这也很好理解，好比一开始老师就教错了，学生跟着学也会给出错误的答案。

不过，拟态防御因为各种限制和成本问题，目前很难在常规的信息系统中大规模使用。

|3.8　运营体系基础技术|

本节主要介绍韧性架构中运营体系的组成以及基础技术。运营体系是韧性架构的灵魂，贯穿了信息系统的全生命周期，是实现系统行为确定性动态保障的关键，也是实现虽然防不住威胁、但一定能守住安全底线的核心。

3.8.1　运营体系的目标与价值

韧性架构中运营体系的目标和价值，就是通过动态的运营管理过程，随时发现系统偏离正常的确定性行为基线的情况，并及时纠偏，实现系统的确定性收敛，动态保证系统不会偏离正常的确定性行为基线，从而保证系统始终工作在安全状态。

运营体系与具体的威胁无关，只和信任体系所定义的正常的确定性行为基线相关。运营体系会时刻关注系统当前的运行状态与正常的确定性行为基线之间是否有偏差，偏差是否可以接受，以及偏差能否得到纠正。如果运营体系可以保证系统始终保持在确定性行为基线的正常范围内，就表明系统一直处于安全状态。

3.8.2　演进方向与驱动力

运营体系的目标，是在风险条件下，通过持续的动态运营过程，让一个可信任的网络环境，永远保持在系统内所有实体行为都是可预期、可验证的确定性状态，从而保证环境内所有实体的安全。

运营体系同样经过了长期的发展，图3-28展示了运营体系相关技术发展的历程，分为以下3个阶段。

图 3-28　运营体系相关技术发展的历程

安全管理阶段： 此阶段最有代表性的方法论指导是ISO/IEC 27001以及NIST CSF。安全管理的特点是试图建立完整的管理流程以及安全控制项，对系统面临的各种风险进行管理。

安全治理阶段： 此阶段有代表性的方法论指导是COBIT（Control Objectives for Information and related Technology，信息及相关技术的控制目标）2019版、ITIL（Information Technology Infrastructure Library，信息技术基础架构库）等非常复杂的框架，在此阶段不仅要考虑业务安全功能和风险，还要考虑环境与业务架构。

安全运营阶段： 此阶段的指导方法论是NIST IPDRR，以及NIST CSF、NIST SP 800-53中定义的安全能力。安全运营阶段并没有否定安全管理、安全治理的价值，但思考问题的维度有所不同。在此阶段，人们已经认识到发生风险和业务损失是不可避免的大概率事件，永远无法实现完美的风险管理和业务治理。安全运营的目标不是试图管理所有的风险或安全功能，而是设法在风险条件下把业务功能保持在可接受的状态。通过运营流程，在损失发生后能够对业务安全状态进行动态的保障。

韧性架构中运营体系内相关的技术工具，是韧性架构功能和价值的直接呈现。

3.8.3　运营体系技术沙盘

运营体系试图通过一个动态的运营保障过程，纠正系统出现的偏离确定性行为基线的状态，从而动态地保证系统始终处于安全状态。

根据NIST IPDRR（如图3-29所示），一个确定性运营保障过程分为4个阶段。

- 识别阶段（风险管理/资产管理）：在此阶段，不但要识别系统中存在的以及将要面临的各类风险，更要识别业务系统内的资产以及各类资产的业务行为。
- 保护阶段（策略管理/安全基线）：在此阶段，不但要做好安全防护策略的设置和管理，更要确认系统正常业务行为的安全基线，用以今后识别异常。
- 检测阶段（检测分析）：不但要检测威胁，更要通过业务正常的确定性行为基线检测异常，评估偏离正常基线的严重程度。
- 响应与恢复阶段（处置攻击/恢复业务）：不但要实现威胁处置，更要从业务角度出发，将业务恢复到正常状态。

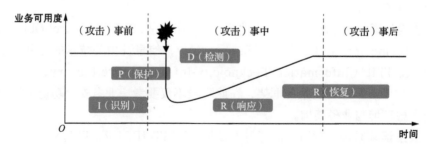

图 3-29　NIST IPDRR

运营体系通过上述4个阶段实现及时纠偏，从而让系统业务恢复到正常状态。运营体系技术沙盘如图3-30所示。

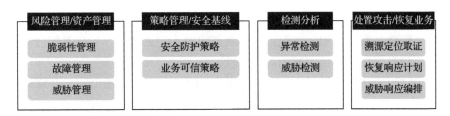

图 3-30　运营体系技术沙盘

3.8.4　自动化攻击模拟BAS

自动化攻击模拟是"以攻促防"技术的代表，可以通过自动化攻防活动，让防御者比攻击者更快一步实现有效防御。

2017年开始，Gartner就开始关注BAS（Breach and Attack Simulation，入侵和攻击模拟）技术，认为未来3～5年它将成为最重要的安全技术之一。根据Gartner的定义，BAS是通过不断模拟针对不同资产的攻击，来验证安全防守的有效性。

BAS技术对运营体系来说，目标只有一个，就是能够通过自动化的攻击技术，让安全保障一方能够总是"跑赢"攻击者，即在实际攻击活动发生之前，提前发现系统中存在的攻击路径以及各种安全脆弱性，并在攻击者发现并利用它们之前进行及时修复，让攻击者看来，信息系统永远处于无懈可击的安全状态。同时，通过BAS技术建立一个持续的以攻促防的过程，让信息系统内存在的安全不确定性，得以随时间收敛而非发散，从而实现让信息系统越用越安全，而非用得越久越不安全。

BAS是一个从攻击者视角，对目标系统实施的端到端自动化攻击的模拟过程。实施BAS体系后，相当于请了永远不走的"蓝军"，同时能够很大程度上解决"蓝军"攻击过程的自动化、智能化问题，有效降低对渗透测试人员的技术要求，减轻工作量，也使"蓝军"能专注于做更有价值的工作，如社工类攻击、高阶的战术动作等。总之，BAS的优势在于：利用自动化和智能化的优势，持续对企业安全防御体系进行模拟攻击，识别企业网络中的薄弱点，评估企业安全防御体系的有效性和风险，检验安全运维团队的响应能力。

BAS核心在于用以威胁模拟和安全能力评估的自动化技术，通过确认可行的攻击路径和发现安全控制弱点，而不是单一的漏洞，更好地从资产、流程、人员体系化角度优化技术、组织和管理，同时改进安全资源投入优先顺序的决策。它的具体作用如下。

- 精确的漏洞探测：发现系统中真正可被利用的漏洞，可以基于收集到的信息，自动评估漏洞的可利用性。
- 模拟攻击行为：研究基于Playbook的场景化攻击模拟技术，实现基于MITRE ATT&CK、APT组织、典型攻击、安全控制点等维度的自动化攻击模拟，包括终端侧和网络侧攻击行为。
- 模拟社工类攻击，包括：模拟钓鱼邮件，即根据端侧Agent绘制的用户画像，远端Agent发送高仿真定向钓鱼邮件，根据目标是否点击邮件来判断是否易受攻击；模拟社工库攻击，可以检测目标主机上是否有明文用户ID、邮箱、手机号，并检测是否可在社工库、开源代码中查询到口令等认证信息；模拟敏感信息泄露攻击，检测目标主机上的图片、pdf、word、聊天记录等文件中是否有其他主机或服务器的口令，用于攻击者横向移动。
- 全攻击路径模拟：基于规划算法的渗透测试路径自动生成技术，能够基于收集到的信息自动规划攻击路径。
- 保证攻击模拟过程不会影响现网资产的安全性。

3.8.5　自动化威胁判定

基于AI的自动化威胁判定，使得在攻防对抗中，安全保障一方可以通过自动化工具实现更快速、准确的安全事件判定，及时从海量事件中定位威胁以及系统异常，从而可以比攻击者更快完成OODA循环，在攻防对抗中获胜。

可实现的功能包括安全事件降噪（降低误报）与威胁判定（判定安全事件对业务系统是否有恶意影响）。自动化威胁判定以网络系统检测到的各种安全事件以及资产信息、威胁情报为输入，基于关联分析，判定态势感知系统上报的所有安全事件是否是误报，是否对业务系统构成实质威胁。

基于AI的自动化威胁判定过程可以降低对安全管理员的技能要求，提供工具，协助管理员完成威胁判定，提高判断准确率，快速识别安全事件对业务的影响，给出明确的处置建议。

1. 用户的诉求

在攻防对抗中，用户需要及时识别外部、内部的各种安全威胁；分析这些威胁对业务的影响并溯源；及时对威胁进行处置或预防，通过对安全威胁的动态闭环响应过程，保障用户业务系统的安全。

用户实际需要的是系统能自动对安全事件进行研判，告诉用户有哪些安全事件，会对用户业务系统造成什么样的影响，以及应该如何处置。即用户并非关心原始安全事件本身，而是关心这些事件会对系统造成的危害，以及有什么处置建议。就好比用户需要医生告诉他当前是否生病，生了什么病，怎么治，怎么预防，而不是获得一堆体检指标。

2. 自动化威胁判定的功能目标

用户关注威胁对业务系统内的资源所造成的破坏或者影响，并且需要系统能根据影响的严重程度与紧急程度，执行不同的处置流程以保护系统资源。

用户对处置系统的功能要求，可以分成以下3个层次：

- 当发现攻击造成的破坏后，可以对破坏进行及时处置（事后处置）；
- 在攻击过程中，可以检测到攻击过程，并采取措施消减攻击可能对业务造成的破坏（事中消减损失）；
- 最好能在攻击活动发生前，在系统遭到破坏前，对识别到的威胁进行有效预防（事前提前防御）。

拿医生给病人看病来类比。首先，医生需要识别人群中哪些是病人，先对病人采取隔离、住院等应急处置措施；其次，能够对病人的病症进行分析，判断病人当前得的是什么病，在病情进一步发展之前对病人进行有针对性的治疗；最好医生能对病人或者病人群体的染病过程进行追溯，找到病源或者导致病人生病的内在原因，并能通过消除病源或者致病因素，达到预防疾病的目的。

同理，系统需要提供有效的针对各类安全事件的关联分析能力，通过对各类安全以及用户业务信息（网络、系统、业务数据）的分析和判定，实现对安全威胁的精准识别与攻击溯源，从而指导威胁响应编排，及时处置威胁，阻止威胁产生破坏效果，以提高安全解决方案的防御能力。

用户对威胁判定的功能要求，同样分为以下3个阶段。

第一阶段：识别"失陷资产"，给出如下针对资产的处置建议。

- 对能检测到的安全事件进行分类，找到那些一旦确认发生，就表明对应资产已经失陷的标志性事件。比如，根据病人的发热症状，医生就知道这个人生病了，虽然不知道具体是什么病。
- 能够基于用户对目标系统的描述或者通过对用户业务系统的建模，把用户环境与业务系统特点纳入关联分析。

- 能够从业务视角对安全事件进行分析，确认安全事件是否有效（实际能对业务系统产生影响）。
- 能够基于典型的安全事件，识别遭到攻击影响的关键资产（识别失陷资产）。
- 能够根据经验，判断时间对业务系统的影响，并且评估影响等级，给出处置建议（安全知识库）。
- 能够基于"失陷资产"对应的安全事件，给出一键处置建议。

第二阶段：判断失陷资产对应的威胁种类，给出如下针对威胁的处置建议。

- 对能检测到的安全事件进行分类，找到一些攻击过程所涉及的安全事件（过程事件），这些事件可以在失陷资产上配合标志性事件，以确认特定威胁的发生。比如，根据病人的发热症状，再配合"咳嗽""喉咙疼""白细胞指数高"等其他症状，医生就知道病人可能是上呼吸道感染。
- 能够基于用户对目标系统的描述或者通过对用户业务系统的建模，把用户环境与业务系统特点纳入关联分析。
- 能够从业务视角对安全事件进行分析，确认过程事件是否真实有效（降噪）。
- 形成攻击类型经验数据库，总结标志性事件与过程事件组合所指示的威胁类型，形成威胁类型知识库，明确攻击类型。
- 基于威胁类型知识库，结合用户业务环境，形成安全知识库。安全知识库中包含威胁对用户业务可能造成的破坏和影响，以及相应的处理建议。
- 基于威胁类型，给出一键处置建议。

第三阶段：根据溯源取证结果，回溯整个攻击链，给出如下预防攻击的处置建议。

- 通过攻击图谱等手段，还原整个攻击链。
- 识别攻击源以及产生攻击效果的原因。
- 基于攻击源执行处置策略，实现攻击预防。

3. 自动化威胁判定的整体思路

对威胁的判定过程，参考攻击模型进行流程设计，并且在处理流程中充分利用不同安全事件中的人工处置经验，试图尽量通过标准流程把人工处置方法固化下来，用安全策略的自动执行代替手动操作，以实现安全关联分析和威胁处置的流程化、自动化。

用户可以把关联分析分为多个阶段，在每个阶段对不同的事件进行关联分析，也可将事件集合与业务模型进行关联分析，上一阶段关联分析的结果（过滤产生的数据集合），可以作为下一阶段关联分析的输入，如图3-31所示。经过多次关联分析，可以得出结论：事件是否被确认为威胁，其对业务的影响程度以及威胁程度。

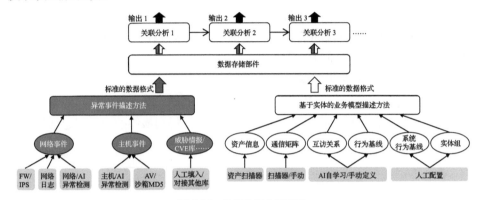

图 3-31　数据关联分析模型

关联分析可以取得的效果如下。

- 通过多种安全事件相互确认，降低安全事件的误报率。
- 通过安全事件与业务模型的匹配，提高安全事件检测的准确率。
- 通过对"失陷指标"事件的分析，识别发生安全事故、遭受安全威胁的资源。
- 通过对各类安全事件的分析，实现对安全事故的根因分析与攻击溯源，了解安全事故发生的来龙去脉。
- 通过对"过程线索"类事件与其他信息的关联分析，识别潜在的威胁，实现对安全事故的预防；或者查漏补缺，在缺少失陷指标事件时，识别遭受未知攻击的资源。

4. 判定分析的原理与方法

系统中检测到的各种网络、系统、应用的安全事件，都不是攻击本身，而是攻击活动在系统中产生的痕迹。关联分析的目标，就是把这些痕迹拼凑起来，还原整个攻击过程。

（1）对安全事件的分类

从威胁研判的角度，所有的安全事件可以分成两类。

一类被称作"失陷指标"事件，是可以用以直接判定安全事件对具体业务和资产的影响的高价值事件。一旦确认"失陷指标"事件为真，则表明对应事件相关的资源已经被攻击影响并受损，需要尽快处置。

另一类被称作"过程线索"事件，此类事件说明系统内存在攻击企图，资源可能遭受攻击，但是资源不一定被成功入侵或者受损。过程线索必须与其他事件相互印证，还原完整过程后，才能证明特定资源被入侵或者受损。过程线索的价值在于为攻击溯源和取证活动提供线索，以及在"失陷指标"事件缺失时，检测被入侵或者受损的资源。

（2）自动化威胁判定引擎的结构

自动化威胁判定引擎，其实就是一个基于不同的"指标事件""线索事件"的判别流程，通过不同的事件和判定策略的输出，得到最终的威胁判定结果，如图3-32所示。

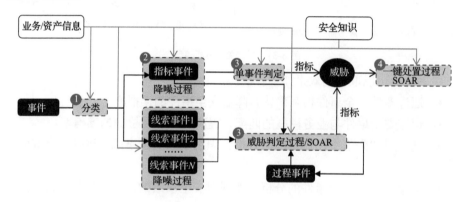

图 3-32　自动化威胁判定引擎的结构

（3）标准化处理流程

基于所有指标性事件，选中所有事件记录。

根据攻击事件发生的数量，对源IP排序，识别 Top N（排序靠前的N个）资源，筛选出对应源IP所标识的资产列表。

从上述源IP中选定属于用户环境的内部资产，被选中的内部资产就是疑似在攻击中受损的资产。

以上一阶段选中的源IP为条件，查询关于此源IP发生的"失陷指标"列表。

通过事件本身以及取证详情字段，依次确认"失陷指标"事件的准确性，进入特定事件的有效性确认流程。

如果"失陷指标"事件准确有效，向用户输出攻击受损的资产标识（IP地址），以及对应"失陷指标"事件的威胁处置建议。

3.8.6　威胁响应编排SOAR

基于包以德提出的对抗方法论可知，SOAR技术使得系统安全保障一方，具备在攻防对抗中先于攻击者完成OODA循环的能力，从而让安全防御一方具备在安全对抗中击败攻击方的条件。

在自动威胁判定或者识别到系统的行为基线偏离正常值之后，就需要进行处置响应操作。以往这种行为都是人工进行的，但是当系统复杂到一定程度时，安全的自动化监控与响应就显得尤为重要。此时不可能纯靠人力去处理上万台服务器的监控日志，必须通过大数据处理平台，辅以AI等技术，将绝大部分安全威胁固化成可以自动化响应的流程。此时采用SOAR相关技术是十分必要的，目标是可以凭借较少的安全人员应对大规模的安全风险。

在以确定性为第一性原理的韧性架构中，SOAR的价值是能够实现自动化的处置，极大缩短系统的确定性收敛时间，有效减少攻击损失；同时能够积累人类用户的安全经验，避免因为人工错误向系统中引入新的风险。

Gartner对SOAR的最新描述性定义是：SOAR是一系列技术的合集，它能够帮助企业和组织收集安全运维团队监控到的各种信息（包括各种安全系统产生的告警），并基于这些信息进行事件分析和告警分诊。在标准工作流程的指引下，利用人机结合的方式帮助安全运维人员定义、排序和驱动标准化的事件响应活动。SOAR工具使得企业和组织能够对事件分析与响应流程进行形式化的描述。

Forrester将SOAR定义为"一种将跨安全和业务生态系统的第三方工具集成到一起的自动化技术，实现对安全事件的分诊、协调，并采取基于脚本的协同行动"。Forrester表示："安全团队面临的三大挑战之一是日常战术活动占用太多时间。安全运营团队疲于应对持续告警，被迫进行手动调查，操作一系列令人眼花缭乱的工具去响应告警。"而SOAR为安全团队提供了自动化解决重复性任务的方法，通过单一技术来协同各种工具。根据Forrester报告，SOAR技术的目标是让安全运营更快，减少出错概率，并且更加高效。

| 3.9　韧性技术体系的建设 |

韧性技术体系在安全保障的出发点、方法论、基础技术上与现有的威胁防御体系有原则性的不同。韧性技术体系与威胁防御体系相比，实现了对纵深防御思想的扩展，形成了系统化竞争力的建设思路。

3.9.1 韧性架构的能力构成

韧性架构中三个维度的安全能力，基于信息系统的架构，可以形成如下三层架构。

- 内生信任体系：基于AI芯片提供基础算力，基于芯片级可信硬件与可信软件平台、可信网络协议栈、安全开发流程、可信计算、可信身份、零信任行为可信技术，建立安全体系的确定性基础平台，降低业务系统的内部不确定性，确保系统安全底线。
- 威胁防御体系：基于AI算力，提供高性能安全分析工具与算法接口，准确识别系统内的威胁与异常；部署网络防御性信息欺骗、动态目标防御MTD、网络安全收口管理等主动安全能力与安全机制，消减外部威胁带来的安全不确定性。
- 运营管理体系：构建基于资产的主动风险管理技术，建立自动化运营平台，建设以攻促防机制，基于资产管理、攻击模拟等技术，利用AI算力与风险识别算法，实现对系统的安全量化度量，对发现的潜在风险进行补救，对识别到的系统异常状态进行及时纠偏，使系统的安全不确定性能快速收敛，让系统越用越安全，并且持续处于动态安全的状态。

3.9.2 韧性架构的技术沙盘

韧性架构基于安全的"确定性"原理，从"内生可信、威胁防御、运营管理"三个维度识别安全能力。

基于这三个维度，不但能够识别当前已经存在的安全能力和安全产品，还能从第一性原理的角度提前识别未实现的安全技术。

基于目前对业务的了解以及安全技术水平，韧性架构对应的安全技术沙盘如图3-33所示。

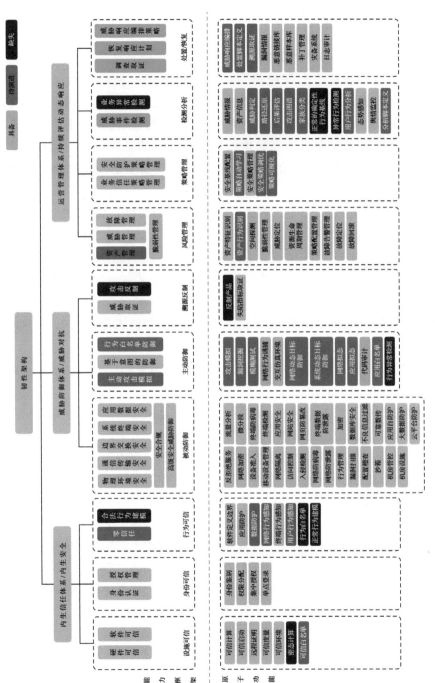

图 3-33　韧性架构对应的安全技术沙盘

3.9.3 与等保2.0的对比

韧性架构和等保2.0要达到的安全目标相同，但是达成目标的技术思路不同。等保2.0是在"纵深防御"的攻防维度下，使用包括"人、技术、操作"在内的多种技术手段构造纵深防御体系，并在体系内识别与定义了基线化的安全能力；韧性保障体系，则是同时从"内生可信、威胁防御、运营管理"三个维度，体系化地识别安全所需的各种能力。简言之，韧性架构可以认为是等保2.0的超集，两者在主要安全功能的识别上是殊途同归的。

等保2.0中最常用的是二、三、四级这几个安全等级，每个等级都适用于不同的安全要求。

- 等保二级：主要针对中小型企业，具备常规威胁对抗能力，无强制要求。
- 等保三级：主要针对大中型国企，要求能对抗未知威胁，是强制测评要求。
- 等保四级：针对银行等在国计民生中占有重要地位的关键系统，要求能对抗有组织的攻击，代表了当前技术实现的最高安全等级。

通过韧性架构识别出的主要安全能力与产品，与等保2.0各级能力要求基线的对应关系如图3-34所示。

- 等保二级的要求：基本对应韧性架构中的被动威胁防御能力，以及日志审计等安全管理功能部件。
- 等保三级的要求：基本覆盖韧性架构中主要的"事中""事后"威胁防御能力，以及漏扫、AAA、补丁/病毒库管理等常规运营管理体系中的安全能力要求。
- 等保四级的要求：在等保三级的基础上，主要规定了可信计算能力。韧性架构则在"内生可信""运营管理"两个维度上识别出了比等保四级更多的安全能力要求。基本证实了通过韧性架构的三个维度，可以比通过纵深防御一个维度识别到更全面的安全能力，构造安全等级要求更高的系统。

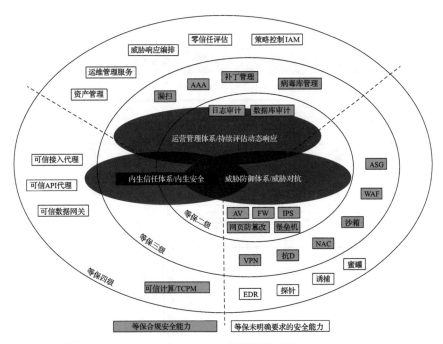

注：EDR 为 Endpoint Detection and Response，终端检测与响应；
　　ASG 为 Access Security Gateway，访问安全网关；
　　抗 D 为 AntiDDoS。

图 3-34　韧性架构与等保 2.0 安全能力对应关系

3.9.4　对应的安全产品支撑

韧性架构中的"威胁防御体系、内生信任体系、运营管理体系"分别对应各自的安全能力与对应的产品。在韧性架构中，通过对不同安全产品的组合与流程化应用，可以构造不同强度的安全保障过程与解决方案，对不同的保护对象提供不同安全等级的韧性安全保障。

韧性架构由市场上成熟的安全技术产品叠加IPDRR安全保障流程构成，是切实可以落地实施的。

韧性架构内可包含不同功能、特性的安全能力，可以为网络、数据、终端、应用等不同类型的保护对象以及不同的业务场景，提供可靠的确定性安全保障，如图3-35中的粗线框所示。

华为公司目前已经能够提供各种高性能的软硬件产品，以及平台化的安全服务，对韧性安全架构提供完整的产品和能力支撑，可确保韧性架构在实际用户场景下实施，能够提供可落地、完善、可靠的安全保障，如图3-36所示。

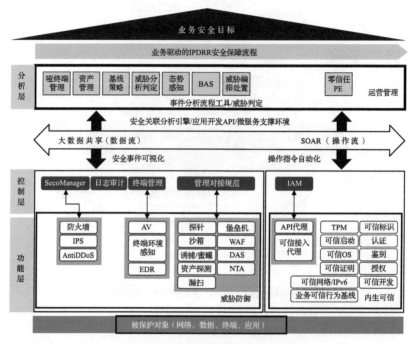

图 3-35　韧性体系中的安全能力

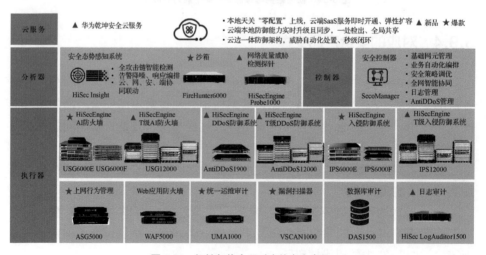

图 3-36　韧性架构中所对应的安全产品

第4章 安全之术：安全度量与评估

本章继续讨论安全之术。第3章讲的是如何从安全的本质与第一性原理出发，正向建设一个安全体系结构；本章则主要是从攻击者以及威胁的角度，考虑如何逆向评估一个系统的安全性。

对安全来说，可靠的安全量化度量能力是至关重要的，但也是长期缺乏的。在安全灾难发生前，谁也不知道它会给系统带来什么后果。

对一个现有系统的安全量化度量一直是业界的难题。本章试图从韧性架构中系统行为的确定性角度，给出安全量化度量的可行性设想，并尝试给出测试评估方法，以供业界讨论。

|4.1 安全度量的意义|

评估和度量属于系统设计的关键环节，其重要性不言而喻。结构化分析和设计的创始人之一汤姆·狄马克说过："你无法控制你不能度量的东西。"显然，据此标准，当前无法对一个系统的安全性进行控制和有效保障。正因为缺少对系统的安全性进行有效评估和度量的方法，在当前的系统设计中，安全性实际上是失控的。

如果无法量化度量系统的安全性，就无法客观衡量和评价系统的安全性。安全会一直处于"效果无法评估、价值难以衡量、安全性不被信任"的状态。今天，一个土木工程师在设计阶段就可以清楚地知道自己建造的桥梁的抗震和承重等级；而一个信息系统设计师却只有在安全灾难发生的时候，才能了解他所构建的信息系统的安全程度。这种现象是不应该出现的。如果安全领域一直存在此现象，那么系统的安全性就永远无法获得用户的信赖。

反之，如果能够对系统的安全性进行全面、量化的分析，能够事先进行评估和检测（包括模拟攻击），就可以在设计阶段按照用户业务的要求，明确目标系统预计能够达到的安全等级，让用户清楚地认识当前系统的安全能力。这不仅可以让系统设计师在系统设计阶段就进行相应的安全考虑，从而极大改善当前的网络安全形势，而且也能让用户清楚地认识当前系统的安全能力，极大增强用户对安全的信心。

从美国2003年12月发布的第7号国土安全总统令，以及《国家基础设施保护计划》（*National Infrastructure Protection Plan*）中可以看出，安全评估工作已经成为保护国土安全的一个核心要素和重要手段。

在我国，最早推行的安全标准就是安全测评类标准，实施信息安全风险评估也已有二十多年的时间了。国家发布政策性文件《国家信息化领导小组关于加强信息安全保障工作的意见》（中办发［2003］27号），表明了信息安全风险评估工作的重要性。为贯彻国家政策对风险评估工作的要求，国家互联网信息办公室早在2003年就成立了课题组，启动了信息安全风险评估工作。

但是时至今日，依然没有可靠的理论基础和实际的方法可以用来对一个系统的安全性进行可量化的度量与评估。这在很大程度上是因为缺少安全的基础理论和方法论。今日的安全技术就好像早期的密码学一样，网络安全一直没有找到确定性、可证明的科学理论基础（现代密码学的理论基础是数学），网络安全性始终无法被量化度量。基于当前威胁驱动的安全的理论来讲，根据安全防御的木桶原理，一个系统的安全性也是不可能被量化度量的。

|4.2　安全量化度量的前提|

安全度量和其他度量一样，也要解决以下三个方面的问题。

第一，要明确度量的对象。在信息系统安全中，度量的对象可以是技术、产品、过程或系统及其特性。

第二，要明确度量的依据。在信息系统安全中，度量安全的依据是什么？是基于系统内部安全漏洞的数量、漏洞的严重程度，还是系统抗攻击的手段和能力？是信息和系统的安全性质，比如保密性、完整性、可用性等？是否还要再加上可审计性、不可否认性、可靠性、健壮性等？或是从经济角度，以信息资产可能造成的损失来度量？那么，是以绝对损失做标准，还是以相对系统价值的损失做标准？此外，度量依据是否具有可操作性？度量信息系统的安全性，不仅要对安全技术或机制进行测量，还必须对系统业务功能的使用及管理进行评估。总之，度量依据是个复杂的问题，要想实现量化度量，度量依据必须满足可量化的要求，显然尽力而为的威胁防御结果无法支撑量化度量的要求。

第三，要解决如何度量的问题。这个问题与要度量的对象和度量的量密切相关，是直接度量还是间接度量？能否量化？如何量化？……所有的问题都非常复杂。

关于网络信息系统的整体安全性评估，目前还没有形成形式化的评估理论和方法。现有的安全评估方法可以大致归结为以下4类：安全审计、风险分析、安全能力成熟度评估、安全测评。其中，安全测评使用最为广泛，能够直观反映系统的安全强度。安全测评更多地从安全技术、功能、机制角度来进行安全测量，相应的国际标准有TCSEC、ITSEC、CTCPEC（Canadian Trusted Computer Product Evaluation Criteria，加拿大可信计算机产品评估准则）、ISO/IEC 17799的信息安全管理实用守则和ISO/IEC 15408的CC准则等。

各类信息安全威胁往往具有潜伏性和不可预测性，相应地，信息安全事件对被攻击一方呈现出极强的突发性和偶然性。这些问题看都看不见，如何才能有效度量？各种评估方法都不可避免地涉及评估主体的经验判断，因此要客观、量化地评估安全性，从理论上讲就非常困难。

对于评估方法，不外乎定性评估和定量评估，定性评估是定量评估的基础。对安全性度量来说，最大的困难在于难以进行形式化验证。例如，加密算法的安全性，就是在数学难题得到形式化证明之后，才有能力进行定性的安全性评估，在引入密钥长度和破解时间这些概念后，才能对算法的安全性进行定量的分析。

4.2.1　安全性难以量化的原因

目前，由于主流威胁防御理论的限制，要想对系统安全性进行量化的评估不但没有先例，而且从理论上讲就没有可能性。在当前的主流安全观中，安全问题的动态性、相对性、不可量化性，成为安全的固有属性。国内产业界基本已经放弃了对安全进行量化度量的探索。**要想实现安全量化度量，首先就要打破威胁防御理念的限制。**

在安全理论模型方面，相关研究主要从攻击者和防御者策略对抗的角度出发，基于博弈论等各种理论展开。然而，仅仅是攻击面构建这一非常基础的问题，至今都还没能在理论上讨论清楚。因此，从理论上讲，从攻防维度来对系统进行安全量化度量是不可能的。

如果继续从攻防维度出发，根据威胁防御思路，基于木桶原理，安全性很难被比较或者被量化评估。这是因为安全风险的全集是未知的。即使是同一个系统，理论上讲，无论消除了1%的风险还是99%的风险，此时的系统安全状态都是相同的，即都不安全。除非能从理论上形式化地证明系统内100%不存在威胁，否则系统一定是处于不安全的状态。除了"安全"与"不安全"这两种状态之外，就很难再进一步对系统进行量化评估了。

在此条件下，衡量一个系统是否安全的方法，目前只有在攻防演练中观察系统是否被攻破这一条路。而且，因为攻防演练过程所采用的攻击手段只能代表这种攻击手段本身，无法代表特定的威胁强度和其他的攻击手段，因而也很难客观、量化地体现一个系统的安全性。**系统在当前时刻没有被这种攻击手段所攻破，不代表系统在下一时刻就不会被相同等级的攻击或者其他攻击所攻破。**

而且，系统是否被攻破主要不是取决于系统自身的安全性，而是取决于系统所遭受威胁的具体情况，具有很大的偶然性。比如，蓝军A和蓝军B被认为是相同等级的攻击团队，蓝军A没有攻破的系统，蓝军B一上来就攻破了。那么这个时候，系统的安全性到底应该如何衡量？

其实，在体育比赛中也存在同样的问题，并且至今也没有找到绝对合理的解决办法。通常做法是使用积分排名或者循环赛的方式，基于对尽量多的对抗结果的统计与排序，获得对运动员的能力进行客观评价的依据。但是，对历史结果的统计值依然很难反映特定时刻的状态。

综上所述，根据威胁防御理念，系统的安全性是无法通过指标衡量或者攻击过程进行量化比较的。要量化度量系统的安全性，就不能从威胁的角度来考虑，而必须要引入其他的安全概念。

4.2.2　基于确定性度量安全

如果我们扩展思路，从安全的第一性原理考虑：安全就是"系统的行为与设计相符、可预期、可验证"的确定性状态；不安全就是系统中出现了背离设计的不可预期的行为，表明系统当前处于一种不确定的状态。此时，安全性的定义，可以和威胁以及攻防过程无关。系统的安全性可以使用"是否具有与设计相符的行为确定性"表述。

系统的安全性也即系统行为的确定性。系统设计中的安全状态可以通过建立一条描述系统设计中所确定的业务确定性行为基线来表示。系统实际运行中的安全状态，也可以通过一条描述系统实际行为状态的曲线来表示。如果当前系统行为背离了正常业务行为的确定性行为基线，则表明系统中出现了不可预期的行为，即系统处于不安全的状态。

对系统实际行为是否偏离确定性状态的评判如图4-1所示。

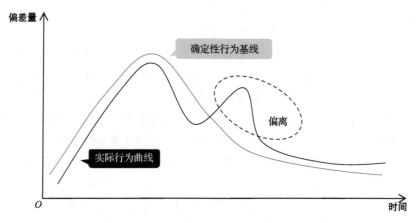

图 4-1　实际行为曲线与业务确定性行为基线的对比

依此理论，对系统安全性的度量，也就是对系统实际业务行为状态的描述曲线与系统设计中所确定的业务确定性行为基线之间的一致性程度的度量。两者一致性越强，偏差越小，则系统实际行为与设计越符合，系统也就越安全。如图4-2所示，左侧系统的安全性好于右侧系统。

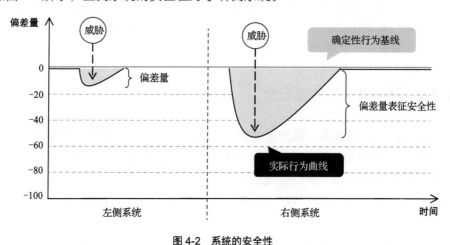

图 4-2　系统的安全性

可见，在引入了韧性相关的概念后，系统当前的安全状态就可以用系统实际行为状态与系统设计中的确定性状态之间的偏差来表示。只要偏差是可以量化的，安全性也就可以量化。确定性概念的引入，让安全量化度量具备了理论基础。

|4.3 安全量化度量的方法|

按照系统韧性保障的思路，以及在安全性度量中对系统的确定性行为基线的使用，对系统的安全性进行评价衡量的问题转变为如何用各种可以量化衡量的指标来描述系统的确定性行为基线，并量化评估实际的系统行为曲线与偏差量的问题。

但是仔细考虑，问题一点也没变简单。既然系统安全性是没办法进行形式化描述的，那么不同系统的业务行为，就可以简单地进行形式化描述了吗？实际情况是，两者同样困难。况且，不同的系统功能行为不同，描述的维度和方法也很难统一，届时应该如何比较评价？换言之，我们能否量化比较一辆汽车和一座房子的安全性？

因此，基于系统实际行为与确定性行为基线的偏离程度来量化衡量系统安全性的思路，更多是解决了通过威胁防御无法进行安全量化度量的理论性问题。要想建立从系统行为确定性视角进行安全量化度量的方法，必须要增加更多的约束条件和具体的评估因素。这同样是一个非常困难的任务。

4.3.1 能力基线静态度量

对上述问题，我们可以转变思路，采用间接度量的思路，从量化度量难以建立的系统确定性行为基线，转而对定义这条基线所采用的安全保障技术手段进行度量和评估。

直接描述并度量某个系统的确定性行为基线是十分困难的。但是，安全基线是由一系列的安全技术和技术指标所保障和定义的。因此，我们可以通过间接评估的思路，度量并且评价用于定义、保护、维护这条系统的确定性行为基线的安全技术和功能项，从而把系统的确定性行为基线转变为安全保障能力基线，如图4-3所示。

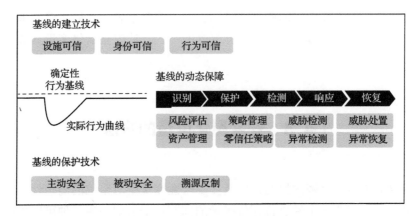

图 4-3　以安全保障能力基线代替系统确定性行为基线

如同本书第3章所述，无论是差别多大的业务系统，其确定性行为基线的保障能力，都是基于"内生可信、威胁防御、运营管理"这三个韧性技术维度来建设的。因此，通过对系统确定性行为基线所对应的三项安全保障能力的度量，就可以获得定量的系统安全性的评估结果。这就好比，虽然无法对不同人的健康程度进行直接的量化对比，但是我们依然可以把健康程度转化为各种体检指标，并基于对这些指标的比较来评价健康程度。

综上所述，系统安全量化度量问题，可以转变为根据各种安全能力指标建立安全保障能力基线，并与实际系统中的安全保障能力进行对比的问题。

4.3.2　能力基线度量参考

要想描述安全保障能力基线所对应的安全能力，可以参考NIST CSF中定义的安全控制项。CSF本身就是以保证业务系统的功能"确定性"为目标，CSF中定义的53类108个控制项安全能力，可以较为详细地描述不同的安全保障能力基线，并且可以保证把安全保障能力基线对应到特定系统中的确定性行为基线上。

CSF是NIST依据美国《2014年网络安全增强法案》赋予的职责[1]编写的，并于2014年颁布第1版。NIST修改和完善了第1版，并收集了大量安全企业、部门、安全专家的意见，形成了1.1版本，并于2018年颁布。

---

[1]　该法案要求NSIT必须确定"一种优先、灵活、可重复、基于性能和具有成本效益的方法，包括关键信息基础设施所有者和运营商可能自愿采用的信息安全措施和控制，以帮助其识别、评估和管理网络风险"。

CSF是一种基于风险的网络安全风险管理办法，侧重于以业务驱动指导网络安全活动，将网络安全风险视为组织风险管理流程的一部分。CSF由三部分组成：框架核心、框架实施层、框架概要文件。每个组件都强化了业务/任务驱动与网络安全活动之间的联系。各个组件简单介绍如下。

框架核心是一组适用于关键信息基础设施各企业、部门的网络安全活动、预期结果和可用参考文献。框架核心列出了一系列行业标准、指导方针和优秀实践，以帮助组织领导层与实施/操作层相互沟通网络安全活动和结果。框架核心包括5个并发且连续的功能——识别、保护、检测、响应、恢复，定义了每个功能的关键类别和子类别，并将其与示例信息参考（如每个子类别的现有标准、指导方针和最佳实践）进行匹配。框架核心定义的各个功能及其分类如表4-1所示。

表 4-1　框架核心定义的功能和分类

功能唯一标识	功能	类别唯一标识	类别
ID	识别	ID.AM	资产管理
		ID.BE	业务环境
		ID.GV	治理
		ID.RA	风险评估
		ID.RM	风险管理策略
		ID.SC	供应链风险管理
PR	保护	PR.AC	身份管理和访问控制
		PR.AT	意识和培训
		PR.DS	数据安全
		PR.IP	信息保护流程与程序
		PR.MA	维护
		PR.PT	保护性技术
DE	检测	DE.AE	异常和事件
		DE.CM	安全持续监控
		DE.DP	检测流程
RS	响应	RS.RP	响应计划
		RS.CO	沟通
		RS.AN	分析
		RS.MI	缓解
		RS.IM	改进
RC	恢复	RC.RP	恢复计划
		RC.IM	改进
		RC.CO	沟通

框架实施层提供了对企业、部门对待网络安全风险和管理该风险的流程的描述。框架实施层将企业安全实践分为4个层级：部分实施、风险知情、可重复的、自适应，按照这一顺序，其网络风险管理越来越成熟完善。企业、部门应当依据其风险管理现状、网络威胁、法律法规要求、业务/任务目标和企业其他约束来选择需要达到的风险管理等级。

框架概要文件表示企业、部门依据业务需求从框架核心的类别和子类别中选择的结果。该文件是功能、类别和子类别与企业的业务需求、风险容忍度和资源的对齐。通过比较当前概要文件和目标概要文件的差距，可以发现改善当前网络安全态势的机会。企业、部门应审查所有类别和子类别，并基于业务/任务驱动和风险评估确定哪些是最重要的，形成概要文件，通过添加其他类别和子类别（可不在框架核心的范围内）逐步解决企业网络安全威胁问题。然后，综合考虑成本效益和企业创新等其他业务需求，基于当前概要文件，衡量并调整改进过程中的优先级，以实现目标概要文件。

4.3.3 攻防过程动态度量

基线能力评估，依然属于静态评估的范畴。静态评估基于指标的选择和模型的科学性。但是，即使是经过检验的模型，对不同的评估对象也不见得总能获得正确的结论。

静态评估的结果就好比在下棋中通过棋子的多少来判断谁会赢，或者通过身高、体重、爆发力来判断哪个运动员会在比赛中获胜一样，虽然有一定道理，但是结果不一定准确。安全的本质就是对抗，决定对抗结果的因素太多，仅通过有限的指标项，无法完全体现对抗结果。

综上，除了基于指标的"静态"评估之外，对系统安全的评估还必须引入类似攻防演练的动态评估方法，把静态/动态评估方法相结合，才能获得相对准确的结果。

动态评估活动必须基于具体的攻击用例（威胁）。为了能客观衡量系统的安全保障能力，需要对攻击用例进行安全强度分级。

如同本书第1章所述，根据威胁难以被检测的程度，我们可以把用户易于感知的攻击风险分成5级，如图4-4所示。

图 4-4　安全风险等级

根据IBM在2012年RSA大会上公布的安全风险分级，机构面临的安全威胁包括从最低等级的"好奇"到最高等级的"危害国家安全"。为了量化标记一个企业可能面对的风险强度，以及安全防护的等级要求，我们根据攻击类型，将其可能面对的风险也划分为强度不同的5个等级。对于国家级网络攻击（包括高等级供应链攻击、BCM风险、核心部件技术封锁与制裁等），暂无可使用的测评技术手段。

1. 第一级：常规威胁，各类常规风险和离散攻击

此类攻击基本对应了RSA大会分类模型中的"好奇""报复"等级，属于种类最多，但强度不高的常规风险。

常见攻击类型包括：已知病毒与恶意文件、暴力破解、恶意文件下载、特征已知的SQL注入、跨站脚本攻击、网页挂马等，以及利用工业设备的PLC（Programmable Logic Controller，可编程逻辑控制器）、SCADA（Supervisory Control And Data Acquisition，数据采集与监控系统）进行的攻击扩散等活动。此类攻击的特点是数量多、无处不在，但攻击强度不高、攻击特征已知，通过防病毒、入侵防御等单项静态能力就可以有效防御，通常只会对未作有效防护的系统产生较大的破坏。

2. 第二级：勒索软件、未知病毒

此类攻击基本对应了"利益驱动"威胁中的基础部分，其中的典型代表就是勒索软件攻击。

通过对勒索软件、未知病毒的分析可知，此类攻击是特征未知的自动化

攻击程序。因此，当前主流的安全防御手段，无论是基于病毒库的杀毒软件，还是基于攻击模式匹配的网络入侵检测，都无法有效防御此类攻击。同时，勒索软件一旦进入内网，便可以不受控地自动化扩散，因此加剧了危害性。由于勒索软件特征未知的特点，它的威胁等级明显比特征已知的蠕虫病毒强得多。

3. 第三级：0Day 漏洞利用，哑终端 / 工业设备 0Day 漏洞利用等

此类攻击对应"利益驱动"威胁中的大部分，属于各种威胁检测技术都难以有效识别的行为未知的网络攻击，包括0Day漏洞利用、设备替换、部分供应链攻击等。

黑客利用设备的0Day漏洞发动攻击，但其如何发动攻击、攻击目标是什么，都未知，此类攻击的特点是行为未知。因此，基于恶意行为分析的威胁检测技术，比如恶意文件检测沙箱等技术，对此类攻击都无法进行有效检测和防御，黑客网络攻击的威胁强度高于勒索软件类攻击。

4. 第四级：身份仿冒 / 权限窃取 /APT，基于盗用的身份破坏数据

此类攻击对应"间谍或政治活动"的下沿，包括常规意义上的APT攻击、账号窃取、身份仿冒等。它属于攻击目标和攻击意图不确定的未知攻击，攻击活动盗用合法权限，攻击过程中往往不表现出恶意行为，因此更难被检测，比如盗用合法身份之后的数据窃取等。

此类攻击的最大特点就是完全没有表现出任何可检测的攻击行为，全程使用合法账号和权限，属于无可检测攻击行为的攻击活动。因此，相较于通过行为检测可以识别勒索软件，基于网络行为异常检测可以识别0Day漏洞利用，此类无攻击行为的攻击检测难度更大，也更危险。

5. 第五级：工业间谍 / 信息违规，对应的工具包括社会工程学、内部员工违规等

此类攻击对应"间谍或政治活动"的基础部分，部分手段与国家级网络攻击相同，包括收买内部员工、欺骗、文档拍照、网络渗透、滥用法律法规等。攻击者为了达到攻击目标，会同时使用各种技术与非技术手段。工业间谍类攻击几乎可以被认定为是单凭安全技术无法检测的攻击类型。

在模拟攻击中，可以通过目标系统对不同等级攻击工具的保障结果，量化

评价系统的安全防护能力。

最后的系统安全量化评价依据应包含对系统的安全能力基线的评估数据，以及模拟攻击中系统的表现数据两部分。两部分的指标经过算法调整后得出一个安全性指标分值，用来量化体现系统的安全性。

4.3.4 动态度量方法参考

ATT&CK是由美国的MITRE公司提出的一个针对网络攻击行为的知识库和模型。与网络攻击链模型注重APT攻击的先后顺序不同，ATT&CK更关注攻击的战术和技术，并不强调过程的先后顺序。

MITRE集合了全球范围内的安全专家，研究了现实世界发生过的攻击案例，据此罗列了攻击中使用过的技术，并从攻击者视角将这些技术的运用归纳为以下14种战术。

- 侦察：信息收集的过程。
- 资源开发：为攻击准备资源，例如C&C服务、网络代理等。
- 初始访问：攻击者突破安全边界。
- 执行：攻击者在目标主机上执行恶意代码。
- 持久化：在目标主机上实现驻留。
- 权限提升：攻击者提升自己的权限。
- 防御绕过：攻击者通过一系列技术绕过安全检测。
- 凭证访问：攻击者查找和获取各种凭据信息。
- 发现：攻击者企图获取更多的内网信息。
- 横向移动：攻击者在目标网络内部进行扩散。
- 收集：攻击者在目标系统上收集数据，例如dump数据库中的数据，收集特定文档等。
- 命令与控制：攻击者远程控制失陷主机。
- 数据窃取：窃取数据。
- 危害：对业务实施破坏。

ATT&CK的每个战术都指示出攻击者特定动作的意图。针对每个具体的战术，ATT&CK罗列出攻击者为了实现该战术目标可能采用的所有攻击技术。例如，对于"数据窃取"这个战术，ATT&CK认为当前已知有9种技术可以实现数据泄露这一战术目标，包括流量镜像、隐秘隧道等。ATT&CK以战术为横轴，以技术为纵轴，形成一个攻击矩阵图，通过该矩阵图建立对网络攻击的全景描述。业界普遍认为，ATT&CK覆盖了所有已知的网络攻击技术，可以完整描述攻击行为，因此可用于攻击事件的复现。ATT&CK常被用于攻击行为分析、防御漏洞识别、威胁情报建设等多个领域。

| 4.4　安全能力模型与能力要求 |

一个系统的安全保障体系，是设备、工具、基线、流程乃至服务的有机结合，不同的场景和用户诉求具有不同的原理、形态、使用要求。因此，安全保障系统具有天然的复杂性和差异性，其安全能力和效果常常难以衡量和体现。

为此，我们建立了安全保障系统的安全能力模型，将安全能力分解为5大指标13个子指标，并细化为多项安全能力要求。安全能力模型的提出可以用于：

- 指导"可对比、结果可重现"的安全能力评估活动；
- 识别安全系统的安全能力短板和问题，指导改进，并跟踪和确认改进效果；
- 对比不同系统之间的安全能力差异；
- 提升组织及人员的信息安全意识。

本节首先介绍安全能力模型的5大指标13个子指标，然后介绍具体的安全能力要求，4.5节将阐述对各安全能力要求进行评估的过程和方法。

4.4.1　安全能力模型

基于等保2.0"纵深防御、主动防御"的安全体系建设要求和"三化六防"思想[2]，结合CSF的IPDRR五个功能及其细分项目，我们提出的安全能力模型如图4-5所示。

---

② "三化六防"思想以"实战化、体系化、常态化"为新理念，以"动态防御、主动防御、纵深防御、精准防护、整体防护、联防联控"为新举措，目标是构建国家网络安全综合防控系统，深入推进等级保护和关键信息基础设施保护的实施。

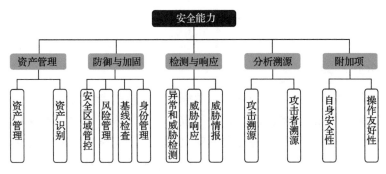

图 4-5 安全能力模型

安全能力模型由资产管理、防御与加固、检测与响应、分析溯源和附加项 5 个指标构成。

1. 资产管理

企业基于系统提供的资产管理功能，梳理企业全部资产信息，如物理设备（服务器、网络设备、物联网设备等）、操作系统、应用软件（办公软件、Web 中间件、数据库等），等等，并根据业务信息对资产进行重要程度分级，明确归口管理部门和责任人，实现对企业资产的全面把控。完善的资产管理是企业进行网络安全体系建设的第一步，也是安全系统的基础。该指标体现了系统对企业资产的管控能力，是进行防御与加固、检测与响应、分析溯源的基础。资产管理指标包含资产管理（狭义上讲）和资产识别两个子指标。

2. 防御与加固

企业基于安全系统提供的主动风险识别能力（如漏洞扫描、基线检查等），提前感知网络中存在的风险和薄弱点并进行安全加固，减小受攻击面，是企业化被动防御为主动防御的重要手段。该技术指标包含安全区域管控、风险管理、基线检查和身份管理四个子指标。

3. 检测与响应

企业基于安全系统提供的入侵防御、威胁情报、异常流量识别工具等，对攻击者的攻击行为进行快速检测，并通过与防御设备、网络设备、终端设备等联动，对攻击进行隔离。检测与响应是系统安全能力强弱的集中体现，反映了系统在攻击发生时对攻击行为进行检测和处置的能力。该技术指标包含异常和威胁检测、威胁响应、威胁情报三个子指标。

4. 分析溯源

企业基于安全系统提供的分析溯源能力还原攻击者的入侵路径，判断攻击的影响范围，识别防御的薄弱点，进行重点安全加固。同时，溯源能力还可以为企业收集针对攻击者的司法证据。对攻击行为的完整溯源可避免企业遭受持续攻击。该技术指标包含攻击溯源和攻击者溯源两个子指标。

5. 附加项

附加项技术指标包含自身安全性和操作友好性两个子指标，是安全系统在企业长期稳定运行的基础。

安全能力模型可以帮助企业信息系统的安全建设和维护责任人、信息系统的安全测评人员、安全厂商的竞争力建设责任人和分析人员，了解安全测评的原则、依据、基本测试方法。落地系统的普适性安全能力，可以帮助企业实现自适应安全体系的建设。

接下来，结合网络安全形势与现网安全运维状况，对各能力指标进行介绍，并细化为基线化能力要求。

4.4.2 资产管理的能力要求

1. 资产管理

资产是指任何对组织有价值的东西，是业务系统正常运行的基础保障，也是要保护的对象。据Gartner的研究，目前全球只有不到25%的组织机构具有适当的IT资产管理规划。如何进行有效的资产管理是当前大多数企业和组织面临的重大挑战。优秀的安全系统应当可以指导企业的防御体系建设，防御的第一步便是对企业资产进行识别和管理，并及时跟踪资产变化。

该子指标包含如下要求。

- 系统可对企业的资产如服务器、网络设备、专用设备、操作系统、应用软件等进行管理。
- 提供分层级的资产管理视角。例如将资产划分为物理设备、云平台、应用软件等不同层级。
- 系统应能体现每项资产的重要程度。
- 系统应能体现资产的关键信息，如用途、IP地址、责任人、补丁更新、安装的应用、供应链信息、入网时间等。
- 系统应能体现资产的安全状况，例如具备的威胁/风险情况、遭到的攻击等，并将紧急事件实时推送给相关人员，包含事件的分析及处置建议。
- 支持结合网络拓扑展示资产情况。
- 提供对资产的带外管理方法，保证对资产的持续控制。
- 系统应具备对重要数据加密存储的能力。
- 系统应具备对重要数据进行恢复的能力，例如通过数据备份的手段来恢复数据。

2. 资产识别

随着企业业务的发展壮大，各类信息系统、管理系统、网络设备等越来越多，企业管理员面临的管理压力越来越大。因企业人员变动、业务变动等，企业网络中会积累大量的无主资产、僵尸资产等，甚至产生违规开放的业务端口，给企业的整网安全带来极大的隐患。安全系统需要具备主动或被动的资产识别功能，能够对全网的服务器、业务应用、网络设备等进行识别，帮助企业管理员定位新增资产、无主资产、僵尸资产、违规应用等。

该子指标包含如下要求。
- 系统应具备对企业的资产进行识别并分类的能力。
- 系统可识别企业映射到公网的地址、应用、端口等。
- 可使用资产识别的结果进行资产管理。
- 可根据历史数据对识别的资产标记为新增资产、无主资产、僵尸资产等。

4.4.3　防御与加固的能力要求

1. 安全区域管控

对业务网络划分安全区域是进行安全建设的基础步骤，能够帮助用户梳理和整治业务网络和流程。等保、NIST SP 800-53等都要求将网络划分为不同的安全区域，并进行隔离、检测、过滤等操作。

该子指标包含的要求是：可在网络边界或区域之间设置控制策略或规则；可在网络边界或区域之间检测威胁行为，并能采取相应动作。

2. 风险管理

企业需要一套完整的管理流程和处置策略，以支撑对自身安全风险的主动识别、分析、跟踪、修复。企业可依靠安全系统对企业的安全风险进行主动排查，识别和跟踪管理资产漏洞和薄弱点。

在企业建设防御体系的过程中，部署的安全系统应该包含风险识别与管理功能模块，可识别企业资产的主机安全漏洞、主机上存在的恶意代码/文件、弱口令问题和Web漏洞（如注入、反序列化等），并提供可行性修复建议。安全系统应具备对各类风险/漏洞的持续管理、跟踪闭环功能，将攻击者的入口提前封堵，从而提升企业整体安全能力。

该子指标包含如下要求。

- 系统可识别设备、主机、应用等的各类安全漏洞，并提供分析及加固建议和指导。
- 对于Web应用漏洞，提供代码审计工具，定位漏洞位置并提供修复指导。
- 系统应识别不安全的服务和协议。
- 系统应具备对新增漏洞的快速识别能力。

3. 基线检查

经调查，弱口令、主机补丁未修复导致存在高危漏洞，是政府机构、各类企事业单位网络被攻破的重要原因。通过风险管理，可对部分风险进行提前识别和封堵，但无法进行风险的提前预防和管控。在企业设备入网、日常运维、定期检查时进行安全基线配置检查，可有效地提升企业整网的基础网络安全水平。基线配置检查包括对主机、网络设备、数据库、应用系统等的密码策略、账号权限、访问控制、入侵防范、补丁策略等进行全面合规检查。

该子指标包含如下要求。

- 系统应对不同种类的资产提供基线检查，具备对操作系统、网络设备、数据库、Web应用、虚拟化平台等多种对象的安全基线检查的能力，并提供加固建议。
- 系统的基线检查应具备完善的检查项，如覆盖弱口令、密码策略、账号权限、访问控制、入侵防范、补丁策略、安全审计等多种能力。
- 系统应对不符合基线的配置提供解析和建议。

4. 身份管理

随着凭据冒用、未授权访问、越权访问等攻击事件数量的逐年上升，身份管理作为企业网络安全防御的一个重要环节，越来越受到重视。身份管理包含认证和授权等，企业所有的设备、网络、业务系统等都应具备完善的认证和授权功能，并坚持最小授权原则，统一管理，需要对凭据的持有者进行管理，防止凭据的冒用。完整的安全系统需提供完善的身份管理功能，可辅助企业建立统一的身份管理机制。

该子指标包含如下要求。
- 系统能够提供身份认证管理功能，实现对账号的统一管理、认证和授权。
- 系统能够对用户行为进行审计。
- 系统可对接入设备进行准入控制。

4.4.4　检测与响应的能力要求

1. 异常和威胁检测

随着网络攻击的成本越来越低，经济利益驱动的网络攻击愈加泛滥，高级威胁的攻击隐蔽性更强，国家黑客和黑客组织的活动更加频繁，安全系统的核心能力——检测与响应能力成为评估安全系统安全能力的关键指标。Check Point公司年报指出，76%的企业遭遇过钓鱼攻击，40%的企业感染过挖矿木马，49%的企业遭受过DDoS攻击。另据赛门铁克公司年报，网络中1/13的Web访问是恶意访问，挖矿木马近年来更是呈现数十倍的增长，IoT（Internet of Things，物联网）入侵攻击也呈现近十倍的增长。

该子指标包含如下要求。
- 系统应能够广泛采集各种形式的信息作为检测的素材，例如网络流量、日志、告警等。
- 应具备对整网安全威胁进行检测的能力，尤其是内网中、子网内部、主机内部。

- 系统应具备对各类攻击行为的检测能力，并提供对攻击行为的解释说明、取证、处置建议等信息。
- 系统应具备对异常行为的检测能力，如非法外联、账号异常登录、用户异常操作等。
- 系统应具备对未知威胁的检出能力，如新型恶意文件、0Day漏洞、未公开细节的NDay漏洞等。

2. 威胁响应

据思科公司《2018亚太地区国家安全能力基准研究报告》中对中国企业网络安全防御现状的调查，在企业网络安全设备产生的告警中，只有38%的告警会被分析（澳大利亚为72%），其中只有23%的告警是合理的（澳大利亚为65%），被修复的合理告警为43%（澳大利亚为53%）。CrowdStrike公司2021年年报指出：威胁行为者从最初访问权限转移到横向移动所需的平均时间为1小时32分钟，与2020年相比减少了67%，并且在36%的网络攻击中，攻击者在30分钟内就实现了横向移动。

不仅恶意软件正通过不断积累且无人注意的日志进行隐藏，而且大量宝贵的工作时间被用在根本无须处理的日志上。攻击者入侵效率的大幅提升，导致企业响应滞后。无法及时阻断攻击、避免损失，成为企业的共同痛点。因此，安全系统对入侵行为的准确识别和自动化处置能力（如攻击报文自动丢弃、攻击源IP阻断、蠕虫流量特征自动提取并阻断传播、受害主机自动隔离等）是其核心竞争力的重要体现。企业依靠安全系统实现对安全威胁的自动化处置，将极大地提升企业安全响应效率，减少人力投入，达成企业网络安全建设的目标。

该子指标包含如下要求。

- 系统应针对不同的攻击采取合适的响应动作，阻止攻击行为。
- 系统可对高危攻击行为如主机失陷等提供邮件、短信等方式的主动告警。
- 系统可对攻击者进行封禁。
- 系统可对失陷主机、受感染网段进行隔离。
- 系统应具备自定义处置规则（如SOAR）的能力，可通过自定义规则联动各安全部件或网络设备实现告警闭环处置。
- 系统应具备对中高危风险威胁的快速响应能力。

3．威胁情报

根据Gartner的定义，威胁情报是基于证据的知识，包括场景、机制、指标、含义和可操作的建议。这些知识与现存的或即将出现的、针对资产的威胁或危险相关，可为主体响应相关威胁或危险提供决策信息。系统应主动将威胁情报与防火墙、IPS/IDS、SIEM系统等结合，实现对威胁情报的深度挖掘和高效利用。威胁告警反哺威胁情报系统，基于ART（Accuracy，Relevance，Timeliness，准确性、相关性与时效性）原则生成对企业有用的情报，实现威胁情报落地。将威胁情报纳入安全系统安全能力指标，符合企业防御体系建设的预期，也将成为未来安全系统的重要竞争力。

该子指标包含如下要求。

- 威胁情报应具备Hash、IP地址、域名、网络或主机特征、攻击工具、TTP等多种数据类型。
- 系统应将威胁情报集成至威胁检测、取证、分析、溯源等环节中，增强系统的整体安全能力。
- 系统应具备情报生产能力，可持续跟踪分析APT攻击组织、0Day漏洞、新型攻击手段等，并尽可能从丰富的渠道获取情报信息。

4.4.5　分析溯源的能力要求

1．攻击溯源

攻击者完成攻击行为后，通常会彻底清理自己的入侵痕迹，甚至以病毒等手段（如勒索病毒）掩盖痕迹。当攻击威胁已发生，依据系统的告警日志实现关联分析、提取入侵痕迹、判断攻击入口点、摸清攻击影响范围、绘制完整的攻击链，从而更快地修复漏洞，恢复生产，提升企业整体安全能力，并为司法机关提供数字证据，是安全系统安全能力的指标，也是企业迫切需要增强的一项安全能力。

安全系统通过对各类日志数据的综合分析，可完整还原攻击者的入侵阶段和攻击技术，并与企业资产进行关联，帮助企业进行快速攻击溯源，识别攻击影响范围，定位企业防御的薄弱点。攻击溯源结果应可解释、易理解、范围清晰。

该子指标包含如下要求。

- 系统对所有网络流量的内容、发生时间、发生设备等信息应有不可篡改的取证能力，并且保存时长应符合要求。
- 系统对所有设备（服务器、网络设备、安全设备等）应有详细的系统事件、应用事件、安全事件等日志记录。日志记录需保存在独立服务器中，应尽可能保证日志上送的实时性，并且确保日志保存时长符合要求。
- 系统对事件有综合分析能力，可结合WAF、EDR、蜜罐、沙箱、威胁情报、态势感知、日志系统等还原完整的攻击路径，包括各攻击阶段、利用的漏洞、受损资产、影响范围等。
- 系统应将攻击信息及时共享，与威胁情报、态势感知、资产管理等进行信息同步。

2. 攻击者溯源

攻击者的溯源，如APT组织定位、攻击者定位等，可以帮助企业快速部署针对性的防御手段，同时也能震慑其他攻击者。对攻击者的有效溯源信息可以作为司法证据，为后续的起诉提供帮助。

该子指标包含如下要求。

- 系统应能基于多个元素进行攻击者身份标识提取，包括但不限于蜜罐提供的信息、攻击者发送/使用的病毒/脚本、攻击者发送的邮件、其他设备提取的攻击者信息（如Request、Response、Head、外连域名）等。
- 系统应能通过获取到的攻击者身份标识进行攻击者画像（如通过社工库、搜索引擎、社交平台、支付宝、微信等）。
- 系统应存储知名APT组织身份标识信息，并具备对APT组织的识别和画像能力。

4.4.6　附加项的能力要求

1. 自身安全性

2016年，影子经纪人曝光了方程式黑客组织利用的工具，其中涉及思科、瞻博网络、防特网等厂商的众多防火墙和路由器的漏洞。近年来，涉及防火墙、VPN网关、边界网关等设备的漏洞被频繁曝出，安全防御设备反而成了突破企业防护的入口。这提醒我们，安全系统各部件的抗攻击能力、故障恢复能力、基础安全能力、持续运行能力等，是评估过程中必须考虑的指标项，是对企业进行24×7×365安全防护的重要保障。

安全系统各部件的开发过程应严格遵守安全开发生命周期管理机制，在开发的所有阶段引入安全和隐私的原则。开发团队的所有成员都必须接受适当的安全培训，了解相关的安全知识，确保系统具备较强的抗攻击能力和故障自恢复能力。应定期对安全系统各部件进行自身安全性评估，防止存在可被攻击者利用的漏洞和薄弱点。

该子指标包含如下要求。

- 安全系统及各部件发布时不存在可被利用的已知安全漏洞，如Web漏洞、系统漏洞等。
- 安全系统部署落地后不存在弱口令、默认口令。
- 安全系统可检测并阻断针对其自身的攻击行为。
- 安全系统各管理部件之间的通信不会被劫持、窃密，可抵御伪造攻击。
- 安全系统受攻击导致业务停止或异常断电重启后具备自恢复能力。

2. 操作友好性

Gartner在2020年的调查中发现，78%的首席信息安全官在其网络安全厂商组合中获得的工具达到16个以上，12%达到46个以上。企业网络中众多的安全产品增加了复杂性、集成成本和人员需求。

据专业机构预测，我国网络安全人才缺口高达50万～100万人，尤其是实战型、实用型人才非常急缺。安全系统要为企业降低安全防御入门门槛，在企业现有人力成本不变的情况下，通过对安全系统的合理有效利用，显著提升企业的整体网络安全水平。为了将安全系统有效地融入企业的安全防御建设体系，并纳入员工工作流程中，安全系统需要具备较高的成熟度和操作友好性。

该子指标包含如下要求。

- 安全系统提供最佳部署实践，各部件易于安装部署。
- 安全系统提供最佳配置实践，指导用户进行典型安全配置、功能设置。
- 安全系统提供统一的威胁感知、跟踪、态势感知平台。
- 安全系统功能设置、界面显示、结果呈现等功能设计友好、操作简单。

|4.5   评估方法与评估过程指导|

确定了安全能力模型以后，就可以依据安全能力模型，从资产管理、防御与加固、检测与响应、分析溯源、附加项5个维度对系统安全能力作综合评估。通过对各评估项进行细化并形成评估测试指导，以用例测试与对抗性测试为评估手段，可以实现对安全系统主被动安全能力、异常事件的响应处置、分析和溯源、运维自动化等能力的评估。

4.5.1   评估方法

安全评估的基本思路是针对安全能力模型的各个能力要求，设定相应的防御力评估项，通过评估获取单个能力指标的评估结果，然后结合特定场景要求，以加权求和的方式得出系统特定防御力指标评估结果。评估结果从5个维度体现系统的安全能力。

1.   评估方法的逻辑思路

从用户和安全需求的视角，可以将安全系统的安全能力归纳为5个指标，并拆解为子指标，再将子指标细化为若干能力要求。接下来将能力要求从技术的视角进一步拆分，设立若干评估项，从多个角度对特定能力要求进行评估。用例则是评估项的实例化。图4-6展示了安全评估方法的推演思路。

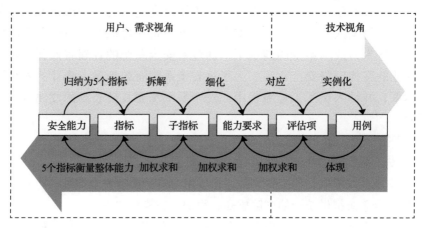

图4-6   安全评估方法的双向逻辑

从指标到子指标、能力要求、评估项乃至用例，这是一个不断分析、细化的过程，分别从用户/需求视角和技术视角对安全能力进行具体化和实例化。如下的反向过程则体现了实施评估的逻辑：

- 从具体的用例和评估项入手，可以评估出系统在特定评估项的量化得分；
- 在单个评估项的基础上，将多个评估项的得分结合一定权重，可以汇总得到相应能力要求的满足度得分；
- 以加权求和的方式将各能力要求项得分汇总起来，得到子指标的得分；
- 进一步还可计算出指标得分；
- 最终以5个指标来衡量系统的安全能力。

2. 评估项的内容

具体来说，一个评估项由以下内容组成。

- 评估动作：规定了执行评估项的具体动作类型，包括检查和测试两种。检查动作是指通过对评估对象的检视、调研、观察、分析等动作来判断系统是否提供相应能力及满足度。测试动作是将一系列用例作用于评估对象，观测和核对评估对象产生的相应输出（报文、网络规则、日志告警等），用于评估系统相应能力的强弱。
- 评估步骤：详细描述如何利用检查动作或测试动作开展评估，介绍进行评估的具体操作步骤，并指导测评者收集用于判定安全能力的相关证据素材（资料内容、系统功能项、系统响应动作等）。
- 判定方法：指导如何利用评估步骤中获得的证据素材计算量化的安全能力。单项的评估能力以0到10分的形式体现，10分为完全满足指标，0分为完全不满足指标。

表4-2展示了资产管理的某个能力要求对应的评估项。

表 4-2 评估项示例

编号	评估动作	评估步骤	项目权重	判定方法
资产管理 - 资产管理 -e-04	检查	检查评估对象是否可将资产安全事件推送给相关人员	根据用户业务现状、评估项内容对业务的影响设置权重	支持信息推送（4分）推送信息中包括完整的分析和建议（4分）可设置推送规则和手段（2分）

用例是对评估项的实例化。对于评估动作为测试的评估项，需要一系列的用例来支撑评估项的执行。用例没有固定的格式，但需要明确用例是否通过的判定依据，并根据用例通过率来确定评估项的得分。测评者可依据本方案，结合系统或特殊场景的实际情况创建用例。

权重体现了一个子指标、能力要求或评估项的重要程度。权重的取值不是固定的，它取决于安全系统的定义、部署的场景、用户的需求等多种因素。其中，子指标、能力要求的权重应根据系统的部署场景、承担的安全责任、用户的规划等因素，从用户及场景的视角来制定。评估项的权重应从基于技术、面向威胁的视角，依据评估项对达成能力指标的效果来设定。

3. 评估的过程

评估的过程可以概括为3个环节：场景分析与前期准备、执行评估、结果分析与报告。图4-7给出了评估系统安全能力的全过程，包括沟通评估目的和范围、确定评估方式、制定评估方案和制作用例、编写评估报告等。

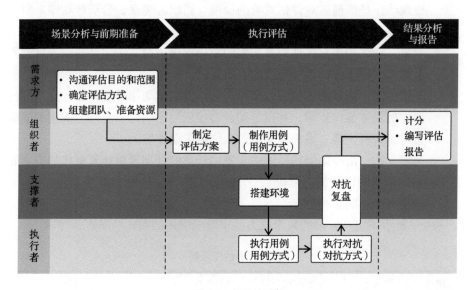

图4-7　评估的过程

4. 评估中的角色

参与评估工作的人员分为4种类型：需求方、组织者、支撑者、执行者。各种角色的定义如表4-3所示。

表 4-3　评估中的角色

角色	角色描述
需求方	• 发起测评的需求方，例如系统的用户 • 负责定义系统需要达成的任务；为评估环境提供资源支持，包括不限于人员、物料、场地、权限；根据评估报告进行业务决策
组织者	• 评估活动的组织协调者 • 负责评估活动的计划、协调，以及报告编制工作
支撑者	• 负责提供系统评估环境及相关材料（用户手册、规格说明等），保证系统有效运行。其中，评估环境中部署了全量的被评估系统，同时应支持评估用例的执行 • 该角色既需要对系统有较为全面的掌握，也需要了解相关测试用例的执行条件。人员包括但不限于系统厂商的技术支持人员、评估场地的环境管理员、熟悉评估用例的人员
执行者	• 负责按照评估项中的要求执行评估 • 评估项目的过程中可通过多种形式组织执行者，例如组建"安全蓝军"或者"红军"团队、组织在线安全众测等

4.5.2　场景分析与前期准备

1. 沟通评估目的和范围

评估活动的组织者应与评估的需求方一同确认评估的目的。

评估的目的可能是发现被测方案的不足之处，以进行针对性的规避、修正或加强；也可能是将不同系统的安全能力进行对比。明确评估的目的，以指导整个测评活动的开展。

评估的需求方定义了系统在网络安全中需要发挥的作用，该定义从需求方的角度描述了系统应该达到的防御效果，用来指导划定评估的范围，结合4.4节中介绍的安全能力模型指标，为被评估系统设立特定的指标。

同一个安全能力指标的重要性在不同的行业、不同实施场景以及不同系统中是不尽相同的。因此，组织者应结合需求方的实际诉求，为选取的每个评估项分配权重。

2. 确定评估方式

根据不同的评估目的，可选择三种评估方式。

（1）用例测试评估方式

在用例测试评估方式中，评估的执行者可以依次执行涉及的评估项，获得每个评估项的评估数据，最终汇总得到整体安全能力情况。

在这种评估方式下，评估的结果只和选取的评估项及用例有关，评估结果具有客观性、全面性，并且可重现。这种评估方式可用于同类型系统之间的安全能力对比，也可作为系统验收的基线。

（2）对抗性测试评估方式

对抗性测试评估方式采用"红蓝对抗"活动展开评估。在红蓝对抗中，蓝军作为攻击者，对系统保护的资产进行网络安全攻击；红军负责使用系统提供的能力进行防守，模拟真实场景中的安全运维人员。红蓝双方都属于执行者的角色，并在组织者的协调下开展对抗。

对抗方式依赖于红军和蓝军的人为操作，因此评估的过程和结果难以重现。此外，红蓝双方受活动特定规则的牵引，容易侧重于特定的防御及攻击思路，难以保证评估的全面性。然而，这种方式引入了防守方与攻击方的主观能动性，在系统的易用性、攻击手段的灵活性上具有突出优势，可以帮助发现顺序执行方式下难以发现的问题，有助于指出系统当前状态的不足，从而进行针对性的规避、补充或加强。

（3）复合评估方式

用例测试评估方式可对安全能力进行较为客观、全面、可重现的评估，但无法生动体现由系统特定弱点造成的后果，难以展现问题的严重性，而且不能通过评估活动向团队传输安全意识。对抗性测试评估方式可为评估活动引入更多人为导致的不确定的威胁因素，可通过仿真的攻防活动审视安全系统在功能、能力以及易用性方面的问题；但是红蓝对抗往往针对系统特定的弱点展开，无法单纯通过红蓝对抗对系统能力进行完整评估。

复合评估方式将两种方式结合起来，通过用例测试评估方式保证评估的全面性，然后通过对抗性测试评估方式使评估贴近真实攻防场景。

3. 团队与资源准备

应结合评估方式组建合适的团队，团队中包括组织者、支撑者和执行者，具体请参见表4-3。

4.5.3 执行评估

由于准备阶段确定的评估方式不同，执行评估的过程也各不相同。

1. 用例测试评估

采用该方法进行测试，需要根据测试对象和测试场景详细设计测试用例。保障用例的广度和深度，才能够对系统进行客观的能力评估。用例测试评估的流程如图4-8所示，具体说明如下。

制定评估方案　　制作用例　　搭建环境　　执行用例

图 4-8　用例测试评估的流程

制定评估方案。制定评估方案的目的是让测试活动能够有效体现系统现状，能够选择更好的测试用例，更好暴露现有安全问题以及潜在的安全机制缺失。制定评估方案的核心在于测评路径的选择，要尽量覆盖系统的所有关键业务流程。

制作用例。依据安全能力指标选择对应评估项，根据评估项的评估要求编写详细的测试用例。测试用例应满足安全能力评估所要求的广度和深度，结合系统面向的用户场景、网络安全攻防演进趋势，针对每个评估项，从不同的维度生成多个测试用例。用例执行过程可复现，测试结果可信。

搭建环境。测试环境由安全系统、测试靶机、执行机组成。根据系统面向的场景及测试用例所需要的环境，建设可满足安全能力评估的测试环境，支撑者要确保系统配置符合用户的真实环境。测试环境的建设应参考系统面向的用户场景，尽量复现用户场景的典型网络配置、主机配置、应用配置等，保障测试环境和测试结果的客观性、普适性。

执行用例。执行者依次执行测试用例，并记录用例执行结果。执行者应详细记录用例的测试环境、测试步骤、测试结果以及结果证明，保证测试过程可追溯、测试结果可复现。执行者在评估之前应与组织者和支撑者充分沟通，确保不因执行者自身技能限制影响测试用例的执行结果。

2. 对抗性测试评估

对抗性测试评估采用"红蓝对抗"活动实现对真实攻防场景下的系统安全能力评估。通过对红蓝双方对抗活动的复盘、总结，实现对系统的防御力评估。对抗性测试评估的流程如图4-9所示。

制定评估方案　搭建环境　执行对抗　对抗复盘

图 4-9　对抗性测试评估的流程

制定评估方案。红蓝对抗是一项需要多方参与的较为复杂的实战性评估活动，需要根据安全系统实现的安全能力和评估的目标拟定详细的对抗评估方案。该方案应包括设定评估目标、成立对抗团队、部署对抗环境、明确对抗流程等内容，以实现对评估活动的指导。

搭建环境。根据对抗方案，结合评估目标，部署可开展真实攻防对抗的测试环境。测试环境由安全系统、靶机区、攻击区、维护区等组成。攻击方由攻击区接入测试环境，根据对抗方案，发起网络攻击。防守方由维护区接入，利用安全系统对靶机区进行整体安全加固，识别攻击行为并进行分析和响应。对抗测试环境的设计、部署应紧密结合安全系统及其对应的用户场景，在对用户场景充分调研的基础上进行网络、主机、应用等的配置，实现对用户场景的整网模拟。为尽可能全面地实现对安全系统安全能力的评估，靶机区可预置部分薄弱点，如存在漏洞的应用、弱口令的主机、非严格隔离的网络等，但要保障测试环境的完整性，可支撑对抗活动的持续开展。

执行对抗。在对抗期间，攻击方结合业界先进攻击技术，使用多手段、多路径对靶机区展开攻击，并绕过安全系统的检测，达成设计的各阶段目标。防守方提前利用安全系统提供的安全能力对靶机区进行安全加固，并在对抗期间对攻击方的各类攻击行为进行检测、分析、响应、溯源等，阻止攻击方的阶段目标达成。在对抗期间，不应限制攻击方的攻击手段，鼓励常规攻击、APT攻击等多种手段并用。防守方应完全依靠安全系统自身能力进行检测分析，不使用方案范围外的工具，客观展示系统真实的安全能力。

对抗复盘。对抗结束后，对抗双方根据各阶段目标的达成情况、攻击方攻击过程及成果、防守方防御过程及成果进行详细复盘总结，细化形成测试用例，并对应到安全能力模型，识别各项能力指标的测试深度和测试结果。复盘总结应围绕安全能力模型的各项能力指标进行详细分析，充分识别各指标的达成情况。

3. 复合评估

复合评估即结合以上两种评估方式开展评估，可先执行用例测试评估，再执行对抗性测试评估，也可以调整两者执行的顺序。通过复合评估，既能实现对各指标项的全面评估，也可通过对抗测试增加测试深度。

复合评估的流程如图4-10所示。

图 4-10　复合评估的流程

制定评估方案。 在执行之前，应结合用例测试评估和对抗性测试评估的流程拟定详细的复合评估方案。方案应包括两种评估方式的详细执行流程，以及两种评估方式的融合方法。例如，可以将红蓝对抗中产生的攻击和防御动作作为新的用例，补充到最终的安全能力计算结果中。

制作用例。 在编写用例时，可重点考虑对抗性测试无法覆盖的评估项。

搭建环境。 复合评估的环境需要兼顾两种评估方式，实现环境复用，同时保障在测试过程中不会影响测试结果。

执行用例。 参考用例测试评估部分的指导，执行测试用例。

执行对抗。 参考对抗性测试评估部分的指导，执行对抗过程。

对抗复盘。 在复盘时，要根据复合评估方案设计的权重比，为不同评估方式下的用例权重赋值。

4.5.4　结果分析与报告

1. 计分方法

在评估项的执行过程中，已经可以得到每个评估项的得分。如下公式示出了如何用评估项得分计算安全能力指标得分。

$$能力要求得分 = \sum 评估项得分 \times 评估项权重$$

$$子指标项得分 = \sum 能力要求得分 \times 能力要求权重$$

$$安全能力得分 = \sum 子指标项得分 \times 子指标项权重$$

如果在执行评估的阶段使用了对抗性测试评估方式，则应该在复盘总结阶段综合考虑蓝军的渗透、扩散、窃取等各种攻击动作，以及红军使用系统进行的识别、加固、检测等防御动作，作为用例纳入本方案提供的评估项中，然后使用上述方法进行计分。

2. 评估报告编制

结合评估方案、评估过程、评估结果、计分、安全防御薄弱点编写详细报告，客观描述当前系统的防御力水平及不足之处。

|4.6 华为韧性架构评估结果|

安全评估的对象除了具体的业务系统，还应该包括能力架构。在具体项目实施之前对架构的安全能力进行评估，好比在建筑、桥梁开工建设之前对设计的抗震、承重能力进行评估一样，更有价值。对韧性架构的评估，可以较为真实地反映安全方案设计中具备的风险承受等级，便于用户有针对性地选择与其安全目标一致的建设方案。

4.6.1 安全评估对象

图4-11给出了一个可于市场上获得的、部署了常见安全能力和对应产品的韧性架构。

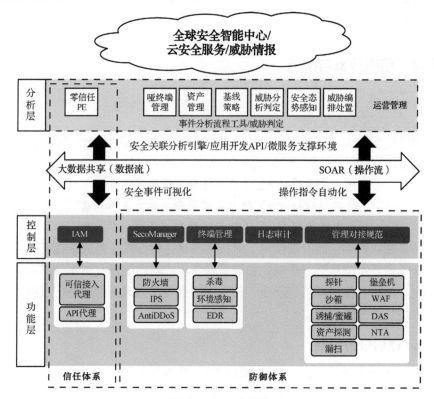

图 4-11 华为韧性架构

针对此韧性架构，我们通过分析静态基线能力，从应对不同等级的安全攻击威胁角度，对理论上能够达到的安全等级进行测量和评估。

4.6.2　网络安全威胁防护能力

对应系统面临的主要威胁等级，基于韧性架构所构建的安全解决方案具有完备的对抗高级安全威胁的各项能力，能够有效应对常规安全威胁、特征未知的勒索软件和各种病毒、设备后门、0Day漏洞利用、基于账号和权限窃取的攻击等不同等级的安全攻击威胁。

对韧性架构可以达到安全防御等级的原因说明如下。

1.　常规威胁防御能力

常规威胁的特点是以单项攻击为主，可以通过单项安全能力进行有效防御。由于韧性架构可以看作等保安全方案的超集，韧性架构中包含了超过等保安全基线能力要求的安全能力和功能。因此，韧性架构可以凭借其中齐备的安全能力，确定性地对抗上述常规威胁。

2.　勒索软件防御能力

既然等保三级中已经要求具备检测未知威胁的能力，为什么还是不能对抗勒索软件？其实这并不是等保规范的问题，而是用户在建设系统的时候错误使用了等保规范。

现代的攻防对抗实际上都是围绕业务功能的流程化对抗。例如勒索软件实际上就是包括扫描探测、确定渗透对象、快速横向扩散、加密勒索等一系列流程化的自动攻击动作。也就是说，勒索软件虽然是未知威胁，但又不只是未知威胁，而是一个综合性的自动化、流程化的攻击工具。等保的安全能力基线，原本是用以对一个已经建成的安全防御体系进行能力评价，而并没有定义流程化的安全保障过程。现在很多单位只会照搬等保基线能力，最后建成的就是不具备流程化防护能力、只具备静态安全能力的方案。虽然该方案的未知威胁检测静态安全能力是齐备的，但是在面对勒索软件这种能够协同使用多种攻击手段的流程化自动攻击时，就会失去防护能力。

常见的勒索软件攻击手段包括：

- 基于U盘、文件、邮件的勒索软件等渗透；

- 使用开放合法网络服务的未知病毒的内、外网络扩散；
- 基于带毒设备的渗透；
- 在部署安全方案之前就已经长期潜伏。

针对上述问题，韧性架构除了针对勒索软件，补充了基于行为的未知威胁检测沙箱、未知网络威胁流量分析系统、微分段等有针对性的静态安全能力，还通过运营体系中的IPDRR流程，对勒索软件形成流程化的防护过程，因而可以有效应对勒索软件级别的特征未知的自动化攻击程序。

3. 0Day 漏洞攻击防御

0Day漏洞利用攻击以及设备后门威胁的特点是，不但攻击特征未知，而且被攻击方无法基于攻击的行为模式对攻击进行检测。针对此种威胁，韧性架构中提供了针对资产类型的异常行为检测技术。一旦设备上的0Day漏洞被利用，攻击者利用入侵的设备开展攻击活动，韧性架构就可以基于异常行为检测技术发现失陷资产的网络行为与正常状态不一致，从而识别遭到攻击的失陷资产。

4. 账号窃取威胁防御

针对账号失窃、设备仿冒可能带来的风险，韧性架构具备严格的零信任用户行为可信验证机制，以及网络防御性信息欺骗技术。一方面严格管束系统内的所有合法行为，另一方面通过构造虚假系统，引导具有攻击意图的攻击者向虚假资源发动攻击，从而在破坏发生之前暴露攻击意图。通过信任体系、防御体系两个维度安全能力的协同使用，可以实现对账号窃取类攻击的有效防护。

4.6.3 设备的内生安全防护

近年来，在攻防演练中暴露0Day漏洞最多的是安全产品。由于安全产品自身的重要性，其易于遭到供应链攻击以及0Day漏洞利用的威胁。安全产品自身的漏洞已经严重影响到业务系统的安全。

产品自身的可信与安全是"冰山"之下的投入，并不能在市场层面产生用户可见的功能性价值，因此常常被安全厂商忽视。设备自身的可信和安全是安全体系的基础和底线，如果连安全产品自身的安全性都无法保证，对关键业务系统的安全保障就更无从谈起。

为了应对日益严重的供应链攻击和硬件级后门等威胁，华为启动了全公司的产品可信变革。华为公司承诺，将公司对网络和业务安全保障的责任置于公司的商业利益之上："将构筑并全面实施端到端的全球网络安全保障体系作为公司的重要发展战略之一……与有关政府、客户及行业伙伴以开放和透明的方式，共同应对安全方面的挑战……"

对应上述要求，华为公司从2018年起，开始制订可信计划，持续构建产品安全可信能力，保证产品有能力对抗供应链攻击、0Day漏洞利用等硬件级后门与同源漏洞的攻击威胁，切实帮助用户守住安全底线。

华为安全产品自身的内生可信技术架构如图4-12所示。

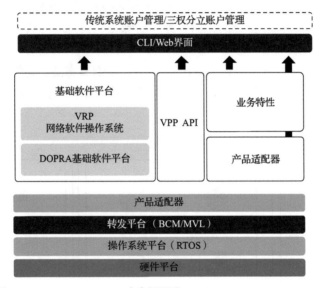

注：CLI 为 Command Line Interface，命令行界面；
　　RTOS 为 Real Time Operating System，实时操作系统。

图4-12　华为安全产品的内生可信技术架构

华为产品内生可信的目标，并非杜绝在华为产品中存在的漏洞，那是不现实的。华为通过可信开发，包括工具链自主、开源软件管理、Clean Code 编码规范的使用等措施，致力于保证自身产品的动态安全与可信。何为动态安全与可信？假设华为投入10万人月开发了一个产品版本，该版本的生命周期是6个月，这个版本还是有可能存在漏洞的。但是，若攻击者要想找到版本中可利用的漏洞，需要耗费不低于10万人月的经济成本，以及耗费6个月以上的时间，那么，华为就能够确保此版本是安全可信的。因为在攻击者找到漏洞之前，对应的版本已经被更新了。在攻击者面前，华为的产品版本更新总可以更快一步，持续保证产品对攻击者来说是无安全漏洞的。

4.6.4 有效应对BCM风险

华为是国内产业界中较早意识到BCM重要性的机构。从2000年开始，华为就已经逐渐开始对芯片应用的研究。到目前为止，ICT产品（包括安全产品）的相关核心技术，已经实现从硬件到软件平台，再到产品的自主可控，可以帮助客户应对业务连续性风险。

经过对用户的现网排查，我们发现，对于邮件网关、负载均衡设备、IPS、大数据平台等基础性安全产品，国内外厂商都存在设备不可获得、服务不可使用等的BCM风险。

要想帮助用户解决安全领域的BCM风险，就需要在基础硬件平台、系统软件平台、整机设备三个层面都做到自主可控。华为安全产品已实现全栈自主可控，如图4-13所示。

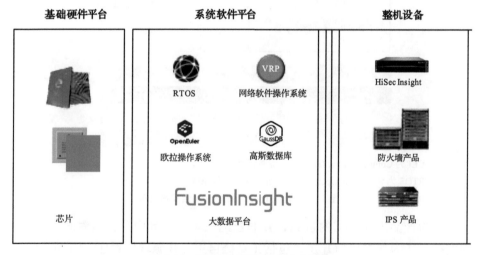

图 4-13　华为安全产品的全栈自主可控

4.6.5 韧性架构的安全强度

韧性架构的"内生可信、威胁防御、运营管理"三个体系中的主要安全功能建设完成后，预计能够从三个维度，对离散型攻击、利益驱动的攻击提供确定性的对抗与有效防护。

韧性架构的整体安全防护等级，处于"间谍或政治活动"和"危害国家安全"威胁等级之间。当韧性架构遭到国家级网络攻击时，安全架构可以提供尽力而为的防护，但从安全机制上，无法对国家级网络攻击做到可靠防护。

基于通用的韧性架构设计的安全强度，已经可以应对一个企业和机构所面临的最主要的安全风险，即以勒索软件为下限、BCM风险为上限的利益驱动的攻击风险。

不同种类的安全防御能力所能达到的安全防护等级如图4-14所示。

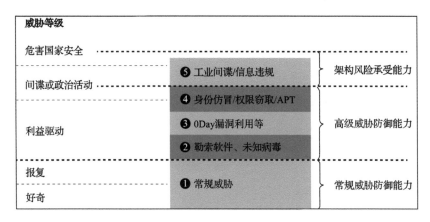

图 4-14　安全能力与安全防护等级

要想基于韧性架构，确定性对抗国家级网络攻击，需要对被保护的关键基础设施的业务行为进行分析，增加内生可信和运营管理这两个维度的安全技术投入。首先建立严格的业务行为确定性模型，再通过三个维度对系统的确定性行为基线进行保障。

第5章 安全之用：韧性技术体系的应用

本章主要介绍韧性架构如何适配不同的业务场景，从而获得应用、产生价值。

本章从上一章的安全之术进入安全之用。所谓"用"，就是通过对"道"的使用来解决问题。本章介绍如何把前4章所建立的安全体系结构应用于不同的场景，以满足用户具体的安全需求，从而实现安全理论与体系结构"起于用，归于道，还于用"的闭环。

安全体系结构的建立，是一个从现象到本质、化繁为简的过程，而要把安全体系结构推广到各场景当中解决安全问题，就要基于不同场景，演化出具体的安全解决方案，是一个衍化至繁的过程。

本章站在安全方法论和体系结构的角度来看待安全解决方案，目标是完成从安全体系结构向安全解决方案的推导，验证安全体系的效果和价值。对于安全解决方案本身的方法论指导、设计原则、设计方法、竞争力建设和产业应用案例，可参考其他专业图书。

| 5.1 安全体系结构与安全解决方案 |

5.1.1 安全体系结构与安全解决方案之间的区别

安全体系结构与安全解决方案是一体的。按照《安全体系结构的设计、部署与操作》一书中的定义，"安全体系结构是一种由安全技术及其配置所构成的安全性集中解决方案"，两者在概念上似乎是相同的。实际上，安全体系结构是构造安全解决方案的"解决方案"，可以用于指导安全解决方案的设计，但本身并不解决具体的安全问题。

安全体系结构是由安全问题的本质和安全的第一性原理所驱动的，因此安全体系结构没有特定的问题和场景属性；而安全解决方案的目标是解决具体的安全问题，它本身是由特定场景下的安全问题所驱动的，因此必然会带有具体的问题与场景属性，脱离了具体的问题场景，就不可能有解决方案。这也是安全体系结构与安全解决方案的最大区别。

华为韧性架构及对应安全解决方案的目标，就是通过极简、明确的系统行为确定性保障来对抗极端的风险不确定性，从而保证系统的核心功能始终处于可预期、可验证的安全状态。

5.1.2 安全解决方案的类别

根据针对的问题不同，解决方案可以分为技术性安全解决方案架构与场景化安全解决方案两种。如果解决方案所针对的问题以技术属性为主，而没有特定的业务场景限制，比如根据被保护对象的不同，安全问题可分为网络安全问题、数据安全问题、供应链安全问题等，那么针对这些技术问题，以安全体系结构为指导，就可以设计出通用的网络安全、数据安全、供应链安全等对应的安全解决方案架构。如果解决方案所针对的问题以业务场景为主，比如要求在办公网、工业控制网、物联网等场景下，来解决网络安全问题、数据安全问题、供应链安全问题中的某一个或者某几个问题，那就需要分别设计出办公网安全解决方案、工业控制网安全解决方案、物联网安全解决方案、办公网数据安全解决方案等不同的场景化安全解决方案。同样，如果场景针对的是不同的行业，比如政务、电力、运营商等，那么输出的解决方案就是对应不同行业的行业场景化安全解决方案。

拿建化工厂来打个比方。安全体系结构就好比元素周期表和元素活跃性次序表，其本身并不能生产化学品。在约100年前，人们需要解决如何低成本生产纯碱这个问题。对此，我国化学家侯德榜研究出了$NaCl+H_2O+NH_3+CO_2=NaHCO_3\downarrow+NH_4Cl$这个方程式，总结出了"侯德榜制碱法"，这个方程式就好比解决方案架构。最后，世界各地都建立了化工厂，使用不同的工艺并按照这个方程式生产出了纯碱，这就相当于建立各自的解决方案来解决制造纯碱的具体问题。很显然，在讨论问题的时候，不能把化工厂与化学方程式混为一谈。

虽然解决方案的目标是解决具体问题，但是解决方案不能仅仅局限在看得见的问题，而应当基于特定的安全理论与体系结构，针对具体问题场景，给出符合架构要求的方案，安全体系结构才是安全解决方案的"根"。

| 5.2 安全解决方案架构的演进 |

安全解决方案架构是针对具体保护对象而不带有行业场景属性的通用解决

方案。基于所依赖的安全体系结构对应的安全方法论，以及不同的安全竞争力建设依据，可以划分出不同的代际。

华为通用的安全解决方案对外称为HiSec安全解决方案，迄今为止遵循不同的安全方法论和安全体系结构，经过4代的发展，从HiSec 1.0发展到了HiSec 4.0。

下面简要回顾一下华为HiSec不同版本的安全解决方案架构所对应的安全体系结构，以及不同版本解决方案的技术特点。

5.2.1 HiSec 1.0：端到端安全

HiSec 1.0安全解决方案架构以纵深防御为解决方案架构的设计指导，以木桶原理为竞争力建设依据。在HiSec 1.0阶段，首先完成端到端的用户业务对安全能力齐备度的要求，如图5-1所示。通过HiSec 1.0，可以向用户提供较为完善的安全能力，满足用户建设等保合规安全方案的要求。方案中所具备的各项安全能力，可以满足有效对抗各种安全威胁的单项能力要求。

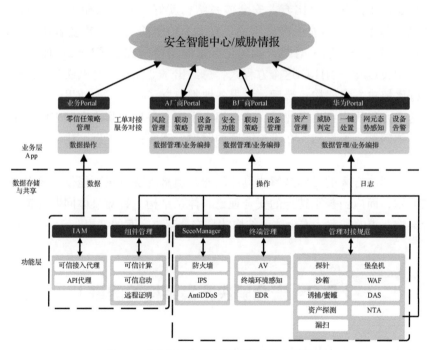

图 5-1　安全解决方案可以提供齐备的安全能力

5.2.2 HiSec 2.0：协同化安全

HiSec 2.0安全解决方案架构，依然以纵深防御为解决方案架构的设计指导，以PPDR动态安全模型为安全竞争力建设依据。在HiSec 2.0阶段，基于HiSec 1.0中较为齐备的安全能力和安全产品，针对当时的解决方案只具备安全能力的静态组合，难以有效应对动态威胁的问题，推动解决方案架构内不同功能部件之间的接口开放、协同联动，以满足现代化攻防对抗中对流程化威胁的对抗要求，如图5-2所示。HiSec 2.0能够有效应对勒索软件等可同时使用多种攻击技术的综合性、自动化、流程化的攻击工具。

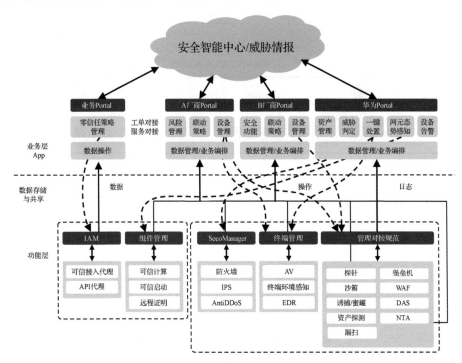

图 5-2 主要安全部件之间可以实现协同联动

通过让HiSec安全解决方案架构中的关键产品都支持NETCONF/ RESTCONF北向接口规范，让所有安全设备都支持远程调用与集中配置管理，解决方案架构具备了动态、协同的纵深防御能力。HiSec 2.0可以基于预设的安全策略，在不同的安全功能之间实现协同联动，从而使得解决方案初步具备了自适应的安全能力，可以根据外部威胁的实际情况实现动态安全保障。

5.2.3　HiSec 3.0：平台化安全

HiSec 3.0安全解决方案架构开始转变为以韧性架构作为解决方案架构的设计指导，以平台化作为安全竞争力的建设依据，首次从"内生可信、威胁防御、运营管理"三个维度，重构了HiSec安全解决方案架构中的各项安全技术，重新识别了安全竞争力建设方向，重新定义了"可信计算、内生安全、身份认证、零信任、风险管理"等安全功能在安全体系中的定位与用途；重点规划了"安全能力平台、安全服务化平台"两层平台产品，定义了"数据总线、操作总线"两套平台化的数据共享与SOAR机制，具体如图5-3中粗线框所示。

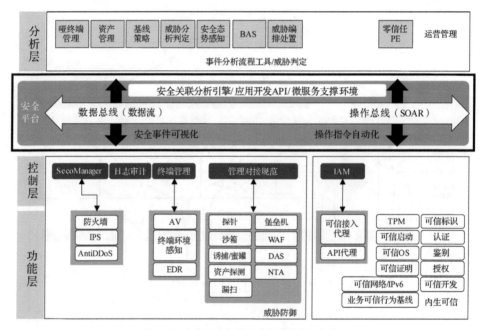

图5-3　安全解决方案实现安全功能平台化

通过上述改造，HiSec 3.0安全解决方案架构初步具备了复杂安全应用场景所需要的平台化能力，为安全解决方案自身的安全保障，以及安全解决方案功能的向前演进，提供了技术基础。

5.2.4　HiSec 4.0：自动化安全

HiSec 4.0安全解决方案架构以HiSec 3.0为基础，同样以韧性架构作为解决方案架构的设计指导，以OODA循环中的"谁更快，谁获胜"的理论作为安全竞争力的建设依据。

在HiSec 3.0安全平台化方案的基础之上，基于平台所提供的"数据共享，SOAR"接口，通过AI算法建立自动化威胁判定与处置等安全自动化运营机制（如图5-4所示），提高了安全解决方案的自动化水平，以及对解决方案内海量安全数据的利用效率和威胁识别准确率，降低了安全管理员在安全运维、运营中的技术难度和工作强度，提升了安全解决方案的安全防护等级。

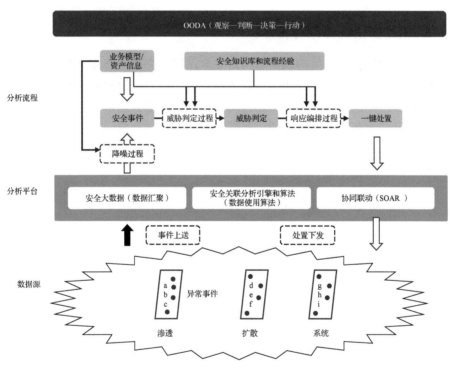

图5-4 基于平台化安全解决方案实现自动化威胁判定与处置

从HiSec 4.0起，安全解决方案的建设重点已经从安全防御、内生安全能力的建设，转向有效利用架构中的数据和各项安全能力，实现在自动化运营管理体系内，对安全运维、运营活动的策略、知识、经验、流程，以及各项自动化安全能力的长期积累。

| 5.3 技术性安全解决方案架构 |

下面以通用的网络安全、数据安全、供应链安全解决方案架构为例，说明基于韧性技术体系，如何针对不同的保护对象建立对应的安全解决方案架构。

5.3.1 网络安全解决方案架构

1. 网络安全目标与功能要求

网络安全解决方案架构以实现网络安全保障、提供网络安全功能为目标。需要同时满足网络安全设备和业务系统自身的安全，以及建立安全可信的网络环境，在各种外部、内部威胁下，对网络环境中的业务提供韧性保障，即在风险条件下保证业务行为的确定性，保证关键业务在极端风险条件下依然能够以可预期的状态运行，确保系统安全底线，避免安全威胁给系统造成不可接受的安全损失。

2. 网络安全与韧性三维度的对应

网络安全解决方案架构包括"内生可信、威胁防御、运营管理"三个安全技术维度，并覆盖了每个维度中主要的安全能力需求。

内生可信维度：基于华为的网络设备与安全设备的内生安全能力，可以保证网络与安全基础设施自身的设施可信，使得设施内部没有可以被低成本利用的安全漏洞，以及在开发阶段引入的风险；同时需要基于证书等机制，建立身份可信能力，并且在网络边界提供零信任SDP方案，确保有风险的设备和用户不能访问内网。

威胁防御维度：具备等保合规的AntiDDoS、网络访问控制、网络入侵检测等常规安全防御能力；具备未知威胁检测沙箱、未知网络威胁流量分析、启发式诱捕等未知威胁识别能力，同时加强对主动安全能力的使用。

运营管理维度：具备资产管理、BAS攻击模拟、态势感知等功能，具备及时检测系统内的业务异常，并及时告警、纠偏、处置的能力。

3. 网络安全解决方案架构与组成

网络安全解决方案架构中包含了业务韧性保障所需要的主要安全能力，可以同时从"内生可信、威胁防御、运营管理"三个维度为网络系统提供安全保障，请参考图3-35。

4. 网络安全解决方案的功能部署示意

参照等保的典型部署场景，安全功能分布于传输网络、网络边界、可信计算环境、安全管理区这四个区域，对应等保2.0中的"一个中心，三层防护"的要求。

网络安全解决方案架构中所具备的安全能力（如图5-5所示），强于等保2.0中的三级甚至四级的要求，主要安全功能介绍如下。

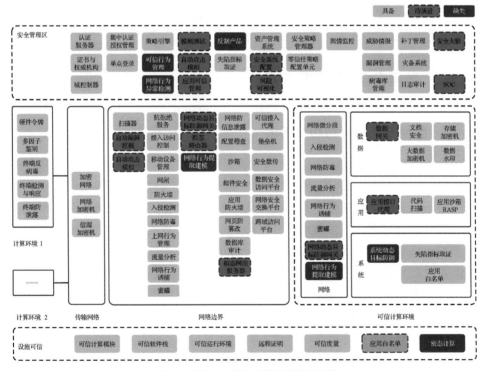

图 5-5　网络安全解决方案功能部署示意

- 内生安全/可信计算覆盖主要网络和安全基础设施，构造了安全底线。对应安全能力在安全测评中可达到等保四级的要求。

- 在传输网络中,部署了可靠的加密和认证手段。
- 在网络边界中,集中部署了传统安全防护功能,沙箱、异常流量检测等未知威胁检测能力,以及启发式诱捕、蜜罐等主动安全功能;在边界通过数传系统、跳板机,实现了有效的通道管控和网络访问控制;部署了零信任SDP功能,有效对抗基于身份冒用和设备篡改的攻击。
- 在可信计算环境中,增加部署了"微分段"等内网安全保障,以及对应的数据安全、应用安全、系统安全技术。内部用户对内部关键业务的访问同样需要通过安全验证和行为检测。
- 在安全管理区中,提供资产管理、态势感知、UEBA(User and Entity Behavior Analytics,用户实体行为分析)、异常行为检测、BAS自动化攻击模拟等满足IPDRR流程的各项安全能力,可以通过韧性运营闭环,快速收敛网络系统中面临的风险,让系统越用越安全,对外部攻击者来说,系统始终处于动态的安全状态。

5.3.2 数据安全解决方案架构

1. 数据安全目标与功能要求

数据安全解决方案架构的目标是能够保证系统内的数据安全,使系统内的关键数据可以避免因为内外安全威胁而发生机密性、完整性、可用性损失。

与一般意义上的理解不同,我们认为不存在单独的数据安全保障技术或者数据安全解决方案。因为数据安全风险是任何攻击威胁都可以产生的后果,而非单独一类威胁或者攻击手段导致的,因此,有效对抗攻击威胁本身就是最重要的数据安全手段,不能只依靠DLP、加密等专业数据安全技术。

在华为的安全解决方案架构中,数据安全解决方案架构是网络安全解决方案的"超集",而非独立于网络安全解决方案架构之外的另一个安全架构。数据安全解决方案架构,是专门考虑了数据安全风险、补充了数据安全技术手段之后的网络安全解决方案架构。

2. 数据安全与韧性三维度的对应

在内生可信维度,除原有网络安全解决方案架构中的安全能力外,补充了数据访问代理，基于零信任框架保护用户对数据的访问。

在威胁防御维度，除原有网络安全解决方案架构中的安全能力外，补充了网络DLP、终端DLP、数据加密等专项数据安全能力。

在运营管理维度，补充了数据安全治理、数据库加密、数据库审计等专项数据安全能力与对应策略。

3. 数据安全解决方案架构与组成

数据安全解决方案架构，是在网络安全解决方案架构的基础上补充了专业的数据安全能力所形成的架构（如图5-6所示）。由于不可能在不考虑网络安全的情况下单独部署数据安全解决方案，因此，网络安全解决方案所具备的攻击防御能力是数据安全保障方案的基础与前提条件。

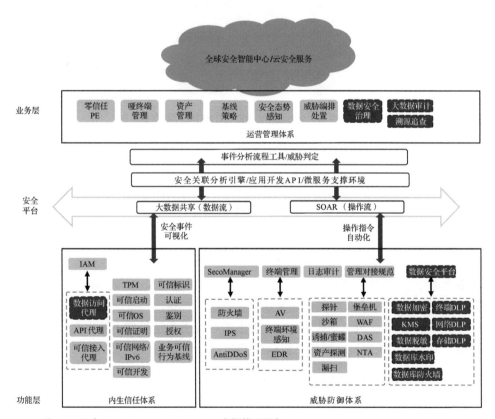

注：KMS 为 Key Management Service，密钥管理服务。

图 5-6　新增的数据安全能力与产品

4. 数据安全解决方案的功能部署示意

内生信任体系、威胁防御体系、运营管理体系中增加的数据安全手段，在实施中部署在对应的区域，以发挥数据安全效果，如图5-7所示。

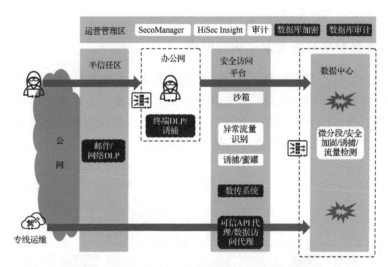

图 5-7 数据安全方案在企业网络环境下的功能部署示意

5.3.3 供应链安全解决方案架构

1. 供应链安全目标与功能要求

供应链安全问题，是指构造系统的关键基础软硬件部件中存在安全漏洞或者恶意后门而引起的严重安全风险。典型案例包括SolarWinds、Apache Log4j、熔断、NIST双椭圆曲线算法漏洞等事件。供应链安全问题难以被常规安全技术所检测和防御，因为供应链攻击的风险引入过程并不发生在系统运行阶段，而是在系统建设之前就已经存在了。

2. 供应链安全与韧性三维度的对应

供应链安全解决方案架构直接对应内生安全能力，也只有通过韧性架构内生可信维度中的内生安全手段，才能解决供应链攻击的问题。

避免遭受供应链攻击的根本途径，就是不使用存在供应链风险的基础软硬件部件，包括开源软件、无法做到自主可控的编译器、版本管理工具等开发工具链等，除此之外，无法不受供应链攻击风险的影响。

3. 供应链安全解决方案的架构与组成

华为的供应链安全解决方案架构对应内生安全技术能力，由7部分的技术功能或者流程化能力组成，如图5-8所示，具体请参见3.6.5节。华为的内生安全解决方案，致力于解决华为产品内"DNA级别"的安全问题。

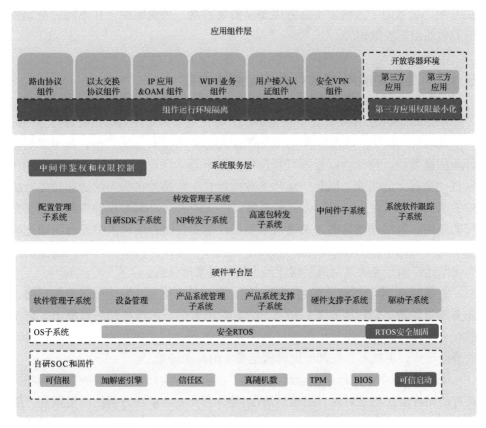

注：OAM 为 Operation，Administration and Maintenance，运行、管理与维护。

图 5-8　华为产品的内生安全技术架构

|5.4 场景化安全解决方案|

场景化安全解决方案是一个或者多个技术性安全解决方案架构在具体场景内的适配与应用。华为的解决方案基于韧性思路，以系统必然被攻破为前提，保证受保护对象在"漏洞开放、威胁存在、防御失效"的极端风险条件下，其核心业务依然能够以可预期的状态运行，守住安全底线，避免发生不可接受的安全灾难。

下面以通用的高端制造/半导体行业安全解决方案、跨网域办公数据安全解决方案、运营商"云网安"服务化安全解决方案，来说明如何在不同业务场景下有效使用韧性架构。

5.4.1 高端制造/半导体行业安全解决方案

华为高端制造/半导体行业安全解决方案，是华为韧性架构在关键行业中的一个成功应用案例。之所以首先讨论高端制造/半导体行业的安全，是考虑到该行业的重要性、特殊性以及不可替代性。以半导体行业为例，芯片被称为现代科技"皇冠上的明珠"以及"现代工业的粮食"。芯片在我国制造业转型升级中的重要性尤其突出，半导体制造在解决供应链风险、BCM风险中具有无法替代的作用。虽然在我国的《关键信息基础设施安全保护条例》中没有明确把高端制造对应的信息化基础设施列入其中，但以半导体为代表的高端制造业的信息化基础设施，无疑是关系到国计民生的关键基础设施。

高端制造/半导体行业的特殊性，造成其风险强度高、安全保障要求严格、业务场景复杂、制约因素多的特点，方案对所有的技术场景几乎都提出了严苛的安全要求。如果能设计出可满足高端制造/半导体行业需求的安全解决方案，放眼全行业，也就不存在其他更难满足要求的行业场景了。

高端制造/半导体行业安全解决方案，是所有行业化安全解决方案的标杆，具有战略价值。与之对应，高端制造/半导体行业安全解决方案的门槛很高，属于高起点、高价值的方案。安全解决方案建成后，只要有效对抗一次高强度的攻击威胁，就可避免成百万乃至上千万的经济损失和巨大的业务损失。一个高端制造/半导体行业安全解决方案所产生的价值，要比几百个合规性安全方案所产生的价值大得多。

1. 高端制造行业的安全目标与价值

以半导体为代表的高端制造行业，其重要地位决定了对应的安全价值。近年来，几乎所有的高强度安全攻击案例都发生在高端制造领域：

- 2010年，"震网"事件对伊朗核电站与核工业造成重大损失；
- 2018年，台积电遭到WannaCry变种病毒攻击，损失在10亿元人民币以上；
- 2020年，晶圆代工龙头企业X-FAB遭受病毒攻击，关闭了在德国、法国、马来西亚和美国的6个晶圆厂；
- 2020年，勒索软件黑客团伙Maze声称已经感染了计算机内存制造商SK hynix、LG电子，可能影响了半导体供应链；
- 2020年，美国半导体制造商 MaxLinear 宣布，其某些计算设备已经感染了Maze勒索病毒；
- 2022年2月23日，勒索组织Lapsus$对英伟达发起网络攻击，窃取了超过1 TB、40万份的数据；
- 2022年3月4日，Lapsus$组织宣布成功入侵三星电子，窃取数据190 GB。

以半导体为代表的高端制造行业因其业务特点，对应的安全解决方案同时包括了IT安全、工业网络安全、物联网安全、网络安全、数据安全、供应链安全等，代表了安全解决方案的最高水平、最严格的要求，以及最复杂的业务场景。

华为以韧性架构为基础的高端制造/半导体行业安全解决方案，自2019年推向市场后，累计在20余家半导体以及其他高端装备生产制造单位得到应用，其中包括国内高端制造行业内的代表性头部企业。仅在半导体领域，已经覆盖了除芯片封测厂以外的全半导体产业链。

近年来，安全解决方案在运行过程中，有效应对了勒索软件变种，工业设备的0Day漏洞利用攻击，攻击者盗取合法身份后的渗透等高强度安全风险，有力保障了高端制造业务在高风险条件下的正常运行，及时消除了重大的损失风险。

2. 高端制造 / 半导体行业的特点

工业互联网是OT（Operational Technology，操作技术）/IT/CT（Communication Technology，通信技术）的融合，工业互联网安全也是OT/

IT/CT安全技术的延伸。工控协议/物联协议，因其封闭性和私有性，威胁暂不流行。由于工业IT聚集重要资源，是各种攻击进入OT的必经之路与最终目标，因此IT系统的高级威胁防御是关键瓶颈。

虽然工业环境下，依然是IT攻击的风险最大，但这并不意味着能在工业环境中照搬成熟的IT系统中纵深防御的思路以及相应的技术。工业互联网中的安全问题，无法通过工业漏扫、工业防火墙、工业威胁情报等现有的互联网与工控安全技术解决，这是由生产网的架构和业务特点所决定的。

越是重要的工业互联网系统，越重视可用性，无法接受安全带来的潜在时延抖动等风险，当前互联网安全方案无法满足要求，原因如下。

- 越关键的工业资产[如光刻机、MES（Manufacturing Execution System，制造执行系统）等]越不敢部署补丁、杀毒软件等侵入式安全技术，因为其上的漏洞必然是开放的，防护手段必然缺失。
- 互联网是基于统一架构的开放系统，威胁情报/威胁知识库全网通用。而工业互联网架构与威胁各不相同，协议封闭，威胁独特，通用的威胁情报基本没有价值。
- 当前互联网安全保障主要靠专家运维，而工业互联网是无人值守的低交互系统，需要基于AI的自动化安全运维能力。

综上所述，工业互联网系统漏洞开放、安全补丁部署受限、威胁情报价值低等特点，使其中存在未知的不确定风险，因此当前互联网与工控安全试图通过消除威胁来实现安全防御的目标很难实现。总之，在工业互联网内不具备构造纵深防御安全体系的条件。

半导体生产网是工业互联网领域的顶端系统，因此工业互联网"业务连续性第一、无法触碰关键系统"的安全特点，在半导体生产网中得到极致体现。

图5-9给出了一个经过抽象的半导体制造工厂与ISA-95分层模型的映射示意图[ISA-95为企业系统与控制系统集成国际标准，由ISA（Instrumentation，Systems，and Automation Society，仪表、系统和自动化协会）发布]。半导体制造工厂包括办公IT、生产管理区、FAB生产制造、厂控区等区域，其中厂控区主要是OT网络，不是用户关注的安全重点。

用户最关注的是生产管理层以及FAB区域的安全，因为一旦开始提供生产业务，就不能中断，一旦业务因为各种原因发生中断，就意味着巨额损失。半导体生产业务的特点就是高科技、高价值、高度自动化。以某芯片厂为例，如果发生异常造成业务中断，每条生产线每小时的经济损失在600万元人民币左右。在FAB区域以及生产管理层内，虽然都是IT化的设备，但是无论是机台、EAP（Extensible Authentication Protocol，可扩展认证协议）服务器，还是MES服务器，都是完全不能触碰的。工艺流程中充满复杂的约束条件，甚至连IP地址都无法修改，更不要说安装安全插件、打补丁、串接防火墙了。这是因为用户无法接受对系统进行侵入式安全防护所带来的重启、时延抖动等风险。

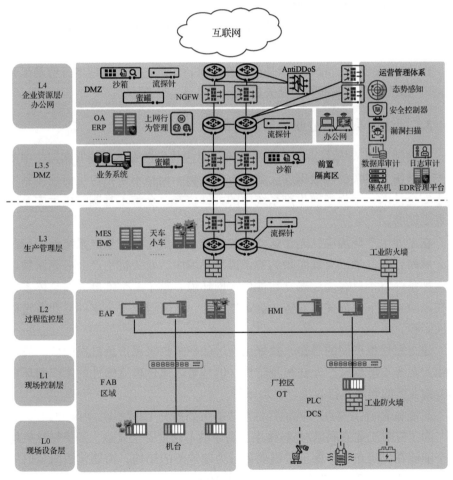

注：NGFW 为 Next Generation Firewall，下一代防火墙；

DCS 为 Distributed Control System，分布式控制系统；

HMI 为 Human Machine Interface，人机接口。

图 5-9 半导体制造工厂与 ISA-95 分层模型的映射

简单地说，半导体行业中的生产业务是核心业务，但越是核心业务，越禁止触碰，越无法防护。在生产网内，充其量只能部署完全对业务无影响的旁路部署的非侵入式安全检测方案，而无法贴身防护。这就造成用户环境下，最重要的生产网，反而是安全不设防的。另外，由于关键生产装备往往需要原厂提供远程运维、原厂控制工艺流程，生产业务也需要与上下游合作厂商交换生产数据，因此完全没有办法做到物理隔离。

在工业生产环境的安全解决方案中，必须满足以下两点要求。

- 业务连续性：安全无论如何不能给生产业务的连续性带来任何潜在的风险。
- 数据安全性：高端制造是高科技行业，图纸、生产数据本身就是最有价值的资产，数据安全至关重要。

3. 韧性体系的制造业场景化应用

高端制造/半导体行业安全解决方案，对应技术性安全解决方案架构中的网络安全解决方案架构与数据安全解决方案架构，但是不包括内生信任体系中的内生安全技术。因为当前生产系统中的关键资产，全都不是基于内生安全流程开发实现的。

在工业生产环境中，无法建立有效的威胁防御体系。生产系统处于漏洞开放、威胁存在、难以有效防护的安全风险环境中，对关键生产业务无法触碰。在这种条件下，只有通过建立韧性生产网环境，基于三个维度的安全体系，才能在风险条件下保证关键业务的确定性行为，从而避免安全事件对业务造成破坏性影响。

建立韧性生产网的思路，就好比通过保护鱼缸来保护鱼缸里的鱼。虽然关键生产业务不能触碰、无法贴身防护，但是可以通过建立韧性的生产网环境，对关键业务的确定性行为进行动态保障。

高端制造/半导体生产网的韧性解决方案如图5-10所示。

为了应对工业互联网/半导体生产网中的不确定安全风险，基于韧性架构，一个能够在风险条件下保证关键业务行为确定性的架构，需要包括内生信任体系、威胁防御体系、运营管理体系三方面的能力。

（1）内生信任体系建设

定义生产网中业务确定性行为基线。内生安全难以部署，因此身份可信、行为可信技术尤其重要。

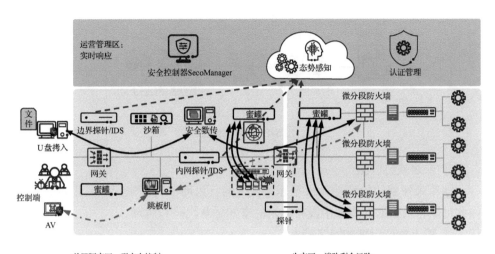

图5-10 高端制造／半导体生产网的韧性解决方案

① 建立工业系统业务行为白名单

在工业生产网中，协议专有，威胁独特，生产网内的主要风险都是难以检测的。对系统内的关键业务，要从基于黑名单的威胁检测转变到基于业务正常行为白名单的行为确定性保障。要根据所有实体的身份、权限，明确定义出"一个实体，在何种条件下，对哪些实体，能够进行哪些操作"的白名单机制，并随时检测异常并纠偏。

② 建立零信任风险评估与认证/访问控制机制

零信任可以叠加于不同场景之上，比如从设备准入，到基于用户身份对应用和数据的精细化防护等，实现基于实时安全评估结果的动态、差异化的安全访问控制。具体请参见3.6.7节。

（2）威胁防御体系建设

通过新建前置隔离区以及内网微分段技术，阻止威胁进入生产网并内部扩散，从而保证生产网业务的确定性。

① 通道管控

建立数据传输通道，对基于文件交换的未知恶意代码渗透实现控制和检测；建立网络连接跳板机，防止不安全的设备接入、引入未知网络攻击与恶意代码，如图5-11所示。

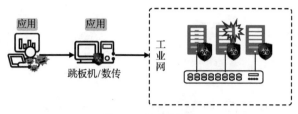

图 5-11 连接跳板机

② 未知威胁检测

沙箱未知威胁检测功能根据恶意代码的行为而非特征来识别其是否恶意，因此可以有效检测病毒库中没有记录的未知恶意代码和病毒。

③ 基于资产识别的网络准入

在传统NAC基于身份、IP地址的网络准入基础上，可以基于资产类型、设备类型（摄像头、打印机、用户终端）设置细化的网络准入条件，有效防范攻击者针对哑终端设备的冒用、顶替行为，阻止攻击者以哑终端设备作为跳板进行系统渗透，如图5-12所示。

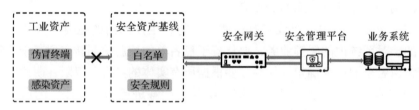

图 5-12 基于资产识别的 NAC，防止设备被替换

④ 内网微分段

内网微分段建立在不同的业务边界，防止各种威胁跨业务资源的扩散，相当于生产系统的"水密舱"。

微分段并非简单地在内网部署基于网元五元组ACL（Access Control List，访问控制列表）策略来阻断通信，而是可以把基于4～7层协议的深度检测和攻击识别能力，从网络边界引入内网，有效阻断混杂在合法通信中的攻击报文和恶意流量，从而保证内网关键资源在正常提供通信服务的同时，有效阻止攻击的扩散与破坏。如图5-13所示，内网微分段具有如下功能：

- 可对机台等关键资产之上的开放漏洞，提供虚拟补丁保护；
- 对未知勒索软件有防护能力，具备AI防火墙的攻击事件检测能力，自动阻断攻击扩散；

- 基于SecoManager实现安全策略统一管理，支持组策略（组可映射到不同安全要求的机台）。

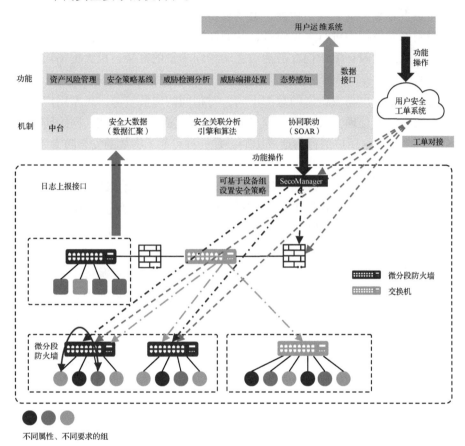

图 5-13　内网微分段

⑤ 网络防御性信息欺骗：蜜罐+启发式诱捕

对于"长期潜伏、一击必中"的由黑客人工操作的高智能攻击，因其攻击目的性强，产生的无效行为非常少，往往又特意对各种安全检测手段针对性地使用了逃逸技术以及社会工程学技术进行攻击，因此通过终端检测、网络行为检测等技术手段，很难有效识别。

针对此种威胁，必须要在网络中部署基于攻击者意图的启发式诱捕技术，诱使攻击者针对蜜罐等虚假目标进行攻击，促使攻击者发动无效攻击活动，从而在攻击者对真实系统造成破坏前检测并暴露攻击者，避免攻击对真实系统造成破坏。

系统中少量的蜜罐可以深度模拟业务资源与攻击者进行交互,从而精确判断行为是否恶意,提取攻击特征,追溯攻击者;诱捕器通过对攻击者的资产扫描、漏洞探测等行为进行虚拟应答,从而向攻击者呈现一个完全不同于真实系统结构的复杂虚假环境,把攻击活动主动导向少量的蜜罐,极大提高攻击者掉入蜜罐的概率,提高蜜罐的效率和效果。

由于正常用户与攻击者的意图不同,对相同的虚假资源,正常用户与攻击者会采取不同的处理方式,因为只有攻击者会对蜜罐产生兴趣,网络防御性信息欺骗不会对正常用户的行为造成影响,是一种可靠、有效的安全防御手段。

(3)运营管理体系建设

持续监测/动态纠偏,实时恢复业务到正常状态,从而动态保证生产网业务行为的确定性。运营管理体系可以有效应对各种无法检测的不确定威胁给系统造成损失的情形,致力于让系统始终工作在安全的状态。该体系具有如下几个功能。

① 资产与脆弱性管理

从资产维度对信息系统进行管理,识别信息系统内的资源构成、网元的操作系统类别、开放服务、补丁信息、漏洞信息、已知安全风险等,并可从资产维度对上述信息进行处理。

② 基于异常检测的态势感知

感知并向用户呈现网络系统内发生的所有安全威胁事件以及关键网络、系统事件。提供查询、检索、大屏呈现等功能。

③ 基于AI的自动化威胁判定

可实现的功能包括安全事件降噪与威胁判定。

④ SOAR自动化调查取证与一键处置

以AI自动化威胁判定后的事件和威胁为输入,通过SOAR机制调用系统内与HiSec Insight相对接的各种安全能力(包括终端EDR、沙箱、网络防护能力等),对威胁事件进行自动化调查取证或者自动化闭环处置,以降低人工操作的复杂性。

该功能可以提高威胁闭环速度,通过对威胁的快速自动化判定和处置,在攻击造成实质破坏前实现处置,从而最大限度避免攻击破坏的产生。

⑤ 安全审计与追责方案

安全审计与追责是攻击事后溯源与责任认定的基本功能,当系统在攻击活动中受损或者识别到威胁发生后,可以基于安全审计功能辅助攻击溯源,分析攻击根因，从而认定责任，建立威慑；可以针对威胁根因，对系统采取安全基线预防、系统加固等措施，避免未受攻击的系统在今后的攻击中遭受破坏。

4. 高端制造 / 半导体行业安全解决方案设计

韧性架构中的安全能力与高端制造/半导体网络组网区域之间的对应如图5-14中的粗线框区域所示。

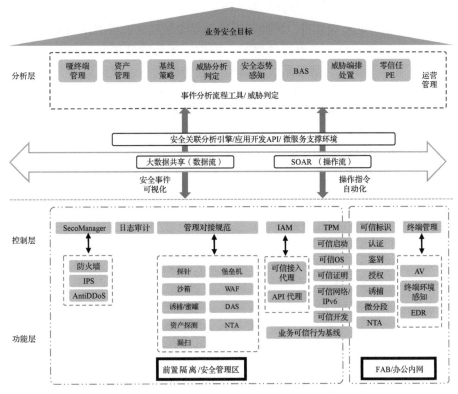

图 5-14 安全能力与高端制造 / 半导体网络组网区域之间的对应

5. 高端制造 / 半导体行业安全解决方案功能与效果

针对高端制造/半导体行业所面对的不同等级的安全风险，通过组合使用韧性架构中的不同安全产品与技术，可以实现有效的、确定性的防护，从而可以基于威胁的等级，客观评价安全解决方案的防护等级。不同等级的安全解决方案描述如下。

（1）常规离散攻击防御：等保合规的解决方案

用户环境面临很多来自外部的目的性不明确的攻击威胁，比如：常规的病毒、钓鱼软件、针对弱密码的探测、针对漏洞的远程Buffer Overflow攻击等。此类攻击的特点是针对已知的漏洞，攻击特征明确，攻击手段通用，不会针对特定用户环境优化，没有或者很少使用检测逃逸技术。此类攻击无处不在、时刻发生，但攻击手段可以被常规安全技术所检测与防护，只要系统中的常规安全手段没有缺失，就可有效防护此类威胁。

为了防御常规离散攻击，需要根据等保等规范建立合规的基线安全能力，基于纵深防御等思路，在攻击的事前、事中、事后都部署漏洞扫描、威胁检测、安全审计等技术，基于系统的结构，在传输网络、网络边界、主机系统内，部署身份认证、防恶意代码、防DDoS攻击、网络入侵检测、终端安全、应用安全等各种手段，对攻击威胁进行层层防护，增加对威胁的成功防御概率。

（2）未知勒索软件防御：防未知病毒解决方案

针对关键数据的勒索软件以及挖矿等自动化攻击程序的特点是利益驱动，有明确的攻击对象和目标（如针对医疗、制造行业进行勒索），针对用户环境进行了优化，往往同时使用了社会工程学等手段。攻击一旦进入内网系统后，会自动复制，迅速扩散，难以检测，难以根除。高级的定向攻击会使用合法的网络服务，利用未知的0Day漏洞，攻击特征签名不为人知；大部分攻击会使用反检测的逃逸技术，因此常规的基于签名的杀毒软件、网络入侵检测、防火墙等技术都无法防御此类攻击。

勒索软件等定向攻击的特点包括：

- 基于已知特征的安全技术（杀毒软件、网络IDS等）都无法检测；
- 勒索软件、蠕虫的内部扩散行为与正常网络通信、低风险扫描等正常行为难以区分识别；
- 即使识别到勒索软件存在，但现有的终端、网络边界安全技术难以及时处置。

图5-15给出了防未知病毒解决方案的示意图。针对勒索软件的特点，需要补充沙箱、HiSec Insight的异常流量检测技术、EDR调查取证技术、轻度诱捕、威胁情报闭环等技术，以实现对勒索软件等定向攻击的检测与防护，具体说明如下。

- 部署基于行为分析的未知恶意代码检测沙箱，检测通过电子邮件、网络传输的勒索软件和未知恶意程序。

- 在系统中部署轻度诱捕技术，对勒索软件的资产探测、内部扩散相关的扫描行为进行精确检测。
- 在网络边界和内网部署基于流量的未知网络威胁检测技术，通过对异常流量的分析，识别勒索软件和蠕虫的扩散过程。
- 恶意流量对应到终端进程，结合基于终端的EDR取证，准确识别失陷主机。
- 针对关键服务器部署微隔离技术，以及终端EDR技术，在确认恶意流量和恶意进程之后，通过微隔离技术阻断恶意流量，或者使用EDR软件清除恶意进程与文件。
- 将通过沙箱、EDR检测确认的恶意代码特征下发给IDS与杀毒软件，实现对未知威胁的威胁情报积累。
- 需要保证系统内有可靠的数据备份以及日志审计功能，以实现勒索软件攻击之后的灾难恢复和原因追查。

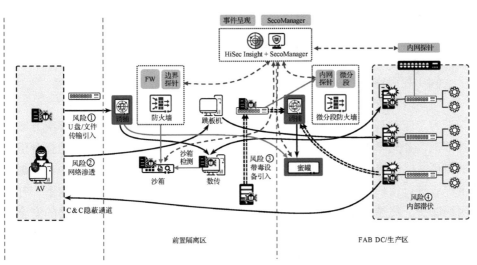

图 5-15　防未知病毒解决方案

（3）0Day漏洞利用攻击防御：哑终端替换与设备渗透防御解决方案

人类黑客的网络攻击与一般的勒索软件相比，具有如下特点。

- 人类黑客的攻击活动，具备"长期潜伏、一击必中"的特点，通过当前常规的基于网络特征和异常行为的检测很难识别。
- 人类黑客经常会仿冒摄像头、打印机等哑终端设备接入设备网络，再将哑终端网络作为跳板渗透攻击关键系统。

为了有效应对人类黑客攻击，需要针对性地补充基于意图的启发式诱捕/蜜罐、基于资产类别与风险评估的设备准入机制。防黑客未知网络攻击解决方案如图5-16所示。

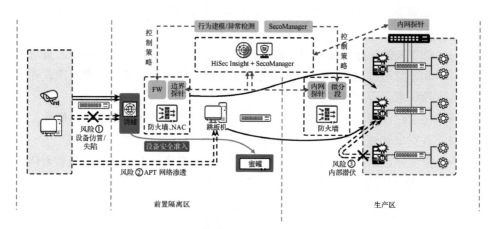

图 5-16　防黑客未知网络攻击解决方案

（4）权限窃取攻击防御：零信任+启发式诱捕的数据安全解决方案

对高端制造行业来说，数据是最宝贵的资产之一。

为了应对基于权限窃取的数据安全风险，需要在其他网络安全解决方案的基础上，补充华为零信任安全访问通道解决方案，可以基于对用户的强身份鉴别与环境感知结果进行信任评估，对用户访问不同的应用/数据的行为，根据安全等级进行精细化授权和细颗粒度访问控制，同时还要在零信任架构下，补充网络DLP、终端DLP等安全专业技术，从而可以有效保证应用和数据的安全。数据安全解决方案如图5-17所示。

（5）反"工业间谍"解决方案：网络安全自动化运维，海量数据分析

反"工业间谍"解决方案，其实是基于安全解决方案的自动化运营体系，基于海量的数据以各种异常行为为线索，进行事件分析和调查取证的过程。

网络安全运维方案的目标是为管理员提供一系列的自动化流程工具，帮助管理员对信息系统进行安全运维操作，提高信息系统在不确定风险下的安全保障能力。自动化运维系统致力于降低运维人员的安全技能要求和劳动强度，用AI算法模型代替专家经验，用机器算力代替人工操作。

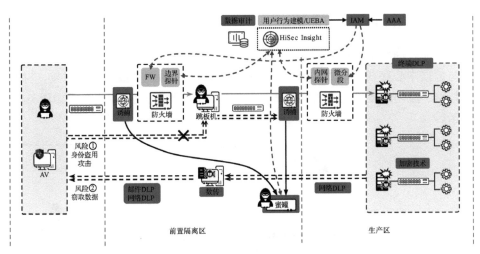

图 5-17 数据安全解决方案

关键技术包括态势感知、资产管理、安全防御策略基线、基于AI的自动化威胁判定、SOAR自动化调查取证与处置、审计与追责等。

上述不同的安全解决方案基于不同的安全能力组合，可以有效防御不同等级的安全威胁。从威胁防御强度的角度，每个解决方案都是可以叠加部署的，能够逐级提高工业生产网络对抗、承受不同强度威胁的能力。基于上述方案，可以逐级提供从对抗常规工控风险的等保合规方案，依次到对抗勒索软件、0Day漏洞利用、权限窃取类攻击的安全解决方案，直到具备一定程度的"反间谍"能力。

5.4.2 跨网域办公数据安全解决方案

跨网域办公数据安全解决方案，是以数据安全解决方案架构为主，针对政务、关键部门实际办公场景下的数据安全保障需求，所设计的场景化安全解决方案。

对国内各要害部门来说，在复杂的业务场景下保证其关键数据的绝对安全，不但不能是不可能完成的任务，反而是最基本的安全要求。针对此类客户，可基于韧性架构设计具有高安全强度的跨网域办公数据安全解决方案，在复杂的跨网、跨域办公场景中，对各类核心数据实现基于强身份鉴别、高等级、精细化的安全访问控制，避免关键信息的非授权访问与批量泄露。

1. 风险现状与安全需求

目前，高价值资源（数据、关键业务）都汇聚在数据中心，各种业务系统会与数据中心存在广泛的连接。各类用户、第三方系统与数据中心对接，存在对数据、应用的多种复杂访问模式。数据安全访问的现状与攻击路径如图5-18所示。

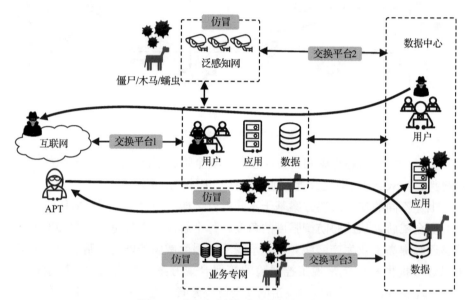

图 5-18　数据安全访问的现状与攻击路径

系统整体充满内外不确定风险，对数据中心内各类业务的使用模式也充满不确定性。整个系统不是一个能实现强管控的系统。

在当前访问模式下，系统主要面临的安全风险如下。

（1）资源访问风险

用户在访问过程中面临来自人员、用户终端、网络等方面的风险。这些风险都与"用户—数据"的访问行为与访问权限相关。

人员相关风险如下。

- 普通人员：假冒用户身份查询、获取数据导致数据泄露；用户通过复制屏幕内容、截屏，或通过其他非法手段复制、下载数据库；在未经授权的情况下访问与本职工作无关的业务系统，查询人口信息、住宿信息、车辆信息等。

- 运维管理员：运维人员误操作，导致数据被删除、破坏；运维人员违规、恶意操作导致的风险；运维人员滥用业务权限，批量下载数据、私存数据；运维账号交叉使用，出现问题后难以追责；特权账号权限过大，在非必要时访问系统配置和数据。
- 开发人员：开发人员拥有最高的访问权限，可直接绕开网络、主机、应用层安全措施，直接访问数据库，进行数据的增、删、改、查操作；在应用系统调试时，特定的错误消息将向攻击者暴露后端数据库的内部工作机制；为了开发调试方便，常使用不安全的用户口令，如将口令编码到应用程序中；开发人员会使用超级链接，将用户账户连接到数据库中，从而将数据库置于风险之中；将调试代码留放到生产环境中；随处乱放备份的数据库副本。

用户终端风险包括：接入终端安全性未达到安全基线要求，接入网络后将引入木马病毒；接入终端遭到攻击，终端感染木马病毒，攻击者以终端为跳板渗透业务数据业务区窃取、篡改数据；接入终端接口被滥用、盗用，导致数据被泄露、篡改、污染。

网络风险包括：各部门不同的用户在访问数据业务区业务系统时，面临网络通信未加密窃听，数据丢失，传输数据被截取、篡改、伪造等风险。

（2）信息汇聚风险

数据汇聚在数据中心，涉及数据业务区与外网互连，安全上存在各类风险，涉及汇聚数据、边界保护、主机应用等方面。

汇聚数据风险：外部数据来源广泛，需要对传输的数据格式和内容进行合规性检测，对传输数据进行机密性与完整性保护，避免病毒等被夹带接入数据带来风险。

边界保护风险：网络结构是否合理，直接影响是否能够有效地承载业务需要，因此网络结构要具备一定的冗余性，对网络区域进行合理划分；对进出边界的数据信息进行控制，阻止非授权及越权访问，采取基于白名单的细颗粒度访问策略，按照安全策略规定的白名单格式授权，其余应明确禁止；通过安全措施，要实现主动阻断针对信息系统的各种攻击，如病毒、间谍软件、可疑代码、端口扫描、DoS/DDoS、Web脚本攻击、SQL注入攻击、网站挂马等。

主机应用风险：数据汇集服务器面临主机身份鉴别、入侵、越权的安全风险；数据面临被篡改、窃取、越权、丢失等安全风险。因此，对数据汇集服务器需要采取身份鉴别、访问控制、恶意代码防护等措施。

（3）信息共享风险分析

数据业务区间数据共享风险： 数据传输过程中面临数据泄露、非授权访问等风险，需要根据数据的安全需求，采用IPSec VPN、SSL VPN、TLS等安全通信协议，并结合授权管理对数据共享过程进行身份鉴别、数据加密传输与完整性保护。

其他专网数据共享风险： 非授权数据外泄风险，需要对共享数据进行严格的审批，并校验共享数据与审批数据的一致性。外部终端种类多、分布广，面临非法用户访问、非授权访问、木马病毒传播、非标协议访问等安全风险，对外服务共享需要提供访问控制、身份认证、木马病毒及DDoS入侵攻击防护、标准协议通信等防护措施。

（4）云风险分析

用户系统中涉及云计算技术。云计算平台由基础设施、硬件、资源抽象控制层、虚拟化计算资源、软件平台和应用软件等组成。在IaaS（Infrastructure as a Service，基础设施即服务）模式下，云计算平台由基础设施、硬件、资源抽象控制层组成；在PaaS（Platform as a Service，平台即服务）模式下，云计算平台包括基础设施、硬件、资源抽象控制层、虚拟化计算资源和软件平台；在SaaS（Software as a Service，软件即服务）模式下，云计算平台包括基础设施、硬件、资源抽象控制层、虚拟化计算资源、软件平台和应用软件。主要的安全风险如下。

- 数据丢失、篡改或泄露：在云环境下，数据的实际存储位置往往不受云租户控制，更容易成为被攻击的目标，一旦遭受攻击，会导致严重的数据丢失、篡改或泄露的后果。
- 网络攻击：云基于网络提供服务，存在攻击者通过DDoS攻击发起一些关键性操作来消耗大量的系统资源的情况，如进程、内存、硬盘空间、网络带宽等，导致云服务响应极为缓慢或者完全没有响应。
- 利用不安全接口的攻击：攻击者利用非法获取的接口访问密钥，能够直接访问用户数据，导致敏感数据泄露；通过接口实施注入攻击，可能篡改或者破坏用户数据；通过接口的漏洞，攻击者可绕过虚拟机监视器的安全控制机制，获取系统管理权限，这将给云租户带来无法估计的损失。
- 云服务中断：云服务基于网络提供服务，当云租户把应用系统迁移到云计算平台后，一旦云租户与云计算平台的网络连接中断或者云计算平台出现故障，造成服务中断，将影响到云租户应用系统的正常运行。

- 越权、滥用与误操作：云租户的应用系统和业务数据处于云计算环境中，云计算平台的运营管理和运维管理归属于云服务方，运营管理和运维管理人员的恶意破坏或误操作在一定程度上会造成云租户应用系统的运行中断和数据丢失、篡改或泄露。

- 利用共享技术漏洞进行的攻击：由于云服务是多租户共享，如果云租户之间的隔离措施失效，一个云租户有可能侵入另一个云租户的环境，或者干扰其他云租户应用系统的运行。而且，很有可能会有专门从事攻击活动的人员绕过隔离措施，干扰、破坏其他云租户应用系统的正常运行。

- 数据残留：云租户的大量数据存放在云计算平台上的存储空间中，如果存储空间回收后剩余信息没有被完全清除，存储空间再分配给其他云租户使用时，就容易造成数据泄露。当云租户退出云服务时，云服务方没有完全删除云租户的数据（包括备份数据等），从而带来数据安全风险。

（5）数据安全风险分析

数据集中风险：各类数据在业务区汇聚，敏感程度不同的数据资源加大了数据管理的复杂度，提高了数据集中存储后的敏感度，但是目前还缺少数据分级分类管理、数据治理的措施，增加了信息被窃取、泄露、滥用和损毁的风险。

大数据应用鉴权风险：大数据应用利用AAA等集中认证授权系统建立的授权体系，属于静态授权模式，权限调整无法灵活、动态实现，无法适应大数据应用对动态、精细化授权的要求。

对应上述风险的主要安全需求如下。

第一，融合各业务专网构建数据业务区，强化敏感业务访问控制。按照数据与业务的敏感程度，构建安全访问平台，消除网络壁垒，实现数据传输加密，具备对终端接入的检测与准入的能力，能够结合数字身份认证体系，实现用户认证管理和权限管理，能够对终端访问的应用资源和数据实现角色管理、访问审计等功能。同时，在确保安全的前提下实现终端复用，最大限度减少现有业务系统改造。

第二，加强网络安全防御体系建设，实现网络主动防护和白名单防护。加强网络安全纵深防御和联动协防能力，实现对全网威胁的态势感知。通过对终端接入的准入控制，对网络流量、网络质量、网络应用协议等进行多维度流量识别和威胁检测分析，能够将威胁信息转化为防护策略，下发给网络和安全设备，规避数据在传输过程中存在的被窃听、篡改的风险，防止威胁的内部扩散，实现网络的检测智能和处置智能，从被动、单点防御到主动、整网防御，并能对整网的威胁状态做到态势感知。

第三，管控网间数据交换，避免信息泄露。划分区域多层次防御、全流程信任链传递（基于签名技术对文件生成、传输、接收等全流程实现信任链传递和检验，进出网文件须携带签名信息，具备防篡改、抗抵赖能力，当网内敏感信息被窃取和非法利用时，进出网数据可知）、软硬件可信加固、白名单访问控制、主动预警及自动告警、数据单向传输、在线人工审查与技术检查融合、访问轨迹可追溯、统一安全管控。

第四，构筑安全智能运营体系。将分层构建数据业务域全网安全体系。以业务专网融合及大数据计算为驱动，通过建立有效应对APT等的"安全智能运营"体系，持续监控"事前、事中、事后"所有攻击过程，实现对数据中心和数据中心互联层面的网络安全威胁检测，并通过控制层联动网络、安全设备进行威胁阻断和隔离，实现数据业务域网络从被动、单点防御转向主动、整网防御，并能对整网的威胁状态做到态势感知。

2. 跨网域办公数据安全解决方案的建设思路

整体建设思路是根据韧性架构，建立业务全面受控、行为可建模、安全可验证的可信网络环境，以应对各种不确定风险，保证数据与应用的安全。加强"三个体系"建设，形成系统化竞争力，构筑安全底线，能应对业务系统可能面对的最坏情况。

（1）内生信任体系：业务信任白名单

不是所有的威胁都可以被成功防御，因此需要基于用户业务的实际要求进行安全设计，通过缩减不必要的业务功能，来缩减受攻击面，尽量排除系统中的不必要风险。建立业务信任白名单的目的，是明确要求系统内所有实体的行为必须与设计相符、可预期、可验证。

业务信任白名单，要根据所有实体的身份、权限，明确定义出"一个实体，在何种条件下，对哪些实体，能够进行哪些操作"，除此之外，一切行为都应被认定为非法。

业务信任白名单的建立，需要具备以下条件：

- 满足系统业务要求的安全性设计；
- 合法行为基线与安全性评估技术；
- 基于持续风险评估的零信任认证与访问控制技术；
- 设备/平台/解决方案自身的可信要求。

（2）威胁防御体系：攻击威胁黑名单防御

威胁防御体系黑名单的目标，是消除可感知的各类已知/未知安全威胁，阻止发生在网络、系统内的非法行为，切断攻击链。

威胁防御体系，由威胁检测与防护技术、主动式安全技术、安全管理/应急响应技术组成。

（3）运营管理体系：通过云网安一体化，形成安全运营管理闭环

加快构建全局化、统一化、自动化、协同化的智慧网络可信环境感知，增强整体网络态势感知能力、加密流量检测能力、网络攻击诱捕能力、云网安业务安全协同能力等，提高监测和服务的时效性、精准性和前瞻性，提升资源的协同管理水平，实现快捷响应、灵活调度、智能高效的运维管理，更好地满足大数据业务的按需快速部署和差异化、精细化管理，为维护一网双域的安全、高效运行提供强有力的保障。

3. 跨网域办公数据安全解决方案设计

（1）合法业务的模型化改造

梳理现有业务访问结构，将数据中心内的数据与服务、服务的用户（包括业务用户、第三方网络、特定业务系统）分离，在服务资源与用户之间建立安全访问平台，实现业务可信，提供威胁防御。

图5-19给出了合法业务的模型化改造示意。安全访问平台就是在具有高度不确定性的"用户-数据"访问关系中，插入一个强确定性的功能平台，对所有访问权限、模式、行为进行管理与控制。

在安全访问平台内，规定服务访问、数据访问的合法模型，对业务行为涉及的实体属性（位置、身份、设备类型）、操作类型（只读、修改、获取）、权限，制定明确的规定。基于安全访问平台，管理对数据中心资源的访问行为，对抗内外风险；基于安全访问平台，部署技术控制手段。

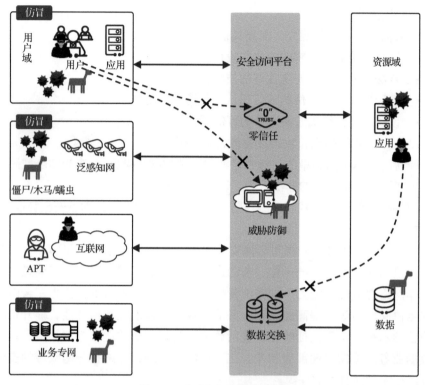

图 5-19　合法业务的模型化改造

（2）安全访问平台

安全访问平台的作用，是在业务过程中，对访问关系进行模型化管理和控制，对已知、未知威胁进行对应防护。

安全访问平台提供信任体系与防御体系所需要的安全功能，建设用户数据访问通道、数据交换通道，以及对应的数据与操作的安全防护服务，其功能如图5-20所示。

（3）安全管理中心

安全管理中心是整个动态安全防御体系的大脑。安全管理中心可获取系统内所有安全运维管理相关的各种信息，感知内外威胁与异常，定位、分析内外威胁，并调用系统内各种安全功能及时对威胁或者异常进行处置，从而保证业务系统在风险条件下，随时处于动态安全的状态。

安全管理中心基于IPDRR风险管理理论，提供一系列的自动化运维管理工具，帮助安全管理运维人员随时感知系统安全态势，定位风险与问题，实现问题的即时闭环。

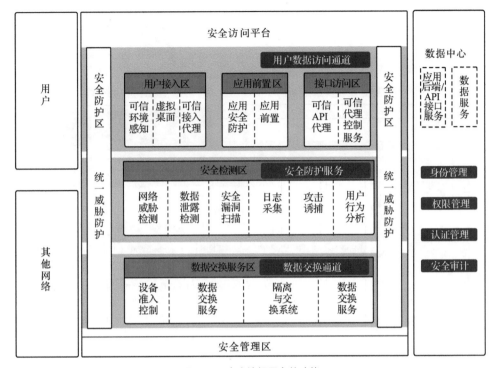

图 5-20 安全访问平台的功能

信息系统内所有的安全能力，无论其位于安全访问平台、用户域还是数据中心内，都需要与安全管理中心完成数据与应用对接。

（4）跨网域办公数据安全解决方案整体架构

该架构需要新建安全访问平台、安全管理中心基础设施，如图5-21所示。

安全访问平台是实现网络安全业务管控和安全防护的核心设施，基于安全访问平台以及部署在数据中心、用户系统内的常规与合规的安全方案，可以给信息系统提供必要的安全防护能力。

安全管理中心从全网获得各种安全数据，实现对全网安全与业务的感知、分析、协同管控，建立全网可视、全局管理、协同管控的安全大脑，实现对全网的动态安全管控。

（5）安全访问平台的建设

安全访问平台设计以支撑应用安全访问为目标，以保护数据为核心，基于零信任和持续风险监控的安全理念，构建安全访问平台。

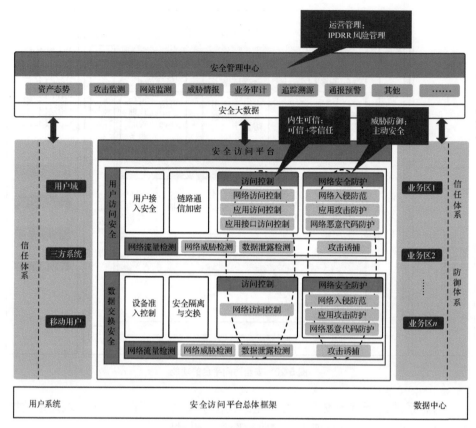

图 5-21　跨网域办公数据安全解决方案整体架构

　　安全访问平台的主要功能是实现不同类型终端用户统一、可信、安全地接入数据中心，并访问不同安全等级的应用数据，从安全保密性和实用可靠性等角度进行方案设计。根据设计需求，如图5-20所示，安全访问平台的关键组件包括可信接入代理、可信API代理等，并在平台内部设置应用前置区、用户接入区、安全检测区、数据交换服务区等区域。应用前置区负责将改造后的前置应用进行部署并且提供应用安全防护服务；用户接入区负责管理虚拟桌面，并对PC终端的安全基线进行管理和动态感知；安全检测区通过流量镜像采集网络访问流量，通过攻击特征库实现对攻击行为的检测；数据交换服务区主要服务于网络外部用户，用于数据隔离和数据传输安全管控。

　　下面对关键技术和区域建设进行说明。

平台内信任体系建设：零信任设计。用户接入区终端访问数据业务区业务，需要保证整个访问流程零信任：事前零信任，用户访问需要多因子登录确定人员身份，确认终端设备合规；事中身份持续认证，异常行为实时监控，发现问题及时阻断；事后日志、数据、流量等全面备份留存，一旦发生安全事件，能够做到全方位审计，真正做到访问过程零信任。

用户接入区建设。具体说明如下。

- 基于虚拟桌面：高敏感应用和数据通过终端登录云桌面的方式进行访问，保障数据安全。根据数据的敏感程度对数据分级分类，桌面云可以解决数据不落地的需求问题，用户可以根据业务需要，按需选择使用桌面云的方式访问数据中心业务系统。

- 强终端管理：通过判断终端所处环境，执行不同的策略，实现终端安全管理。

- DNS：终端用户访问应用，通过DNS跳转重定向至可信接入代理和可信API代理。

- 终端准入：利用802.1x、IP/MAC绑定等技术，对用户和设备进行实名制认证管理，实现设备接入的安全防护、入网的追溯分析等，实现设备的身份识别和接入保护，杜绝非法入侵，保障设备入网的安全可信，达到规范化管理的目的。

- 可信环境感知：采集、评估终端安全状态，结合设施可信、身份可信和行为可信，以确保主体可信。

- 防病毒：通过部署防病毒软件，防止病毒（后门和木马等）对运行环境进行篡改攻击。

- 攻击诱捕：通过布置诱饵主机和系统，诱使攻击者对其实施攻击，从而捕捉和分析其攻击行为，研究其使用的工具与方法，推测其攻击意图和动机。

- 漏洞扫描：针对设备及软件中可能存在的安全漏洞进行扫描检测，识别脆弱点并提供安全修复建议。

安全检测区建设。具体说明如下。

- 网络威胁检测：基于网络流量，运用静态检测、动态检测、威胁情报和流量还原等技术，识别、发现网络中的潜在威胁。

- 网络入侵防御：在网络关键路径上对数据流进行分析，结合应用识别、内容检测等安全防护技术，检测和阻断网络入侵行为。

- 恶意代码防护：检测识别病毒、蠕虫、僵尸网络、勒索软件等恶意代码，降低恶意代码活动所带来的系统破坏、数据窃取、资源耗用等影响。
- 数据泄露检测：通过数据分级分类标签，检查是否有违反数据保护策略的事件发生，防止数据泄露。一旦发生数据泄露事件，可以定位数据泄露的源头。
- 日志采集系统：收集各网络设备、安全设备及业务系统的日志，做安全分析与审计。
- 攻击诱捕：通过布置诱饵主机和系统，诱使攻击者对其实施攻击，从而捕捉和分析其攻击行为，研究其使用的工具与方法，推测其攻击意图和动机。
- 漏洞扫描：针对设备及软件中可能存在的安全漏洞进行扫描检测，识别脆弱点并提供安全修复建议。
- 配置基线核查：通过工具自动核查网络中资产对象的安全策略配置，识别与安全基线不符的配置项，提供相应安全整改建议。

数据交换服务区建设。跨网数据安全交换边界是数据业务区与外网交换数据的唯一路径，当前视频专网、移动信息网、电子政务外网、部委间共享、互联网等其他网络之间数据双向安全交换及服务双向安全访问等，都必须统一到该边界上，每级数据业务区应只有一个统一的跨网数据安全交换边界。跨网数据安全交换边界以服务化的形式为其他网络应用、服务与数据业务区提供安全数据交换服务。统一接入访问控制、资源调度和配置管理，同时阻止其他网络入侵及恶意代码威胁等行为，并具备数据过滤、泄露检测及应用保护能力。

（6）安全管理中心的实现

安全管理中心从云、数据、应用、网络、终端多个维度对信息系统进行全域安全运营管理。

依托安全运营平台构筑网络安全协同闭环防御体系，主要针对信息系统进行威胁的协同闭环处置。设计方案中可以实现的功能如下。

基于软件定义的云网安协同。华为的安全访问平台网络基础设施基于SDN构建。SDN的本质是控制和转发分离，然而网络和安全的执行层面多样化后，SDN在控制分析层并没有全网联动。智能处置可以实现对网络（交换、路由等）、安全（防火墙、IPS等）以及第三方（终端、探针等）安全能力的统一调度管理，给用户提供一体、可视、全局的体验。同时，还可以通过与终端上的安全Agent软件的联动，定位被感染的主机，切断黑客和主机之间的通信，同时隔离VLAN，防止已经中毒的主机发作、病毒横向扩散，避免带来进一步的损失。

智能响应编排引擎，从网络扩展到终端协同响应。通过威胁响应编排引擎，解决安全事件处置效率低和安全运维人工成本高的问题，结合联动闭环方案对威胁事件的处置能力和终端联动响应方案对威胁事件的调查取证能力，利用威胁响应编排模板，定义出针对不同恶意威胁等级、种类、行为的处置方案，从而提升响应效率，降低安全运维成本，从人工处置转为自动处置。

应用策略自动编排。海量安全策略运维一直是安全运维工作的头号难题。通过安全控制器提供的场景化自助业务模型，提前预制的配置模板，可以精简安全业务配置。对接IT策略工单系统，应用—安全分区—网络三层模型自动映射，可以实现应用安全策略自动映射、翻译、下发到对应的安全资源池，满足应用和业务的敏捷要求；联动、协同SDN网络控制器，当业务和应用变更（扩缩、迁移等）时，安全策略自动调整和适应；通过安全控制器和执行器之间的NETCONF接口，可以实现通过图形化的形式进行设备运维。

4. 安全访问平台方案的效果

通过将高度确定性的安全访问平台插入用户的数据访问业务中，并基于安全管理中心的合理调度，就可以对用户业务系统中存在的，由人为恶意攻击、病毒攻击、合法用户违规所造成的一切不确定的异常数据访问行为进行及时禁止与感知，从而保证合法用户对核心数据的严格合规使用，避免各种数据安全风险。

5.4.3　运营商"云网安"服务化安全解决方案

在运营商"云网安"服务化解决方案中，华为的供应链安全解决方案架构是其中不可或缺的部分。各种电信设备的内生安全保障，是运营商对用户提供基础设施安全服务、保证自身基础设施安全可信的基础。

在我国的《关键信息基础设施安全保护条例》中，明确把电信基础设施列在其中，运营商无疑在国家关键基础设施保护中承担了重要责任。

运营商的关键基础设施，与电力、水务等关键基础设施又有很大不同。运营商的关键基础设施是服务化的，在运营商网络基础设施之上，不但承载着关键的电信业务，而且还要向其他关键业务提供基础设施服务。因此，运营商的关键基础设施安全保障，面临更多的挑战。

无论运营商场景多复杂，从韧性架构的角度，依然是"内生可信、威胁防御、运营管理"三个维度水平的解决方案架构在运营商场景下的使用。在解决方案的设计中，最关键的是要识别问题场景的特点。

1. 运营商网络的威胁特点与服务化需求

从威胁角度来看，随着云安全、5G MEC等业务的开展，运营商网络面临的安全风险也与以往有了很大不同。在此之前，运营商网络与用户网络处于相对隔离的不同平面，用户网络如果发生了安全问题，很难影响运营商基础网络，好比水管中的水被污染了，不会影响输送管道的功能一样。但是在5G/云计算趋势下，由于Hypervisor等虚拟化基础设施的公用，电信业务配置与运维接口的网络化，以及运营商的UPF（User Plane Function，用户面功能）等基础设施部署在用户侧，这使得运营商网络很难再通过加强电信机房管理、封网、限制对电信设备的物理访问等手段保证电信基础设施的安全，用户侧威胁获得了向运营商网络逐级渗透的访问手段，因此电信基础设施比以往面临更大的安全风险。

从安全需求的角度看，由于运营商网络基础设施是一个服务化的基础设施，因此其安全诉求也分成了两类。一类是向电信网络的租户提供To B（To Business，面向企业）安全服务，包括向租户提供各种以租代售的安全防御功能，以及提供代替专家驻场的安全运维、运营服务。另一类是运营商要能够保证电信基础设施本身的安全，避免电信基础设施在其承载的租户业务遭到针对性的攻击时发生安全事件。

2. "云网安"服务化安全解决方案架构

针对上述需求，设计出了一个具备安全服务化能力，可以同时满足两个场景需求的运营商服务化安全解决方案架构，如图5-22所示。

整个运营商"云网安"安全服务化架构分为如下三个部分。

- 信任体系：基础设施和电信业务自身的安全保障，包括基础设备自身的安全保障以及电信业务系统的安全加固，保证"以安为基"，守住服务化的安全底线。

- 防御体系：通过在承载网建立服务化安全资源池，向所有跨网、跨云的业务访问提供统一的网络安全保障服务。
- 运营体系：建立自动化的安全运维服务，辅助或者代替安全专家的驻场人工运维。

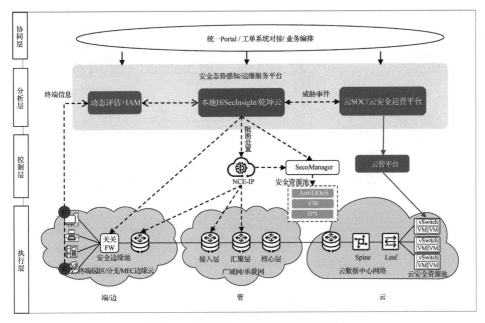

图 5-22 运营商服务化安全解决方案架构

（1）安全资源池的建设与使用

在承载网的位置上建立统一的安全资源池，要求能够同时满足全功能、高性能、大容量、低时延、灵活性、高可靠、低成本的条件。这样的安全资源池，必须采用"硬件+软件"的混合形态，才有可能基于不同的业务要求，配合引流与业务编排，同时满足互斥的各种条件。统一安全资源池的建设如图5-23所示。

只有安全资源池设施还不够，安全资源池中的各项安全能力必须齐备，并且必须对接服务化平台，对外进行服务化呈现，才能够真正被系统所使用。华为的安全功能服务化架构如图5-24所示。

把华为的安全资源池服务化方案，应用在运营商的边缘云服务虚拟专线接入场景，就形成了运营商场景下的SASE解决方案，如图5-25所示，包括SD-WAN、零信任、安全防护、业务安全服务以及SASE管、控、析服务等。

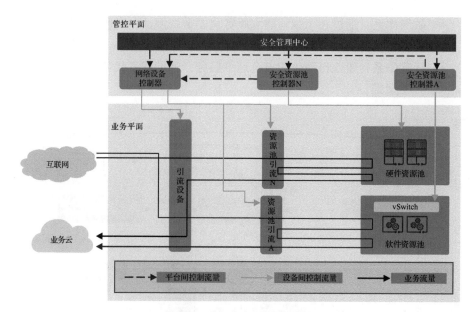

图 5-23 统一安全资源池的建设

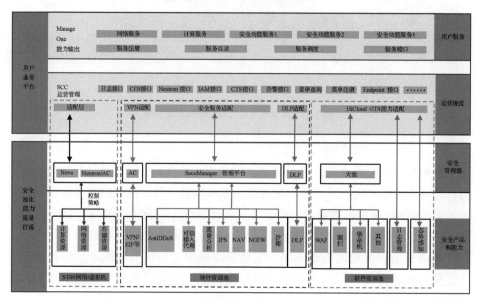

注：SCC 为 Service Crafting Center，业务创建智能中心；

　　EIP 为 Elastic IP Address，弹性公网 IP；

　　CTS 为 Cloud Trace Service，云审计服务；

　　CES 为 Cloud Eye Service，云监控服务。

图 5-24 华为的安全功能服务化架构

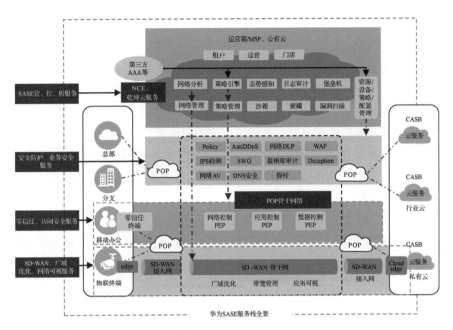

注：POP 为 Point of Presence，访问点；

SWG 为 Security Web Gateway，安全 Web 网关。

图 5-25 SASE 解决方案

（2）安全运营的服务化能力

运营商可以把基于本地构建的或者构建在公有云上的态势感知、威胁判定、调查取证等服务提供给租户使用，可以让租户基于运营商的安全运维基础设施获得如下安全运营服务，包括：

- 漏洞管理、资产管理、风险评估；
- 安全策略统一管理、安全策略调优；
- 安全事件感知、降噪、威胁判定、威胁定位、失陷主机判定；
- 协同联动等一系列功能，实现对威胁的自动处置、异常恢复。

（3）"以安为基"的内生安全能力

华为提供给运营商的内生可信解决方案，严格对应华为供应链安全解决方案架构，保障了自身安全，防止由于电信设备被篡改、仿冒、失陷威胁向运营商核心系统渗透。

华为所提供的电信设备基于内生安全架构，可提供下列功能：

- 入侵检测（网元文件系统/进程异常检测）；
- 可信启动/远程证明；

- 虚拟机/容器逃逸检测；
- 二次认证。

基于华为设备的内生安全能力（如图5-26所示），可以在电信设备遭受攻击下，提供可靠的安全保障，避免用户侧威胁渗透到运营商网络，替用户守住基础设施的安全底线。

用户侧威胁要想渗透运营商网络，必须以利用漏洞、攻破边缘设备为前提。

基于网元态势感知与恶意流量识别的安全方案具备的功能如下：

- 通过PE设备内生安全组件，上报存在高危漏洞、遭受恶意攻击、被入侵等威胁，并定位有问题的PE；
- 通过PE设备网络行为的异常，识别设备被替换/被攻陷等情况；
- 态势感知系统可以与网元设备安全联动，隔离恶意设备或阻断恶意流量。

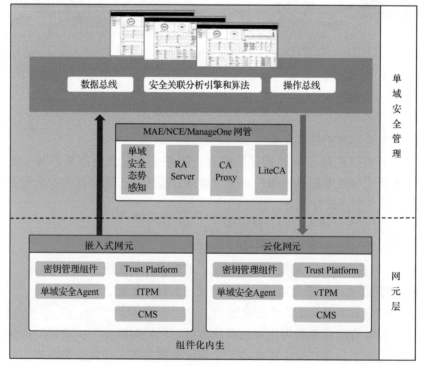

注：MAE 为 Mobile Broadband Automation Engine，移动宽带自动化的引擎；
NCE 为 Network Cloud Engine，网络云化引擎；
CMS 为 Content Management System，内容管理系统。

图 5-26　华为设备内生安全能力

| 5.5 华为自身的韧性实践 |

本节简要介绍华为自身在信息安全韧性体系的建设实践中所总结提取的几项基本设计原则。

华为自身的信息安全解决方案，同样是基于韧性思想进行设计，并且在设计中遵循"统一愿景"（让好人畅通无阻，让坏人寸步难行）下的7项原则。

在当前的数字时代，新兴技术迅速发展，企业数字化转型步伐加快，这是无法逆转的趋势。同时，企业面临的安全威胁日益严峻，包括国家级APT、漏洞威胁、供应链攻击、DDoS威胁、钓鱼软件、勒索软件等。其中，勒索软件数量一年内增长率为435%，国家级APT攻击也有42%的增长率。

数字化转型的新形势带来新的业务变化，包括企业云化、生态合作、远程办公、跨区无感、大数据AI时代、数字孪生、国家级APT攻击加剧等。在这些变化当中，面临的安全挑战包括计算资源虚拟化、软件包篡改植入增大、随时随地任意终端接入、网络边界模糊、隐私泄露影响加剧、盲区隐患尖锐化、未知攻击更加严峻等。安全问题防不胜防，此时安全不仅仅是安全团队的事情，而是关系到整个企业的正常发展。网络安全要素需要嵌入企业的全流程全领域，才有可能构筑全面的、端到端的网络安全保障体系。

在此背景下，只凭威胁防御是防不住风险的。华为提出了"安全如影随形，让好人畅通无阻，让坏人寸步难行"的愿景。所谓"让好人畅通无阻"，是实现用户无感的实时安全，保障公司资产安全和系统稳定运行；"让坏人寸步难行"，是指建立"攻不进、看不到、拿不走、打不垮、毁不掉、可恢复、可追溯……"的安全韧性保障环境，让违法、违规、恶意的用户和行为在这个环境下难以存在。

为了实现此目标，需要按"策略、组织、流程、架构、产品可信、安全防护、安全运营"7项原则，建立作战体系，建设安全架构。

1. 策略原则：关键资产安全优先，非关键资产效率优先

安全的目标不是杜绝所有的攻击威胁，而是保障业务的正常发展。

第一，关键资产安全优先。对关键资产优先进行安全保障，如果不能解决安全问题，就需要限制对资产的使用。对关键资产要准确识别，侧重事前、事中预防，要明确对关键资产的使用权限与合法操作行为。即对关键资产尽量进行白名

单管理，只要不是允许的都是禁止的，安全保障优先于使用效率。

第二，非关键资产效率优先。对安全重要性没有那么高的资产，侧重于事中检测、事后追溯，要明确非法的需要禁止的行为。即进行攻击黑名单管理，只要不是禁止的都是允许的，对非关键资产优先保证使用效率。

对于关键资产，必须要严格控制比例。如果极端地把所有资产都认为是关键资产，也就说明什么资产都不关键。

2. 组织原则：中央集权组织 + 全员、全流程参与

安全具有以下特点，如果没有安全组织或设计不合理，都将导致信息安全事件发生。

- 安全性不易量化，企业往往对网络安全重视不足，投入偏少。
- 企业安全管理缺乏系统管理的思想，被动应付多于主动防御。
- 企业对数字化、云服务、AI等高新技术的追求延伸出新的安全风险，企业安全技术不够先进，寄希望于单一安全产品。
- 企业安全责任往往在IT或安全部门，业务部门对安全的参与度不高。
- 企业安全意识不足，忽视对全体员工的持续性安全教育和培训。

企业构建"中央集权组织+全员参与"的整体作战队形，既能保证安全的中央集权管理，又能保证安全策略和要求在业务领域的灵活适配、落地。企业安全的作战阵型如下。

- 安全中央集权组织：统一安全管理、统一安全策略，统一安全架构、统一安全平台，统一应用注册、统一安全运营，统一护网行动、以攻促防，既防外攻又防内盗。
- 安全能力中心：平台建设、纵深防御，威胁感知、安全响应，安全验证、上线卡点，渗透测试、攻防演练。
- 全员安全作战团队：实时掌握业务风险变化，安全要求融入业务流程，一线和机关握手协作，建立平台稳固、末端灵活的安全运作体系。

由于每个人、每个流程环节都有可能是安全的突破口，因此企业需要定期开展全员安全意识教育和培训；全员100%参与可信认证，以认证促学习；有针对性地进行安全技术培训、安全赋能、创新交流，才能提升企业整体安全水平。

3. 流程原则：将安全的神经元融入每一片业务

在当前复杂的开发工具和开发流程之下，往往代码未写，漏洞已出，补漏

之路道阻且长，安全融入流程势在必行。企业遇到流程相关的问题包括：

- 企业安全规范需要统一执行落地；
- 生产环境补漏代价高昂；
- 修复设计缺陷比补漏更难。

针对上述问题，华为已经花大力气进行了开发工具链重构、开源代码管理、CleanCode开发规范推广、第三方安全测试流程建设等工作。

企业应当建立分层完善的安全政策、标准和规范体系，并通过IT中央集权和流程融入加快落地速度，政策体系要分层设计，通过战略价值观、公司政策、业务规定、流程文件等逐步加以落地。

建立一个安全流程，至少需要以下三方面的保障：

- 流程融入；
- 全栈工具链；
- 自动化度量。

4. 架构原则：云化架构下的零信任框架，用通用部件构筑一流系统

云化代表着高效率，但业务云化后，也带来了下列安全风险。

- 安全边界模糊：上云后边界弱化，导致风险敞口增加，漏洞影响变大；云上安全配置复杂化，配置易出错。
- 系统性安全风险：云平台的安全漏洞会导致所有租户面临系统性风险；租户之间的安全风险，可能会导致交叉感染；应用构建流水化程度越来越高，对安全融入应用构建的诉求激增。
- 缺少场景化安全服务与解决方案：安全防护偏网络层，无法有效支撑终端、身份、应用和数据等贴近租户层的安全诉求；安全使用门槛高，缺乏整套有效方案对结果负责；缺少安全运营作战服务，以及持续的规则优化。
- 应用高可用风险能力：敏捷交付对高可用能力诉求更迫切；云原生服务无法支撑应用高可用，企业需要系统级高可用解决方案。
- 自动化监控告警能力：产品和服务颗粒度越来越细（条目多，属性多，微服务多），对监控细致性的诉求越来越强，对可信智能分析的要求越来越高。
- 异常操作行为感知能力：操作行为颗粒度越来越细，影响范围不确定性增加。

- 业务可恢复能力：部分重要业务和数据对容灾、备份、快照等可恢复性要求增强，甚至要求极限可生存；极端情况下（断服断供）的持续业务支撑及补丁修复。
- 管理员权限过大：云管理员权限过大，操作不可视；不规范操作带来系统性风险。
- 管理员恶意滥用：对管理员缺少细颗粒度职责分离约束机制，担忧一锅端。
- 数据主权：重要数据上云后如何安全保护，甚至留存本地，又如何与云上安全可信联接、协同与集成。
- 隐私合规：企业内隐私数据上云后如何保证合规使用。
- 隐私泄露：隐私数据上云后如何防止大规模泄露。

基于零信任架构，可以在很大程度上有效应对安全挑战。

企业安全架构应该从产品构建源头开始，通过基于零信任理念的安全能力，实时保护IT生产环境网络、应用和数据安全；通过安全运营不断发现风险，正向反馈不断迭代提升防御能力，形成自适应持续演进的安全防御体系；通过蓝军护网以战促训、以攻促防，形成外部驱动力；通过创新的极限生存设计理念，构建面向未知高烈度攻击的恢复机制；通常每个组件都由通用的技术、方案、产品和生态构成，通过智能组合动态编排即可形成一流的企业安全保护体系。

华为的安全架构由产品可信、安全产品、安全运营三部分构成，如图5-27所示。

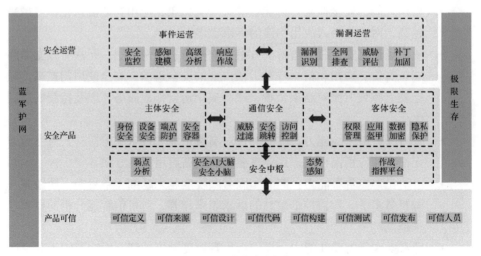

图 5-27　华为安全架构

- 产品可信：包括可信定义、可信来源、可信设计、可信代码、可信构建、可信测试、可信发布、可信人员。保证产品自身的可信，构建安全底线。
- 安全产品：在企业身份、主机、网络、应用和数据多层次全方位形成防护围栏，覆盖主体访问客体的必经之路，确保构筑全栈无死角的安全防护能力。
- 安全运营：基于IPDRR理论设计安全运营架构、识别资产，通过多维度全方位检测，发现风险并及时响应，不断深化防御体系，自动化阻断入侵，确保公司IT网络安全稳定运行，核心资产不丢，在极端情况下可生存。

5. 产品可信原则：基于8项规则，构筑产品自身安全底线

由于IT环境的变化，应用安全领域出现了新的挑战：

- 应用数量快速增长，攻击面扩大；
- 基础设施软化，安全问题影响程度加深；
- 智能硬件与万物互联，安全问题影响范围变大；
- 黑产与内盗事件频发，直接造成经济损失。

上述问题无法依靠传统解决方案和威胁防御能力解决。

华为有8个需要融入开发流程的安全规则，说明如下。

- 生态合作：应用必须统一注册，发布可信产品定义。
- 可信来源：开源软件必须使用公司开源中心仓的可信版本；商业软件或装备选型时必须通过可信评估。
- 可信设计：基于可信框架实现，可信架构设计必须通过可信技术专家评审。
- 可信代码：所有代码通过门禁检查后才能入仓。
- 可信测试：上线前需通过可信要素测试并输出可信测试报告。
- 可信构建：使用基于CICD（Continuous Integration and Continuous Delivery，持续集成、持续交付）的可信工具链。
- 可信发布：应用上线必须通过三库（即代码库、发布库和生产环境）一致检查，必须具备灰度发布和自动化部署能力。
- 可信人员：上岗前完成资质审核，上岗后持续信用管理。

可信规则融入工具链，安全规则融入自动化流水线，在产品设计、开发、测试和交付全过程实现可信内建，才能从源头保证应用的"内生安全"。

6. 安全防护原则：做好风险管理，基于韧性思路建立安全体系

只要是人类开发的产品，安全漏洞就难以避免，要区分已知的漏洞和未知的漏洞。漏洞难以彻底消除，也无法及时得到修复，攻击总会找到对应的时间窗。

为此，需要考虑在"漏洞开放、威胁存在、防御失效"条件下，继续保证系统安全。从对抗无穷的威胁与漏洞，转向增强对合法业务的鉴别机制和身份管理，后者才是有效的防护手段。比如零信任框架，就是很有效的、在漏洞开放环境下的安全保障机制。基于零信任架构构筑华为统一桌面安全入口，统一零信任安全网关，统一安全分析引擎，确保不因安全攻击导致恶性安全事件发生。整体零信任架构要达到的目标包括以下几个方面。

- 先认证鉴权再接入，持续鉴权和动态访问控制，随时随地在任何设备上安全可信地接入。
- 持续鉴权和动态访问控制，应用和数据微隔离，安全融入每次网络交互与通信，构建企业全联接安全。
- 做业务应用的安全"贴身保镖"，保护应用免受内外攻击，数据能安全、有序地流转，让企业的应用和数据主权更安全。
- 对环境行为实时感知，实时决策与及时处置，支撑业务安全风控，构筑一站式安全运营作业平台，利用可视化与大数据智能分析技术，驱动达成世界一流的企业安全运营水平。

基于零信任的可信接入，可以实现千万级账号零盗用、千万级设备强认证；面对不合法设备，分钟级下达100多万个策略等。可以提供的安全功能如下。

- 身份安全服务：账号风控、持续行为认证、安全免密登录。
- 端点安全服务：内外网设备安全接入、防病毒，补丁管理、终端检测和响应。
- 安全容器服务：PC安全容器、移动数据安全保护。

7. 安全运营原则：依据海恩法则构筑万物感知，实现防微杜渐

信息安全官的普遍苦恼是即使用全了最先进的安全装备，依然保障不了网络安全，安全问题依然频发，系统依然屡次被攻陷。再坚固的城墙，也顶不住不断地挖墙脚；没有运营的防线，必然无法承受持续的攻击。

随着企业IT资产不断增加，其中的安全性"熵"呈现二次幂的速度增长。

0Day漏洞、盲区等未知的威胁会越来越多，攻击成功的机会也越来越大。传统安全产品虽然可以在已知区域防住已知攻击，但对未知攻击基本没有防护能力。

海恩法则指出，每一起重大安全事件的背后必有大量隐患和先兆。如果我们能实现"万物感知"、广布探头，构筑宏观、微观、中观三层动态感知体系，就可以做到防微杜渐，防患于未然。

当前，企业为了通过等保测评，购买了各类安全产品，但这些安全产品碎片化的攻击告警往往让人难以评估当前态势，更难以进行决策。据统计，只有不超过4%的安全产品告警会被进一步调查，且难以实现每日闭环。

从各类互相割裂的安全产品碎片化的攻击日志中难以提取有效信息，必须采用集成化的运营平台，帮助安全运营人员准确评估当前安全态势，及时采取有效防护措施。为此，基于IPDRR构建安全运营中心，依次实现"I（资源安全治理）、P（安全保护运营）、D（威胁感知检测）、R&R（响应恢复整改的安全运营大屏内容）"，对实现系统的安全运营是非常重要的手段。

华为公司就是凭借这些安全系统的建设原则，构建了自身的信息安全保障体系，通过安全方法论、架构、流程的体系化竞争力，而非依赖某项安全"黑科技"，实现了在高强度风险条件下，对19万余名员工和价值数千亿业务的安全保障，并保证了公司业务的正常发展。

缩略语表

英文缩写	英文全称	中文全称
A2LA	American Association for Laboratory Accreditation	美国实验室认可协会
AAA	Authentication Authorization and Accounting	认证、授权和计费
ACL	Access Control List	访问控制列表
AIK	Attestation Identity Key	身份认证密钥
API	Application Program Interface	应用程序接口
APN	Access Point Name	接入点名称
APOD	Applications that Participate in their Own Defense	参与自身防御的应用程序
APT	Advanced Persistent Threat	高级持续性威胁
AR	Access Requestor	请求访问者
ARP	Address Resolution Protocol	地址解析协议
ARPANET	Advanced Research Projects Agency Network	阿帕网
ART	Accuracy，Relevance，Timeliness	准确性、相关性与时效性
ASG	Access Security Gateway	访问安全网关
ATT&CK	Adversarial Tactics, Techniques, and Common Knowledge	对抗战术、技术与常识
AV	Antivirus	防病毒
BAS	Breach and Attack Simulation	入侵和攻击模拟

续表

英文缩写	英文全称	中文全称
BCM	Business Continuity Management	业务连续性管理
BDA	Before-During-After	事前—事中—事后
BGP	Border Gateway Protocol	边界网关协议
BSI	British Standards Institute	英国标准协会
C&C	Command and Control	命令与控制
CARTA	Continuous Adaptive Risk and Trust Assessment	持续自适应风险与信任评估
CASB	Cloud Access Security Broker	云访问安全代理
CC	Common Criteria	通用准则
CERT/CC	Computer Emergency Response Team/Coordination Center	计算机紧急事件响应小组/协调中心
CES	Cloud Eye Service	云监控服务
CGA	Cryptographically Generated Addresses	加密生成地址
CIA	Central Intelligence Agency	中央情报局
CICD	Continuous Integration and Continuous Delivery	持续集成、持续交付
CLI	Command Line Interface	命令行界面
CMS	Content Management System	内容管理系统
CN	Communication Network	通信网
CNCI	Comprehensive National Cybersecurity Initiative	国家网络安全综合计划
COBIT	Control Objectives for Information and related Technology	信息及相关技术的控制目标
COTS	Commercial Off-The-Shelf	商用货架产品
CSF	Cybersecurity Framework	网络安全框架
CSI	Computer Security Institute	计算机安全机构
CSO	Cyberspace Security Office	网络空间安全办公室
CT	Communication Technology	通信技术

续表

英文缩写	英文全称	中文全称
CTCPEC	Canadian Trusted Computer Product Evaluation Criteria	加拿大可信计算机产品评估准则
CTS	Cloud Trace Service	云审计服务
CVE	Common Vulnerabilities & Exposures	通用漏洞披露
DAS	DB Audit System	数据库审计系统
DCS	Distributed Control System	分布式控制系统
DDoS	Distributed Denial of Service	分布式拒绝服务
DES	Data Encryption Standard	数据加密标准
DGSA	DoD Goal Security Architecture	（美国）国防部目标安全体系结构
DHS	Department of Homeland Security	（美国）国土安全部
DLP	Data Loss Prevention	数据防泄露
DOS	Denial of Service	拒绝服务
EA	Enterprise Architecture	企业架构
EAP	Extensible Authentication Protocol	可扩展认证协议
EDR	Endpoint Detection and Response	终端检测与响应
EIP	Elastic IP Address	弹性公网 IP
ES	End System	端系统
FW	FireWall	防火墙
FWaaS	Firewall as a Service	防火墙即服务
GDPR	General Data Protection Regulation	通用数据保护条例
HMI	Human Machine Interface	人机接口
HTTP	Hypertext Transfer Protocol	超文本传送协议
IaaS	Infrastructure as a Service	基础设施即服务
IACD	Integrated Adaptive Cyber Defense	集成式自适应网络防御

英文缩写	英文全称	中文全称
IAM	Identity and Access Management	身份识别和访问管理
IATF	Information Assurance Technical Framework	信息保障技术框架
ICMPv6	Internet Control Message Protocol version 6	第 6 版互联网控制报文协议
ICSL	Internal Cyber Security Lab	内网安全实验室
ICT	Information and Communications Technology	信息通信技术
IDC	International Data Corporation	国际数据公司
IDS	Intrusion Detection System	入侵检测系统
IEC	International Electrotechnical Commission	国际电工委员会
IEEE	Institute of Electrical and Electronics Engineers	电气电子工程师学会
IETF	Internet Engineering Task Force	因特网工程任务组
IoT	Internet of Things	物联网
IPD	Integrated Product Development	集成产品开发
IPDRR	Identify, Protect, Detect, Respond, Recover	识别、保护、检测、响应、恢复
IPS	Intrusion Prevention System	入侵防御系统
IPSec	Internet Protocol Security	互联网络层安全协议
ISA	Instrumentation, Systems, and Automation Society	仪表、系统和自动化协会
ISMS	Information Security Management System	信息安全管理体系
ISO	International Organization for Standardization	国际标准化组织
ITIL	Information Technology Infrastructure Library	信息技术基础架构库
ITSEC	Information Technology Security Evaluation Criteria	信息技术安全评估准则
ITU-T	International Telecommunications Union - Telecommunication Standardization Sector	国际电信联盟电信标准化部门
KMS	Key Management Service	密钥管理服务
LCS	Local Communication System	本地通信系统
LSE	Local Subscriber Environment	本地用户环境

续表

英文缩写	英文全称	中文全称
MAE	Mobile Broadband Automation Engine	移动宽带自动化的引擎
MD5	Message Digest Algorithm 5	消息摘要算法第五版
MES	Manufacturing Execution System	制造执行系统
MPLS	Multi-Protocol Label Switching	多协议标签交换
MSG	Micro-Segmentation	微分段
MTD	Moving Target Defense	动态目标防御
NAC	Network Access Control	网络访问控制
NAT	Network Address Translation	网络地址转换
NAT-PT	Network Address Translator - Protocol Translator	附带协议转换的网络地址转换
NDP	Neighbor Discovery Protocol	邻居发现协议
NGFW	Next Generation Firewall	下一代防火墙
NIST	National Institute of Standards and Technology	美国国家标准与技术研究所
NPT	Network Prefix Translation	网络前缀转换
NSA	National Security Agency	美国国家安全局
NTA	Network Traffic Analysis	网络流量分析
OAM	Operation, Administration and Maintenance	运行、管理与维护
OODA	Observe-Orient-Decide-Act	观察—判断—决策—行动
OSI	Open System Interconnection	开放系统互连
OT	Operational Technology	操作技术
OWASP	Open Web Application Security Project	开放式 Web 应用程序安全项目
P2DR	Policy, Protection, Detection, Response	（安全）策略、保护、检测、响应
PA	Policy Administrator	策略管理器
PaaS	Platform as a Service	平台即服务

英文缩写	英文全称	中文全称
PCR	Platform Configuration Register	平台配置寄存器
PDCA	Plan-Do-Check-Action	计划—执行—检查—处理
PDP	Policy Decision Point	策略决策点
PDR	Protection-Detection-Response	保护—检测—响应
PE	Policy Engine	策略引擎
PEP	Policy Enforcement Point	策略执行点
PLC	Programmable Logic Controller	可编程逻辑控制器
POP	Point of Presence	访问点
PPDR	Predict, Protection, Detection, Response	预测、保护、检测、响应
PKI	Public Key Infrastructure	公钥基础设施
RA	Router Advertisement	路由器通告
RASP	Runtime Application Self-Protection	运行时应用自保护
RNG	Random Number Generator	随机数生成器
RS	Relay System	中继系统
RTOS	Real Time Operating System	实时操作系统
SaaS	Software as a Service	软件即服务
SANS	System Administration Networking, and Security Institute	系统管理网络安全协会
SASE	Secure Access Service Edge	安全访问服务边缘
SCADA	Supervisory Control And Data Acquisition	数据采集与监控系统
SCC	Service Crafting Center	业务创建智能中心
SCTP	Stream Control Transmission Protocol	流控制传输协议
SD-WAN	Software Defined Wide Area Network	软件定义广域网
SDN	Software Defined Network	软件定义网络
SDP	Software Defined Perimeter	软件定义边界

英文缩写	英文全称	中文全称
SHA-1	Secure Hash Algorithm 1	安全哈希算法-1
SIEM	Security Information and Event Management	安全信息与事件管理
SLAAC	StateLess Address AutoConfiguration	无状态自动地址分配
SOAR	Security Orchestration, Automation and Response	安全编排、自动化与响应
SOC	Security Operations Center	安全运营中心
SQL	Structured Query Language	结构化查询语言
SRv6	Segment Routing IPv6	基于 IPv6 的段路由
SSA	Single Security Architecture	单一安全架构
SSL	Secure Sockets Layer	安全套接层（协议）
SWG	Security Web Gateway	安全 Web 网关
TAS	TBSS Application Service	可信基础支撑软件应用服务
TBM	Time-Based Model for Security	基于时间的安全模型
TBSS	Trusted Basic Supporting Software	可信基础支撑软件
TCG	Trusted Computing Group	可信计算组织
TCP/IP	Transmission Control Protocol/Internet Protocol	传输控制协议 / 互联网协议
TCPA	Trusted Computing Platform Alliance	可信计算平台联盟
TCSEC	Trusted Computer System Evaluation Criteria	（美国）可信计算机系统评估准则
TLS	Transport Layer Security	传输层安全（协议）
TNC	Trusted Network Connection	可信网络连接
TPCM	Trusted Platform Control Module	可信平台控制模块
TPM	Trusted Platform Module	可信平台模块
TR	Technical Review	技术评审
TSB	Trusted Software Base	可信软件基

续表

英文缩写	英文全称	中文全称
TSS	TBSS System Service	可信基础支撑软件系统服务
TTP	Tactics, Techniques and Procedures	手段、技术和攻击步骤
To B	To Business	面向企业
UDP	User Datagram Protocol	用户数据报协议
UEBA	User and Entity Behavior Analytics	用户实体行为分析
UPF	User Plane Function	用户面功能
UTM	Unified Threat Management	统一威胁管理
VLAN	Virtual Local Area Network	虚拟局域网
VM	Virtual Machine	虚拟机
VPN	Virtual Private Network	虚拟专用网
VRP	Versatile Routing Platform	通用路由平台
WAF	Web Application Firewall	Web 应用防火墙
WPDRR	early Warning, Protection, Detection, Response, Recovery	预警、保护、检测、响应、恢复
ZTNA	Zero Trust Network Access	零信任网络访问

[1] 戚继光. 练兵实纪［M］. 上海：中华书局，2001.

[2] 牛顿. 自然哲学的数学原理［M］. 赵振江，译. 北京：商务印书馆，2006.

[3] 马汉. 海权论［M］. 萧伟中，梅然，译. 北京：中国言实出版社，1997.

[4] 阿尔文·托夫勒. 第三次浪潮［M］. 黄明坚，译. 北京：新华出版社，1996.

[5] 艾什顿·卡特，威廉姆·佩里. 预防性防御：一项美国新安全战略［M］. 胡利平，杨韵琴，译. 上海：上海人民出版社，2000.

[6] 弗兰克·维尔切克. 万物原理［M］. 柏江竹，高苹，译. 北京：中信出版集团，2022.

[7] 贝尔. 计算机工程［M］. 王祖永，译. 北京：科学出版社，1984.

[8] 莫里斯·贝奇. UNIX操作系统设计［M］. 陈葆珏，译. 北京：北京大学出版社，1989.

[9] 克利福德·斯托尔. 杜鹃蛋——电脑间谍案曝光录［M］. 文学朴，译. 北京：新华出版社，1992.

[10] TANG A，SCOGGINS S. 开放式网络与开放系统互连［M］. 戴浩，译. 北京：电子工业出版社，1994.

[11] IBM. IBM security architecture: securing the open client/server distributed enterprise［M］. New York：IBM Press，1995.

[12] ESCAMILLA T. 入侵者检测［M］. 吴焱，译. 北京：电子工业出版社，1999.

[13] SCHNEIER B. 应用密码学［M］. 吴世忠，祝世雄，张文政，等，译.

北京：机械工业出版社，2000.

[14] 罗斯. UNIX系统安全工具［M］. 前导工作室，译. 北京：机械工业出版社，2000.

[15] SCHNEIER B. 网络信息安全的真相［M］. 吴世忠，译. 北京：机械工业出版社，2001.

[16] 王雨晨. 系统漏洞原理与常见攻击方法［J］. 计算机工程与应用，2001.

[17] ANDERSON R J. 信息安全工程［M］. 蒋佳，刘新喜，译. 北京：机械工业出版社，2003.

[18] 卢开澄. 计算机密码学［M］. 北京：清华大学出版社，2003.

[19] KING C M, DALTON C E, ERTEM O T. 安全体系结构的设计、部署与操作［M］. 常晓波，杨剑峰，译. 北京：清华大学出版社，2003.

[20] MATT BISHOP. 计算机安全学——安全的艺术与科学［M］. 王立斌，黄征，译. 北京：电子工业出版社，2005.

[21] 王雨晨. 主动式信息安全新技术：防御性网络信息欺骗［J］. 信息安全与通信保密，2005.

[22] HOWARD M, LEBLANC D. 编写安全的代码［M］. 程永敬，翁海燕，朱涛江，译. 北京：机械工业出版社，2005.

[23] SHERWOOD J, CLARK A, LYNAS D. Enterprise Security Architecture［M］. Boca Raton：CRC Press，2005.

[24] MCCLURE S, SCAMBRAY J, KURTZ G. 黑客大曝光：网络安全机密与解决方案［M］. 王吉军，张玉亭，周维续，译. 北京：清华大学出版社，2006.

[25] STAMP M. 信息安全原理与实践［M］. 杜瑞颖，赵波，王张宜，等，译. 北京：电子工业出版社，2007.

[26] 冯登国，孙锐，张阳. 信息安全体系结构［M］. 北京：清华大学出版社，2008.

[27] FOROUZAN B A. 密码学与网络安全［M］. 马振晗，贾军保，译. 北京：清华大学出版社，2009.

[28] 石文昌，梁朝晖. 信息系统安全概论［M］. 北京：电子工业出版社，2009.

[29] 冯登国. 信息社会的守护神：信息安全［M］. 北京：电子工业出版社，2009.

[30] 沈昌祥. 信息安全导论［M］. 北京：电子工业出版社，2009.

[31] 曾庆凯，许峰，张有东. 信息安全体系结构［M］. 北京：电子工业出版社，2010.

[32] 吴今培，李学伟. 系统科学发展概论［M］. 北京：清华大学出版社，2010.

[33] 林国恩，李建彬. 信息系统安全［M］. 北京：电子工业出版社，2010.

[34] 姜璐. 钱学森论系统科学［M］. 北京：科学出版社，2011.

[35] KLEIN T. 捉虫日记［M］. 张伸，译. 北京：人民邮电出版社，2012.

[36] 李孟刚. 国家信息安全问题研究［M］. 北京：社会科学文献出版社，2012.

[37] LEDLEY R S. 计算机体系结构与安全［M］. 王双保，译. 北京：高等教育出版社，2013.

[38] MITNICK K D, SIMON W L. 反欺骗的艺术［M］. 潘爱民，译. 北京：清华大学出版社，2014.

[39] 吴世忠，江常青，孙成昊. 信息安全保障［M］. 北京：机械工业出版社，2014.

[40] 吴世忠，江常青，林家骏. 信息系统安全保障评估［M］. 上海：华东理工大学出版社，2014.

[41] 吴世忠，李斌，张晓菲. 信息安全技术［M］. 北京：机械工业出版社，2014.

[42] 杨林，于全. 动态赋能网络空间防御［M］. 北京：人民邮电出版社，2017.

[43] 夏冰. 网络安全法和网络安全等级保护2.0［M］. 北京：电子工业出版社，2017.

[44] 左晓栋. 美国网络安全战略与政策二十年［M］. 北京：电子工业出版社，2018.

[45] 敖志刚. 网络空间作战：机理与筹划［M］. 北京：电子工业出版社，2018.

[46] 胡俊，沈昌祥，公备. 可信计算3.0工程初步［M］. 北京：人民邮电出版社，2018.

[47] 陈铁明. 网络空间安全实战基础［M］. 北京：人民邮电出版社，2018.

[48] 陈凯，付才，刘铭. 网络空间安全实践能力分级培养［M］. 北京：人民邮电出版社，2019.

[49] 刘化君，郭丽红. 网络安全与管理［M］. 北京：电子工业出版社，2019.

[50] 吉尔曼，巴斯. 零信任网络［M］. 奇安信身份安全实验室，译. 北京：人民邮电出版社，2019.

[51] 夏冰. 网络空间安全与关键信息基础设施安全［M］. 北京：电子工业出版社，2020.

[52] 王竣德，汤俊，阮逸润. 网电空间中相依网络健壮性研究［M］. 北京：电子工业出版社，2020.

[53] 李剑，杨军. 网络空间安全导论［M］. 北京：机械工业出版社，2020.

[54] DOWNEY A B. 复杂性思考：复杂性科学和计算模型［M］. 郭涛，朱梦瑶，译. 北京：机械工业出版社，2020.

[55] 郭鑫. 信息安全等级保护测评与整改指导手册［M］. 北京：机械工业出版社，2020.

[56] 石祖文. 大型互联网企业安全架构［M］. 北京：电子工业出版社，2020.

[57] 朱诗兵. 网络安全意识导论［M］. 北京：电子工业出版社，2020.

[58] 葛自发，孙立远，胡英. 全球网络空间安全战略与政策研究（2020—2021）［M］. 北京：人民邮电出版社，2021.

[59] 奇安信战略咨询规划部 & 奇安信行业安全研究中心. 内生安全：新一代网络安全框架体系与实践［M］. 北京：人民邮电出版社，2021.

[60] 阿德金斯，拜尔，布兰肯希普，等. Google系统架构解密：构建安全可靠的系统［M］. 周雨阳，刘志颖，译. 北京：人民邮电出版社，2021.

　　本书是一本安全技术类图书，但与业界主流的安全类图书相比，从内容到思路上都有些非主流。比如：不认为安全的目标是威胁防御，不认为威胁是安全的驱动力，不认为威胁检测至关重要，不认为漏洞挖掘能扭转安全形势，不认为安全对抗是一种依赖实践经验的艺术，不认为安全的价值是尽力而为，不认为威胁防御能保证安全，不认为没有绝对的安全，甚至不认为依靠安全专家能够解决安全问题……

　　上述观点有可能会在网络安全界引起争议，也欢迎大家讨论。之所以会形成这本书中的安全观点，与我这24年来的工作经历密切相关。其实，在2005年以前，我的安全观点也完全是符合主流的，只是随着安全实践经验的积累和对安全现象的思考，观点不断变化，直到演变成书中的内容。我相信，如果其他安全专家有和我类似的项目经历以及安全经验，他的安全观念很可能也会与我的接近。

　　我自1998年入职信息产业部电子第十五研究所（后来的中电科15所）网络室以来，一直从事与网络安全相关的研究工作，很幸运地承担了几个国家重大网络安全预研课题和型号项目，从中获得了宝贵的经验与教训。从2008年入职华为以来，我一直从事安全相关的技术研发、标准、规划、体系、解决方案、业务顶层架构的设计工作。值得注意的是，无论是中电科15所还是华为公司，都不是专业安全公司，但我在其中承担的都是专业的网络安全工作。

　　研究所和华为的行业地位、业务规模、场景复杂性都要远超专业安全公司，让我可以从更高、更广、更全面的系统性视角来审视安全问题。我在中电科15所工作期间所负责的几个安全课题，更是对现在自己安全观念的形成起了决定性的作用。

我承担的第一个课题是1998年开始的"九五"预研项目中的某个网络入侵检测系统的设计与开发。那是当时国内最早的网络入侵检测系统,没人懂,也没有经验可供参考,最初耗费了大量精力分析主要的网络攻击手段,并且在Misuse(基于滥用)与Abnormal(基于异常)的两套检测机制之间犹豫了很久,最后决定采用"协议分析+攻击特征库"的简单技术路线并获得了成功,参加了1999年首届国防电子展览会。在开发期间,最头疼的事情就是要追着攻击跑,不断学习新的攻击知识。在那个时候,我坚信安全的价值就在于对抗威胁,而漏洞是比攻击更关键的安全因素,我认为系统漏洞是安全问题的根源。

1999年,我室王贵驷主任给了我一个国外蜜罐项目DTK以及外军的一些公开资料,让我对攻击检测之外的其他威胁对抗思路有了认识,启发了我把信息欺骗技术用于威胁检测的想法。2003年前后,网络防御性信息欺骗技术在我国成功立项。"网络防御性信息欺骗"是第一个把信息欺骗技术用于威胁防御的项目,一定程度上解决了威胁检测系统过于复杂、防御成本过高的问题。项目成果鉴定后应用于中国某安全试验网。通过这个项目,我已经深刻感到"有矛才有盾"的这种攻防模式对安全保障是非常不利的,必须找到解决攻防不对称问题的办法,否则安全防御迟早会难以为继。

在2004年前后,我又参与了"计算机安全控制器"课题,目标是在芯片、操作系统内全都存在恶意后门时,保证核心服务器的安全。这堪称安全界的终极挑战,但项目思路却异常简单:构造一个"可信"的小系统,来控制"不可信"的复杂系统内的所有信息I/O,只允许目标系统执行模式固定的正常操作,对一切不可识别、超出预期的I/O行为统统禁止。该课题提供了威胁感知以外的另一种安全保障思路,从对抗无穷无尽的威胁"黑名单",变成只对有限的合法"白名单"进行确定性的保障。在此期间,我还经过了其他6项各类安全课题的历练,在2005年前后,形成了威胁防御必定失败、安全的出路在于保证系统行为确定性的观点,这种观点是在工作中自然形成的。

同样得益于1998年后在中电科15所工作期间对美军的DGSA、区域电子战等资料的学习,我有机会比较系统地了解了当时美军先进的信息战理论和观点。在入职华为之后,我又有机会把安全结合IPv6、5G、云等场景,融合到可信、架构设计、关键业务的顶层规划以及具体解决方案当中,获得了系统化的理解、分析、实践与验证;2010年以来,从方法论与安全架构的角度,观察到业界新出现的各种安全技术都包括在现有安全体系的技术演进路径当中;结合韧性架构在某些关键行业中所取得的成功案例，可为书中安全观点的正确性和有效性提供直接的证据支撑。

总之，《网络安全之道》一书是截至2022年底，我对过去24年来在研究所以及华为工作期间的经验思考与总结，凝聚了本书团队的研究成果。非常感谢在以往工作中以及本书写作过程中提供帮助的所有人。若没有华为公司的支持，没有当前和过去的所有同事、朋友，以及领导、老师的帮助，我们就不可能完成此书的编写，再次感谢！

王雨晨

2022年12月